江苏省高校优势学科建设工程资助项目

A＋U高校建筑学与城市规划专业教材

景观意境及绿地规划设计

姚亦锋 编著

中国建筑工业出版社

图书在版编目(CIP)数据

景观意境及绿地规划设计／姚亦锋编著．—北京：中国建筑
工业出版社，2013.5
江苏省高校优势学科建设工程资助项目
A＋U高校建筑学与城市规划专业教材
ISBN 978-7-112-15443-2

Ⅰ．①景… Ⅱ．①姚… Ⅲ．①园林设计－景观设计②城市绿
地－景观设计 Ⅳ．① TU986.2 ② TU985

中国版本图书馆CIP数据核字（2013）第103311号

责任编辑：杨 虹
责任校对：姜小莲 关 健

江苏省高校优势学科建设工程资助项目
A＋U高校建筑学与城市规划专业教材
景观意境及绿地规划设计
姚亦锋 编著
＊
中国建筑工业出版社出版、发行（北京西郊百万庄）
各地新华书店、建筑书店经销
北京嘉泰利德公司制版
北京建筑工业印刷厂印刷
＊
开本：787×1092毫米 1/16 印张：18 字数：435千字
2016年3月第一版 2016年3月第一次印刷
定价：49.00元
ISBN 978-7-112-15443-2
 （24056）

目　录

1 风景园林的定义及其性质

1.1 首先的问题

什么是"风景"？风景的根本属性是什么？

什么是"园林"？园林的根本属性是什么？

什么是"景观"？景观的根本属性是什么？

风景和园林对于我们现代社会的价值？对于个人生活生存的价值？与现代经济发展相比较，其重要性究竟有多大？这些问题直接关系到城市化发展阶段的风景取舍！

是保存风景，还是筑路建房？这两者对于我们，哪个更重要？

自然界的风景应该如何理解？自然界的景观是天然的，是在人类诞生之前就已经客观存在的事物；而风景是人类文明发展的结果，是人类对于自然界探索认识的重要组成部分，风景区是现代科学发展的结果。

李白诗云："问余何事栖碧山，笑而不答心自闲；桃花流水窈然去，别有天地非人间。"宋代山水画家郭熙在其著作《林泉高致》中说："君子所以爱夫山水者，其旨安在？丘园养素，所常处也；泉石啸傲，所常乐也；渔樵隐逸，所常适也；猿鹤飞鸣，所常观也。"古代文人士大夫在深山野林隐居生活中，深深地体味着大自然的韵美。

对于自然界风景的审美应该就是连绵山峦，蜿蜒河流，茫茫草原，葱葱森林，应该是我们观赏旭日从田野尽头升起，目睹海浪涌击礁石，聆听秋风吹抚芦苇荡……。在中国文化历史上，风景艺术欣赏是朴素的，自然而然的。2000多年前《诗经》歌咏河边芦苇，并且比喻美丽的感情，在朴实中显优雅意境，是在似乎看起来平平淡淡的景色中达到至高无上的境界："蒹葭苍苍，白露为霜。所谓伊人，在水一方。"秋天芦苇苍苍，寒霜白露茫茫，我所思念的那人呀，就在河水的那一方。

《诗经》记载了100多种花卉的名称，反映了西周、春秋时期花卉观赏的审美趣味。在众多的咏花诗词中有诗人对花卉形态的精彩描摹和生长习性的深刻洞察，更有对人生的诸多感悟以及对崇高精神境界的真挚向往。

在中国5000年的文明历史中，对于自然风景的欣赏不仅仅蕴涵于诗歌、绘画、雕塑、音乐之中，而且渗透于建筑和城镇之中，在天井庭院中闻到兰花幽香，在曲折长巷中见到西山落日。

然而我们走遍中国锦绣山河，目睹这20年内巨大的变化。从大都市，到县城集镇，再到乡村，道路变宽了，建筑变高了，令人咋舌的复杂立交桥、华丽的音乐喷泉广场，可是自然界的山峦、河流、溪水、花草也正在逐渐离我们生活环境而去。在近几十年里，不知道是什么根本的原因，中国城市建设中关于自然审美不是中国的写意传统，也不是现代西方的自然景观风格，而是"风景开发"，花费巨大的钱财去"框架"自然界的风景，大量的几何花坛、广场，甚至树木鲜花也修剪成为复杂的几何形态，机械地出现在我们的公园、街道，甚至连绵几十公里的高速干道上。

这个问题已经不是规划问题，而是哲学问题！规划必须以此为基本思想，以完全不同的"风景"认识观念，创造完全不同的规划形态！

这个根本学术问题对于今天的中国非常的急切，但是理论规范却依然空白。

1.2 风景园林定义

绿化：人类为了农林业生产，减低自然灾害，改善卫生条件，美化环境而栽植植物时，均可称为绿化。例如城市防风林、防沙林等。

绿地：凡是生长植物的土地，不论是自然植被还是人工栽培的，包括农林牧生产用地及园林用地，均可称为绿地。

园林：以山水植物等自然因素与建筑道路等人为因素相结合，而创造出的具有自然美的人类生活环境空间。"园"是一块有边界范围的土地，在私有制社会这就是一块私人的土地；在公有制社会这就是一块公共所有而又有边界的地域。"林"是指草木茂盛的景观，这里往往是指按人的美学原则设计的自然景观。"园林"就是具有花草树木美丽景观的有边界范围的地域；这是一块经过人工设计的具有大自然面貌的地域；而不是人造建筑景观。在现代社会的园林表现为城市公园以及城市公共绿化空间，在古代社会表现为私人的住宅庭院，例如南京的瞻园、苏州的拙政园等。

风景：是指地球演化而形成的自然地形、地貌、河流、植被等，能给人的主观意识以美感的景观。风景是客观存在的，但却不是从来就有，它是伴随着人类文明史发展而产生的。风景是天然造就的景观，风景不是人工"开发"形成的。隐隐青山，悠悠白云，朝霞夕阳，都是大自然按自身客观规律运行而又给人以美感的景观。"风景"可以是辽阔无际的，没有边界的概念；"风景区"是人为划定的界限，人为确定的观赏自然美的区域，但不是观赏人工建造景观的区域。例如黄山、张家界等。

名胜：著名的人文景点，常常指历史古迹遗址。例如长城、故宫、周口店等。

景观：一般理解为具有审美艺术感觉的自然场地。在生态学和地理学研究中理解为自然界所有被科学观察的场地。

游乐场：由各种游戏设施集合布局而形成的场地，展示出戏剧性的舞台化空间。往往有特别的表演主题。例如美国的迪士尼乐园、中国的苏州乐园等。

专业名称的定义极其重要，这对于学科的发展有战略性的意义。准确地把握园林、绿化、风景的定义以及这类事物的内涵特性，对于科研和实践活动有直接的指导作用。例如，不可以把风景区作为园林设计，风景区是自然形成的，风景区能够"规划"，自然风景是不可以设计的，不可以在风景区内堆砌假山，甚至人造假树。也不可以把风景区、城市公园场地作为游乐场规划。

风景的欣赏不应该是惊心动魄的过山车，不应该是琳琅满目的商业集市，不应该是灯红酒绿的大吃大喝，风景应该是自然界进化的生机勃勃的景观。砍伐森林，场地三通一平，餐饮娱乐，甚至增加天旋地转的娱乐设施，这些是不了解自然审美的庸俗规划。

在汉语里，"园林"、"风景"这两个词汇起源于魏晋南北朝时期，中国的文人写意自然山水园林也诞生在这个时代。

20世纪50年代，国内专家提出"园林"一词，并在全国被广泛接受认可，一直持续到80年代大学里园林专业的正式确立。在20世纪80年代末，正式定名为"风景园林"并成立"中国风景园林学会"，从而确定了这一学科的正式命名。

中国当代的"风景园林"学科，在打开国门面向世界的时候，对传统的中国风景园林带来新的冲击和新的活力。但这也让早已存在的"风景园林"学科命名定义更加混淆，更加多样化。还有"景观建筑学"、"风景科学"、"地景"、"大地景观"等名称。

中国台湾省一直称这一学科为"造园"，但是台湾新一代英美留学归来的学者要改名为"景观学"，因此也存在两派的激烈争论。深受中国传统文化影响的日本和韩国依然沿用"造园"这一词作为学科名称，也存在要用"Landscape"取代"造园"的激烈争论。

Landscape是由"土地"（land）和"观赏"（scape）二词构成，在朗慢英语词典中分别有如下定义：

Land：the solid dry part of the earth' surface.

Scape：from a scenic view；as in a picture

Landscape：the aesthetic appearance of a piece of land；a wide view of country scenery.

在英语的定义中，"景观"（landscape）是指具有视觉观赏意义的一块地域，或者是一片美丽的乡村风光。

在英文中，这一学科名称是："Landscape Architecture"，这在全世界是统一的。大约是1850年代创立的这是人类文明历史上的一个创新，现在已得到全世界的公认。近年国内翻译各不相同。在中国风景园林学会"章程"中，确定在其业务范围内包括：园林、城市绿化、风景名胜和大地景观规划。在此本文不同意"大地景观规划"的说法，"大地"是文学名词，不可以作为学科名称，还有说"地表景观规划"的，实际上"大地"、"地表景观"的科学名词，就是"地理学"，所以"Landscape Planning"应该是"地理景观规划"。

目前无论在国内还是在国外，建筑设计、城市规划、风景园林是三个并列学科，风景园林绝对不是建筑学的其中一支。有些学者在论文中生搬硬套地翻译成"景观建筑学"是不妥的，这使人直意理解为建筑学中的工业建筑、农业建筑、公共建筑和景观建筑等中的一支，这里的Architecture不是建筑，而是"营造"或"规划设计及建设"。而Landscape是含有审美的景观，而不是无所不包的目光所见之物。这与生态学"景观"、地质学"景观"有本质的差异。

Landscape Ecology 中 Landscape 指的是生态学景观或景象，不是我们风景园林中所指的审美观赏的、有时是诗情画意的景观，烟囱林立的工厂可称为"工业景观"，网格农田可称为"农业景观"，纵横交错的高速公路和立交桥可称为"交通景观"，在工程规划中这些与风景园林有许多联系，但不是"风景园林"学科所研究的内涵。风景园林规划不能取代工业区规划，也不能取代农田规划，也不能取代道路交通规划。在这里 Landscape 指含有审美的景观，Architecture 不是指建筑。

把生态学中的"景观"，生硬地搬入园林学科名上将造成混乱和许多误解。如果风景园林这一学科领域内专业人士普遍认定了"景观规划"是对"风景园林"的发展创意，那么，"中国风景园林学会"应该改名为"中国景观规划学会"，显然这将引起许多含糊不清的错觉。试想我们做"西湖景观规划"，从这一名称中我们还可以知道这是一个风景名胜区的审美观赏游览规划，如果做"南京新街口景观规划"，那么这是指新街口建筑景观规划？还是街道规划？还是绿化景观规划？还是包括以上一切的景观规划呢？这一名词造成了学科的混乱。住房和城乡建设部每年评比的"园林城市"改为"景观城市"，这将引发更大混乱，"景观城市"指的是这一城市的建筑形象评比，还是道路布局评比，还是绿化环境评比，还是所有都评比？显然这是不对的，"园林城市"指的是该城市绿化环境效果。

Landscape Architecture 是奥姆斯特德 (Frederick Law Olmsted) 创建的学科，这门学科有其科学内涵，其前身是英国的 Garden Design 即"花园设计"，早先是对贵族别墅周围的花园景观进行设计。在此本书不同意现在一些关于此词的说法，在一些著作和报告中声称是"领头"学科，甚至能够包括土地规划、水利规划、农田规划、环境保护规划、社会经济发展的"超级"规划。这门学科是历史文明基础上的创新发展，但不是割裂创造。奥姆斯特德意识到当时城市发展和居民城市环境的新需要，历史上以往的 Garden Design 概念和研究范围已不能适应新的形势。奥姆斯特德创建的这门学科，完全突破了原有住宅花园的设计范围，还进一步包括有城市公园、公共绿化广场、自然风景游览、历史古迹保护等景观规划，当然也还包括各种规模的私人花园设计。探寻其源流，这门学科是关于审美的环境设计，而非生产经济型。把研究自然景观与城市详细规划结合，研究包括有城市公园、公共绿化广场、自然风景游览、历史古迹保护等景观规划，这里不包括整个区域内的自然资源保护、土地利用规划与风景规划，不包括地貌植被等各种自然因素与人工建设环境的规划。

Landscape Planning 是关于地理区域规划学科的研究，比城市规划学科更为宏观，内涵更为广阔。进一步发展包含有更广泛的领域，涉及农林、乡镇、厂矿、高速干线等总体景观的规划，宏观环境保护、土地发展规划，区域景观以及自然地貌的保护、生态敏感区的美学和功能设计等，愈来愈多的学科渗透，特别是生态学和地理学影响很大。运用的手段也从航空图片到卫星遥感，以及电子计算机分析研究。在我国，风景园林目前主要从事下列两项工作：一是保护和规划国家、地方风景名胜区，国家自然保护区、国家森林草原、牧场、湿地、河流湖泊、海滨、岛屿等原始地区；二是城市绿地系统、城市公园、居住区园林、郊野风景区规划，工矿、机关、医院、学校、旅游休闲胜地、度假村等园林绿地设计。中国在这个领域的应用仍然是城市公园绿地规划和风景名胜区规划，整体综合的大地景观规划一时还很难做到。由于理论上的落后，及各部门之间联系配合缺乏，中国与现代西方国家在这个领域里差距是很大的。

国外有 Landscape Earthscape，包含有更广泛的领域：宏观环境保护、土地发展规划、区域景观以及自然地貌的保护、生态敏感区的美学和功能上设计等，愈来愈多的学科渗透，特别是生态学影响最大，但其主体仍然是对环境审美的规划。

Landscape Study，翻译理解是"景观学"，其中含义主要是地理学和生态学成因机理方面的研究，甚至还含有地质学、考古学，而其中规划和设计内容偏少些。

还有"大建筑学"和"广义建筑学"的观点，但是建筑学是不可以包含大自然生态系统保护规划的。混淆国际景观设计（Landscape Architecture）、景观规划（Landscape Planning）、景观生态（Landscape Ecology）的学科关系，这些学术观点是不与国际接轨的。

翻阅在国际上影响颇大的期刊《Landscape Architecture》就可以明确地知道这一点。J.O.Smonth 的著作《Landscape Architecture》，是关于环境审美的规划；而 R.T.Forman 的著作《Landscape Ecology》，是关于生态学的规划。两者是有区别的。

现代新兴学科的命名，不是可以随手得来的，更不可以用新名词冠以普通的专业知识，以示"新突破"、"创新"，例如"系统论"、"嫡"、"拓扑学"。新学科的命名应该注意两点，一是要精心锤炼，创意但不能割裂历史；二是字词要众人一看就能了解其内涵，通俗易懂，而不必再长篇大论地解释一遍，例如："地理学"就是研究地球表面环境的结构分布及其发展规律，"地质学"是研究地球内部构造运动的。

1.3 学科研究发展与危机

目前，国内的风景园林研究还缺乏严谨的科学思维，是现代风景园林还是景观规划，目前许多发表的论文或者出版的书籍，研究之散漫，目标之不明，逻辑推理思路之混乱，结论之随意，比比皆是。

例如：科研论文的题目确定，对于"规划"、"设计"与研究没有分清楚。科研论文的布局顺序，缺少以往科研文献综述。科研论文的表格插图布局，往往是旅游照片、规划效果设计图，而不是分析研究图。科研论文的结论不够严谨。许多科研论文以古代诗词作为评价依据，如"飞流直下三千尺"等，这些都是很随意的。

以往风景园林的研究范围主要包括3个方面：古代庭院设计，现代城市绿地和风景名胜区。那么，什么是景观规划呢？是风景园林的新发展，还是独立创建的新学科？

景观规划在国内诸多的论文和书籍中始终含糊不清，只是声称是"广阔的"、"多学科的"，是全新创造的！景观规划其研究内容到底是什么框架？什么样的理论体系？目前，我国各个城市有：园林局主管园林绿化，规划局主管城市布局，国土局主管土地，交通局主管交通，农林厅主管农田和林业，环保局主管环境治理，市容委主管城市整治，文化局主管文化，文物局主管古迹遗址，计划委员会主管经济发展规划，"景观规划"的"广阔"、"多样性"是超越这些部门之上的学科，还是统管这些部门的政府行政部门？应该另外成立"景观局"？或者也还只是园林局？住房和城乡建设部"园林城市"评审改为"景观城市"评审？

景观规划的研究范围必须明确；如果没有明确的学科界限，这个学科是没有生命力的，也根本不可能发展！

在源远流长的中国汉语中，每个字都有其特定的文化意义，每个词汇都经历了历史的千锤百炼，辞海、辞典编著是历代一项巨大的文化工程。将"景观"取代"风景园林"，目前核心内容看起来还是浮躁的。

近些年，关于"景观设计"个别论文和专著华而不实。城市规划、建筑设计、风景园林都有其建设工程的规划设计规范。景观设计包括城市、地理、生态、经济、文化，那么多复杂综合问题，应该怎样制定规划设计规范呢？

1.4 中国风景园林性质与内涵

较早的风景园林萌芽形式是五岳四渎、黄帝玄圃、巢父许由的栖隐地、商周的苑囿、士大夫岩栖等，由于社会历史的发展，多源汇流，形成早先的庭园、山庄、别业、园池、林亭、离宫、别苑等，名词逐渐汇集概括而出现了"园林"这个词。这个词的概念在古代文献诗文中通用的是西晋时期，其间经历了2500多年。而这个词的本身含义后来也在发展。

"园林"此后又过了1600多年，在新中国才出现"风景园林"一词，其确定时间为1989年中国风景园林学会的正式成立。于是明确了这门学科的基本性质，应该是以自然审美为主的生态境域或艺术美的生态境域。它是以审美为主要目的的门类，以区别于生态农林业等以生产为目的的学科，同时又以生态境域性质区别于建筑空间。

中国风景园林这一学科的产生，探究其悠久历史根源，各自"先天"具有不同的社会目的和功能要求，但是对自然山水的审美以及对生态环境的需要是一致的，终而汇集为风景园林这一专门学科。

正因为风景园林肇始是"众源归流"汇集而来的，所以至今它的性质仍是多样的，我国的住房和城乡建设部管着"风景名胜区"，国家林业局管着"自然保护区",文化部管着"历史名胜区",连和尚道士也都有其一份历史贡献并管着一部分寺观园林。由于众源归流的开放性,带来基本性质在认识上的复杂性。关于风景园林的审美,在我国有着悠久而深厚的文化积淀。但风景园林专类美学,则和中国风景园林学科一样,都还是处于"新兴"的历史阶段。风景园林学科的基本性质及其概念范畴尚有待于进一步的统一。例如风景园林是不是建筑学的分支?春秋战国时期各诸侯国的"高台榭,美宫室"是这个时期为"园林"特征?还是建筑特征?从高等院校专业设置看建筑系有风景园林专业,园艺系有风景园林专业,林学系有风景园林专业,还可以有地理系的、环保系的、美术系的⋯⋯风景园林专业。

春秋战国时期就有"天人合一"的哲学理念,崇尚人与自然和谐融合的传统,儒家的"上下与天地同流"(《孟子·尽心》),道家的"天地与我并生,而万物与我为一"(《庄子·齐物论》)。道家文化作为中国本土文化产物与正统的儒家文化构成了补充和对立的关系,儒家强调艺术文化为社会服务的实用功利思想,道家强调人与外界对象超功利、没有作为的关系,即审美关系。老子认为不应以艺术文化为手段来限制和扭曲人的自然情感,艺术文化的形式要摆脱道德束缚才能实现自由创造。道家哲学成为中国古代自然审美和园林设计的基础。

魏晋南北朝时期,面对持续三百年的战乱,人们逃避现实社会,怀着讴歌自然的感情,亲近自然,返璞归真。在汉代处于独尊地位的儒家思想此时受到冷落,道家思想则大行其道,清谈和玄学成为士大夫们的一时风尚。唤起对个性追求的觉醒,也激发了倾心自然山水的热情,孕育了有独立意义的山水审美意识,使对于山水的认识从物欲享受提高到"畅神"的纯粹精神领略阶段,这是一个质的飞跃。独树一帜的自然式山水园林在这种观念形态孕育下,得到了源远流长的发展,取得了艺术上的光辉成就。

东晋时期,中原士大夫大量逃亡江南,他们于乱世颠簸之余,在江南青山绿水里过着相对安逸的生活,他们尽情享受并讴歌自然之美。生命苦短,应当珍惜;送友离别,要折长干青青柳;亲朋沽酒,要寻凤凰台外杏花村;清明聚饮,要食八卦洲芦蒿马兰头。

王羲之等在浙江会稽的《兰亭诗集》,陶渊明《桃花源记》等田园诗,谢灵运的《山居赋》等山水诗,都是这个时期讴歌自然美的代表作。在世界文明历史上,真正具有自然山水审美的园林出现在中国魏晋南北朝时期,中国人最早发现了大自然美并运用于园林设计之中。中国特色审美观的山水诗、山水散文、山水画、山水园林诞生在这个时代。

南朝建康城内,帝苑以华林园、乐游苑为最著名。帝王造园受到当时思想潮流的影响,欣赏趣味也向追求自然美方面转移,东晋简文帝入华林园,顾左右曰:"会心处不必在远,翳然林水,便自有濠濮间想也"(《世说新语》)。齐衡阳王萧钧说:"身处朱门而情近江湖,形入紫闼而意在青云"(《南史·齐宗室》)。梁昭明太子萧统更是嗜好山水,尝泛舟玄圃后池,同游者进言,此中宜奏女乐,他却咏左思的《招隐诗》答曰:"何必丝与竹,山水有清音"(《南史·昭明太子传》)。南朝的帝王宗室对山水的欣赏与追求与秦汉朝时尚所趋不一样,因而苑圃风格也有了明显变化,汉代以前盛行的畋猎苑囿,在南朝开始被大量开池筑山、以表现自然美为目标的园林所代替。大臣私家宅园和郊区别墅相继在秦淮、青溪两河流沿岸及钟山南部出现。

中国古代设计师对建筑与园林这两类基本性质不同的事物,在设计处理上是有明显区别的。对于建筑总是运用整齐对称的格局,而对于风景园林则重因地制宜,没有中轴对称的形式,完全是树无行次、石无定位的自然布局。山有宾主朝揖之势,水有迂回萦绕之情,是一派峰回路转、水流花开的自然风光。这种形式格局上的差异,正是来源与性质上的区别。

但还有性质上的重合部分,例如坛庙、陵园等基本性质属于建筑设计,在其周围的植物常作行列整齐的布置,这是建筑性质的外延,然而具有审美的自然生态空间的园林建筑,区别于正统的建筑布局,建筑物本身在园林中,也是按山水总体风骨走势,高低曲折,参差错落,量体裁衣,烘云托月,点染着自然山水的艺术情趣,这也是基本性质的外延。无论规划设计中中国园林的形式美,还是意境美,其艺术布局处理莫不以自然地形变化为依据与出发点。而建筑则不然,紫禁城的庄严宏伟意寓皇权永远至高无上;未央宫的壮丽体现了萧何的治世理念;重门深院的宅第,体现了封建礼教的规仪,令人引起"侯门深似海"的联想;四合院、一颗印的住宅布局也各自有其所体现的理念。虽然古代中国园林与古代中国建筑都是中国文化所孕育的产物,一则要求均衡、对称、整齐;另一则要求随意、洒脱与流动。这是基本性质赋予不同门类的审美标准与审美理想。

从风景园林的起源、基本性质和审美理想三个方面的探讨,可以总结风景园林是地理生态、建筑空间、绘画艺术三者的结合产物。但是今日中国风景园林设计规范局限于使用功能布局,基本上没有体现出这个特色。

1.5 现代欧美园林景观

现代欧美国家城市公园没有围墙,城市与公园景观融为一体。草坪上三五成丛的花灌木和树丛,以艺术构图方式自然布局;由于以绿化景观为主,没有太多的建筑设施,也没有太多的"园林小品",所以表面看起来似乎比中国的公园设计简单,但这并不是我们设计思想深刻的原因,而是我们对"现代园林"的错误理解。

温哥华位于加拿大西部,面临辽阔的太平洋。城市内和市郊有多处海湾、河流、半岛和岛屿。城市景观规划就是依顺这些海岸地形布局的。无论是城市公园,还是自然风景区,最使人欣赏的是自然界的景观纯净、本色的流露,而不是"矫揉造作"的展示。在维资乐度假区目睹山坡成片的野草鲜花,红色、黄色、白色、紫色,星星点点,极其质朴而美丽。

维多利亚岛岛内没有工业，主要经济产业是木材、渔业和旅游，风景自然粗犷，景观方面要做的主要工作是自然保育，而不是劳民伤财的景观设计；是"出水芙蓉"的朴素大方，而不是"涂脂抹粉"的造作修饰。旅游汽车高速行驶数个小时，沿途看到的是连绵不断的森林大树，树干挺拔，巍然屹立。远处是山峦和大海，断断续续出现着农牧场以及温馨朴实的乡村民宅。景观优雅，似乎是不经意地流露展示在我们的眼帘。

Buch Garden 原本是个废弃的矿山，有多处深坑以及起伏地形，100 年前本地一位农场主收购并且改造成为花园。依顺地形设计各类花园，自然聚落式布局，成片鲜花，花大且色彩丽艳。但是，给我印象最深刻的是日本园林，其中布局素材不是鲜艳的花卉，而是苔藓以及地被蕨类植物，匍匐在山坡和青青石头上，配置有木质小勺，低矮石头灯笼，还有个简易的小水车。有唐朝诗人"苔痕上阶绿，草色入帘青"的境界，那么平淡素雅、宁静深远，在万紫千红的大花园中既格格不入，又别具一格。

中国古代也有类似的景观审美欣赏，例如："采菊东篱下，悠然见南山。"一个很轻松、很偶然不在意的自然风景审美，但是其内涵是高度的艺术境界提炼，为千年历史赞赏！还有"朱雀桥边野草花"也是显得个人在悠悠历史古迹边散步，随意观赏自然美丽的痕迹。

1.5.1 加拿大自然风景区规划

班夫国家公园（Banff National Park）有 6000 多平方公里，创建于 1885 年。但是，如此国际著名的风景区，在班夫国家公园入口处标志只是一个 2m 多高的木质牌子，标明简要历史发展过程、公园内部的主要资源以及简要地图。入口处标志背景是连绵不尽的参天大树，远处是皑皑雪山。没有巨大的入口门牌框架，没有巨大的纪念碑柱，也没有宏大的广场，更没有喧闹的商业街区。风景区中部的班夫镇有适度的宾馆和餐饮建筑，景观朴素简洁，尺度亲切宜人。玛丽莲·梦露主演的电影《大河奔流》的那条河流在班夫镇边缘流淌而过，清澈冰凉的河水，自然而又明净，向远方的雪山奔流而去。沿河是森林、岩石、

加拿大温哥华城市郊区景观

加拿大温哥华城市景观
鸟瞰

鲜花、野草。这里是世界著名的自然景观，不是以夸张渲染展示给游客，而是原始本色的自然流露。

由于各个国家的历史文化或者地理环境的巨大差异，各个国家政治有不同的见解、不同的政策。但是对于生态环境好坏的评价是相同的，各人对于环境是否舒适，是有共识的。无论是久居海外的华人，还是短暂访问的游客都认为加拿大风景规划优秀。他们对于自然风景的政策：保护自然，展示本色自然！为什么我们还要花费巨资去人工创建自然风景？

南京城市中心的鼓楼北极阁景观规划，耗资几十亿元，建立大面积喷泉广场，长长巨大的瀑布，其实平时是干枯的巨大水泥墙，一年之中仅仅在节日的几天内会有瀑布水景展现约1h。广场地下层是商贸超市，六朝曾经歌咏的自然山脉被挖去，原有的绿化也被水泥广场取代。生态效果很差，审美效果也很差。

流畅的景观是以自然界素材进行的有机组合。病态的景观是生硬的人工设计切割自然的连续性。

欧美城市公园都是简单朴素的景观规划，都是表现真实自然的风景区。在近20年中国经济迅速大发展的时代，几乎在全中国出现的景观规划设计都是以人工建设框架修饰自然界的山水和绿化，越来越复杂的几何广场、造型怪异的人工花坛、忸怩作态的景观道路，以及莫名其妙的假山等"园林小品"，大量充斥于城市公园和自然风景区。

1.5.2 德国城乡园林绿化景观

德国是世界上重要的工业国家，工业产值位于世界前列，但是所见都是舒展自然的草地和森林，以及点缀其中的童话风格的乡镇、城堡和高高尖顶教堂。德国最吸引人的风景不是设计的景点，而是田园和其中的乡村，任何一个视点观赏都是风景画，景观优美，妙不可言。

德国的城市几乎都有河流穿越或者环绕而过。这些河流最显著的景观特征是：朴素自然。具体表现在：沿河两岸没有大量各种居住建筑和商业建筑占据；没有大量娱乐设施或者园林小品。所有见到的都是蓬勃自然的绿化，在4月和5月期间，绿林和草地之间成片点缀着各种颜色的鲜花。

汉堡的易北河和阿尔斯特河（Alster River），慕尼黑伊萨河（Isar River），沿河公园就是成片的树丛和草坪，完全是绿化，没有趣味庸俗的似乎在美化点缀的"园林小品"。树木参天，景色大方自然，没有任何矫揉造作或者哗众取宠的姿态，绿化环绕着溪流湖水，一切都是自然而然地展开，延伸，衔接。法兰克福有莱茵河穿越市区，沿河保持有宽阔的绿化地。绿化带外侧是城市建筑区，但是临近侧建筑主要是博物馆或者教堂等文化建筑，各种商业街道没有布置在濒河绿化周围，相对于城市其他区域，沿河还是比较安静的游览地带。

最著名的是莱茵河，从梅茵斯到科布伦茨之间这段长90km的河段是莱茵河的最美丽精华部分，这段河流积淀着德意志历史文化，同时又依然保持其蜿蜒的自然地理属性。两岸悬崖绝壁，河谷陡峭，沿岸其侧有的是绵延不尽的葡萄园，时而有巍巍矗立山顶的古城堡，陆续有精致而色彩缤纷的田园村镇，但是却没有成片的麦子、玉米、大豆等农业庄稼。莱茵河中段的吕德斯海姆至克布伦茨一线，已经被联合国教科文组织列入世界文化遗产名录。

在德国城镇和乡村，公园与普通居住区绿化或者机关单位绿化没有明显区别，因为城镇就是建设在花园之中的。德国处处都有成片整体的绿化地块。在奔驰的列车上依窗远眺数个小时，欣赏连绵不断的大片茂盛森林绿化以及大片鲜花草地。德国国花是矢车菊，这种花没有艳丽、浓郁的姿态，形体也不是很

（左下）德国亚琛城市郊区景观
（右下）德国慕尼黑远郊著名古建筑天鹅堡

德国与奥地利交界处的贝希斯加登国家公园
(Berchtesgaden Nantional Park)

大,只是"原野上的小花",有浅蓝、蓝紫、深蓝、深紫、雪青、淡红、玫瑰红、白等多种颜色。

德国整体国土绿化极其自然,树丛错落于草地之间,美丽又朴实。有许多参天大树,长得非常枝盛叶茂,绿荫如盖。仅仅在个别古典园林之中才有一些几何造型的小型花园。现代的花园和绿化,无论公共园林,还是私人宅院,都是自然形式。一般不搞五花八门的绿化图案,或者绿化文字标语,绿化就是绿化景观,就是自然界的树林群落。而不是像在中国许多城市里,名称为绿化用地,事实却是商业建筑或者娱乐设施与各种图案广场组合,劳民伤财,俗不可耐。

1.6 生态学和地理景观

18世纪后期,英国人瓦特发明蒸汽机,从此开始了工业时代。人类的居住环境也有了"质"的变化。在发达国家,城市人口占90%以上,城市里摩天大厦、汽车道路、高架桥纵横交错,由于城市内密集型工业对劳动力的需要,造成城市人口高度密集,这时人们感觉到一直所向往的人造环境是个很糟糕的,有时甚至是很恶劣的环境。

在城市日益发达,城市问题日益严重时,人们比历史上任何时候都领悟到大自然环境和大自然原始景观的重要性。野生动物被关进铁笼子之后,变得懒洋洋、萎靡不振;长期生活在钢筋混凝土铸造的城市环境中,人也变得萎靡不振,据统计大城市的犯罪率和疾病显著高于郊区,交通事故频繁,环境受工业污染严重。

加拿大温哥华郊区景观
开阔、自然大气

　　巍巍的群山，广袤的原野，茫茫的森林，无际的大海，这一切大自然风景是非常崇高美妙的，给人们以健康和欢乐，陶冶着人们的情操。绿色环境是纯净、美丽、充满生命朝气的象征。现代生态学也使人们重新认识人类与大自然的相互关系。保护原始的自然风景对于人类未来发展是极其重要的，保护全球生态环境是人类生存的基本保证。

　　在城市区域内模仿建造大自然的风景，设立城市公园。另外，居住在城市的人走向郊野去欣赏大自然的风景，建立了风景名胜区。城市的现代化景观是高楼大厦和高速公路，而风景园林的现代化形象却是走向具有原始风貌的大自然。

　　20世纪50年代之后的现代工业有了"质"的变化，有人称为"信息时代"，也有称为"后工业时代"、"电子时代"。这几十年里科技高速发展，人类已经拥有几千年几万年一直所梦想的征服大自然的能力，人类拥有原子弹、宇航飞船、电子计算机这三大科技，打破了过去的一贯的对客观世界时间、空间、微观、宏观的认识。园林绿地规划设计是城市规划的重要组成部分，城市必须充满大自然情趣。没有园林绿化的城市，不能称为现代化城市。

　　农业生产时代里，人们为摆脱原始大自然的恐惧威慑，向往着建设美妙和谐的人造环境。中国文人写意山水庭园，法国皇家宫苑，英国贵族庄园，巴比伦空中花园，都是这个时代这种意识指导下的人造艺术环境，是人们当时向往的理想自然景观。

　　然而进入工业社会以来，人类对于自然界的科学认识和审美观都发生了质的变化，曾使人感到畏惧的原始大自然风景得到了极高珍视。人们在数千年以来，一直探索着在自己生活的环境里，设计建造陶冶身心、娱乐情趣的美妙花园。美国在1872年建立国家公园，其范围内的森林，树木、野草都任其自生自灭，不得采伐或利用。绝对保护大自然原始本色。

今天我们必须认识到地球演化运动给我们在自然界创建了最美的花园。原始的大自然风景面貌是最为珍贵的，山峦、河流、森林、草原，这一切哺育了人类物质文明和精神文明的勃勃生机，是任何人造花园无法比拟的。地壳内部岩熔运动形成了火山景观，水流冲刷运动形成了峡谷景观，自然界斗争保存下的动植物群落，森林、草原、花香、鸟鸣，万物都在极具奥妙的运动中存在。

在传统的动物园，人观赏笼子里的动物，现在人被自己关在笼子里，即汽车里，观赏追逐于森林草原上的狮子和野鹿，不仅能观赏到动物园不曾见的动物活生生的野性，还能看到动物种群之间依赖、斗争而生存的相互关系。相对于以往的传统园林，国家公园在审美空间界限以及景观多样性方面都是本质的飞跃。

现代风景的研究概念在扩大，不仅仅是登高远眺的景观，而且包括城市建成区，农田、区域土地等整个生态系统以及考古地区和历史街区。在文化遗产保护领域，文化景观的概念（Cultural Landscape）在1992年被确认为世界遗产的一个类别，是包括农地、山林以及社区习俗在内的文化累积之整体景观。

21世纪自然环境保护也开始全球化。联合国教科文卫组织确定了"世界自然和文化遗产公约"，还确定南极洲为"国际公园"，全世界各国共同保护人类最后没有被开发的地域。

1.7 地理景观与人类文明变迁

在几千年漫长的人类文明发展过程中，从采集和狩猎时代发展到今天的信息时代，人类对自然的作用能力和拥有的物质条件已经发生了翻天覆地的变化。人与自然景观的关系以及人类对于景观的能动设计已经发生过多次重大变化，人类既是自然景观的其中一部分，在现代又是景观的设计者、改造者和管理者。

特定地理景观对历史文明传统有深刻影响。全世界的四大文明古国都分布在北半球的北回归线以北，并且都位于大河之滨的平原上，由此被称为"大河文明"。这四种文明的起源都与一定的地理景观和生态环境相联系，其中埃及起源于尼罗河，巴比伦文明起源于底格里斯和幼发拉底河的下游，印度文明起源位于恒河的中下游，气候干燥炎热，但河流的夏汛和春汛对灌溉有利，特别适于小麦生长和获得高产，故又可称为小麦文明或灌溉文明。而中华文明的起源主要集中在黄河中、下游的汾河、伊河、洛河、渭河等黄河支流及太行山东南山麓地区，正好是黄土高原的边缘。

在久远的历史年代中，中国经历了无数次的分割与合并，最终形成了辽阔

莫奈的19世纪荷兰乡村风景画

的疆域：从东南海岸岛屿到西北戈壁高原，冰峰雪岭、茫茫森林、河湾溪流，具有极为丰富的自然地理景观。在各地域依照各自地理环境滋养出迥然不同、独特的地方文明。随着民族迁移、商贸往来、战争冲突，最终汇集形成了中华文明传统。

中国的名山大川也和其他文明古国一样，经过农业时代初期的自然崇拜时期，和奥林巴斯（Olympus）是古希腊的神山一样，泰山也是古代中国的神山。在公元前700余年成书的《山海经》，内掺有浓厚的自然崇拜的观点，详细记载了中国的自然地理。

大自然的原始风景给中国古代园林的设计创作以极大启迪灵感。中国在自然崇拜时期，以自然地理中名山大川为基本蓝本，产生了极为丰富的神话故事和神话文学。在山东沿海以海岸岛屿景观为模型背景，产生了海上仙山传说；形成了蓬莱神话系统。在昆仑山以新疆博格达峰的雪山、林海和由冰川形成的高山堰塞湖的天然景色为模型背景，产生了西王母宴周穆王于瑶池之上的神话故事；形成了昆仑神话系统。由于文化背景的差异，中国传统的自然风景欣赏审美观念与西方迥然不同。

中国从东晋开始，山水风景画就已从人物画的背景中脱颖而出，使山水风景很快成为艺术家们的研究对象，景观作为风景的同义语也因此一直为文学家、艺术家沿用至今。这种针对美学风景的景观理解，既是景观最朴素的含义，也是后来科学概念的来源。从这种一般理解中可以看出，景观没有明确的空间界限，主要突出一种综合直观的视觉感受。

地理学的景观是一个由不同土地单元镶嵌组成，具有明显视觉特征的地理实体；它处于生态系统之上，大地理区域之下的中间尺度；兼具经济、生态和美学价值。这个空间概念有更为广泛的含义，即景观是总体环境的空间可见整体或地面可见景象的综合。

19 世纪初，德国地理学家洪堡（von Humboldt）把景观作为科学的地理术语提出，并从此形成作为"自然地域综合体"代名词的景观含义。地理的景观强调景观地域整体性和综合性，具有明显视觉特征的地理实体。麦克哈格 McHarg 为全球性的尺度景观定义了一个方法论，将卫星遥感、航空照片和地图作为环境分析资料，进而成为规划工具。

地理学界对景观的理解，以"地形"的同义语来刻画地壳的自然地理特征、生态特征和地貌特征。景观是指形态观察中显示出的特殊地段如林中旷地景观、半岛景观、大陆架景观等，地球表面由许多景观系统组成。

地理学界区域方向则对景观的理解，认为景观是由气候、水文、土壤、植被等自然要素以及文化现象组成的地理综合体，这个整体空间典型地重复在地表的一定地带内，并且是由地方地理区域的复杂综合体在其范围内形成有规律、相互联系的区域组合。

生物地理学理解景观，为一个植物群落所占据的生态条件一致的地表地段，是植物、动物、微生物、小气候、地质构造、土壤、水文状况相互作用的总体。

现代景观研究包括自然景观与人文景观两部分，对于前者的研究集中在空间格局与生态过程上，对于后者则集中在空间环境与文化功能上。目前一般的地理科学研究中关于人地关系中的"可持续发展"是指：人类对于自然资源的世代长久持续利用。自然景观与文化演替相互影响，自然地理环境变迁过程中景观多样性造成文化多样性，保持其自然地貌形势是城市风貌和优秀文化传统持续的最重要条件。对文化可持续发展的理解：人类的生存与文明发展，都要以自然环境作为"基底"。延续优秀的历史文化，不能只依靠史书资料，还要有滋养文明的自然环境景观以及历史遗产实物的存在，自然景观环境是文化信息的载体和摇篮，对于人类文化的持续至关重要。

为了重新构建人与自然和谐的文化景观，人们开始进行整体优化的景观生态设计，如设计城市绿地系统，建立各级各类自然保护区，建设生态景观园区等。科学界普遍认识到：自然界景观是生物丰富多样性的最后储藏所，也是研究过去人类土地利用实践历史和遗迹的科学证据，它可以作为人类持续土地资源利用的现实样板，并为人类提供审美与享受自然与文化多样性的机会。

1.8 城市文化地理

城市作为一个历史留存和文化的物质存在，独具特色的地理环境不仅成为城市建设格局、形态和景观的自然背景，而且地理环境与人类活动相互作用的结果，成为城市发展的文化基因，它们深深印刻在城市的特色景观中。这种地理环境与人类活动相互作用的关系即文化生态，城市文化生态的作用肌理是：一定地域的地理环境作为城市形成和发展的场所与空间，也是一定地域人们生产方式和经济基础形成的基本条件，人们据此产生一定的思想观念并经过长期整合形成特定地域的文化模式。文化模式是社会群体长期的、共同的文化进化的结果，具有较强的整体性和稳定性，它反过来规范和调节着人们的思维模式、价值观念和行为方式。文化模式通过影响人们评价、选择、协调和改造地理环境，从而创造出各具特色的文化景观，并最终使城市建设以一定的地理环境为本底打下深刻的文化烙印。

城市地理格局脉络一旦遭到破坏，不仅会破坏城市肌理的协调性和连续性，而且也会使城市的"灵魂"失去栖身之所；城市景观具有历史性和易损性，一旦破坏则不可逆转。因此，对城市地理格局的保护构成了城市保护的基础。

城市景观和地理环境共同构成一个多层次结构的文化系统。仅仅从建筑学、城市规划学的角度进行城市景观的保护是远远不够的，这不但割裂城市系统的整体性以及各要素之间的有机联系，而且也使城市保护流于肤浅和表象。既要建筑空间视角保护历史文化城市，又要注重文化基质的保护和继承。城市各个历史阶段城市景观的发展延续和积淀，皆有其基本内在的地理格局影响，正是地理格局的一脉相承使历史城市发展具有独特深厚的景观传统。

文化地理学认为，历史城市的产生与发展是人类与所处自然环境生态和社会环境长期相互作用的结果。而这种人类与地理环境的长期相互作用又总是发生在一定的地域范围之内，其结果总是反映了特定地域的文化生态。文化生态涵盖了人们对人地关系的认识和观念，它深刻影响着人们认识、选择、适应和改造自然环境的方式和强度，并具体反映在历史城市的文化景观上。任何历史城市的形成与发展都会烙有其所处地理环境的印记。自然环境构成了历史城市形成与发展的本底，自然环境不仅给予历史城市的形态、结构、景观很大的影响，而且也使历史城市的体制、观念和行为方式有所差异。而社会环境则是历史城市形成与发展的驱动力。中国古代"天人合一"的自然观使得建筑与历史城市具有含蓄和谐的特点。

不同地域的历史城市各具特色风格，则是文化生态对历史城市形成与发展影响的明证。因此,对历史城市的保护,延续历史城市的文脉保持城市特色,关键是要保护好城市的文化生态。历史城市文化生态保护：一是保护历史城市赖以生存的地理脉络环境，这是形成历史城市特色的基础；二是保持历史城市发展更新与地理环境之间协调关系的历史轨迹，这是延续历史城市文脉的基础。

景观是以人类的尺度观测空间世界的理念，是人类文明发展的一种视觉事物，它因人的视界而存在。在中国古代的观念中，自然的树木、河流和山川等都具有神性，联系着宇宙"道"的理念，也联系着人的灵魂，今世或者来世都能生长和循环，景观与人类社会息息相关。在西方《圣经》里，描述了上帝创造山川河流和人，在上帝的伊甸园中，树木茂盛，直到亚当和夏娃偷吃了善恶树上的智慧果，伊甸园中的树木才转化为人所感悟的景观。在东方佛教传说中，人类的智慧思想联系着自然景观，佛教始祖释迦牟尼也是降生在一个名曰兰纰尼的花园中，并最终在菩提树下沉思，得到顿悟。

　　人类和自然景观之间具有原始的深刻联系。在人类茹毛饮血的远古时代，人类是自然界的一部分，人类占据一定的生态空间领域，但是人与自然是一种共生的关系。随着人类原始的村庄演化成了城市，并逐渐与自然分离，城市改变了自然景观，重构了土地，人类与自然那种深刻依存的联系逐渐模糊。人类可以随意控制自然，可以随意改变自然。当人类意识到将要失去那个美丽自然的时候，才又重新领悟到自然的神圣价值。

2.1　审美感知与形态

审美感觉的来源是什么？有人认为美是人的主观感受，事物之所以美，在于我感到它美。这种观点其实完全否认了美的客观实在性。还有人认为美是形式，客观的形体其各部分之间的对称、和谐以及适当的比例，形成了美感，把美感仅归结为事物的某个属性。这种观点过分强调客观世界，而忽略人的主观创意感觉，而且离开人的社会生活，忽视了人的社会实践。

2.1.1　美是社会意识形态

美是一种社会的思想活动，是由客观外界活动产生的特殊主观意识。美感是在人类历史发展后才出现的，客观事物自身不产生美丑，只引起人的感情上美丑。既然"美"是人们的意识产物，随着历史发展、社会发展，意识也在变化发展，美和艺术也是发展变化的，而且也有自身的运动规律。

审美活动首先是人类文明的社会现象。在人类出现之前，宇宙太空的万事万物，地球上的沧海化桑田，无所谓美与丑；日月星辰，山水花鸟都早已存在，并按照自然的规律发展进化，但这一切是纯粹的自然存在物，它们没有取得美所必须具备的人类社会属性。美感是人类社会历史发展到一定阶段的产物，其特性必然受到人类社会生活的制约。随着社会历史的不断发展，美作为人类社会文明的重要组成部分不断丰富和发展起来。

从审美客体上来看，在自然界中有经过人类改造过的乡村田园景观，也有人迹罕至的原始自然景观，在社会生活中有人体的形态美，也有人的行为美、心灵美。从艺术领域看，有绘画、诗歌、音乐、雕塑等人为创造的审美作品。

美国画家安德鲁·怀斯的风景画《克里斯蒂娜的世界》，个人的向往表现了风景美的价值

从审美主体上来看，主体条件不同造成审美评价差异巨大。中国古代封建社会妇女以缠足为美，甚至对这种审美品位还有"步步生莲花"的典故传说。清朝以男人蓄长辫子为习俗。古代人向往和谐温顺的自然景观，而现代人欣赏的是原始自然景观；西方的审美观与东方的审美观也是有很大区别的。西方人绘画强调色彩绚丽、质感凝重、逼真写实，而中国绘画强调平淡素雅、黑白写意。

在新石器时代，早先的人类以野兽的皮、爪、角、牙或者采集的石块打磨成装饰品，佩戴在身上。但是这并非因为这些东西所特有的色彩和线条的形式，在深入的考古研究分析后，发现其特定的含义，也正是美作为"有意味的形式"的原始形成过程，它们是勇敢、灵巧和力量的标记，有的含有浓重的原始巫术礼仪的图腾意义。例如半坡遗址中的几何形花纹是从鱼纹演变而来，经研究这实际上是一种图腾崇拜。

这些原本属于自然物的石块或野兽皮、爪、角、牙，已经打印上人类创造性实践活动的痕迹，显示出了原始人的智慧与力量。人们欣赏它的美，也就是因为在客观对象上显示出人类自身本质力量的观照。在久远的原始社会，人类生产力低下，实践活动领域非常狭窄，美的对象也只能局限在生产劳动直接相关的事物上。在当时的条件下，一把很粗糙的石斧就具有很高的审美价值，几颗兽牙、兽骨串在一起就是极美的装饰品。

同样，人们欣赏鲜花和绿树景观，不仅是由于它们所具有的绚丽色彩和葱郁姿态的自然属性，也因为这种景观与人的生活有着某种联系，例如居住在大城市的人，终日看到的是混凝土高楼和拥挤的汽车，情感上更欣赏自然界景观。

美感的产生与人活动的本质有着深刻的联系。美是在人类社会实践活动中，历史地形成的人的本质力量的感情显现。研究美的本质，必须深入考察审美同社会以及人生的特殊联系，把握其矛盾的特殊性，确定与其他社会现象不同的特别内涵。

在此对人的本质力量有以下几点认识：人的本质力量是在认识世界、改造世界的实践活动中形成和发展起来的，是在人类遵循客观规律和主观目的进行积极创造活动中表现出来的，是促进人类历史进步的积极力量。人的本质力量的形成和发展，是以生产创造和整个社会实践为基础的。不同的阶层形成的对人本质力量的感情显现有一定差异，但作为整个人类社会，也有其共性。人类对客观世界认识和改造是变化发展的，人类对世界所显示的本质力量也是不断丰富和发展的。

美的根源不在于人的主观感觉，而在于人的社会实践。美是人类通过实践活动，把自身向往的真实愿望，进行积极创造的本质力量在对象世界中感性显现出来的结果。

纯真的美感，包含着观念和情绪内容的形式感觉，能激发人的情绪。它已经脱离直接的社会功利目的，已经从实用感中分化出来。这种分化的实现经历了漫长的历史阶段和许多中介过程；其中图腾崇拜和原始巫术起着重要作用。原始的图腾和巫术是借助想象和幻想以支配自然力、征服自然力的非现实活动。它对于人类的物质生产和实践活动有重大意义，却不直接体现实用目的，而只是唤起信仰、激发愿望和情感的手段。这个特点决定了它在审美演变历史过程中的突出意义。

审美的快感虽是个别对象形式在个别主体心里所引起的一种私人的情感，却带有普遍性和必然性，它是可以普遍传达的，是人就必然感到的，因为人具有共同感觉力，这种感觉既然可以在某一人身上起作用，就必然也能在一切人身上都起作用。

审美判断因此表现出一系列的矛盾或二律背反现象，它不涉及欲念和利害计较，不是实践活动，却产生类似实践活动所产生的快感；它不涉及概念，不是认识活动，却又需要想象力与知解力两种认识功能的自由活动，要涉及一种不确定的概念或不能明确说出的普遍规律；它没有明确的目的，却又符合目的性，它虽是主观的、个别的，却又有普遍性和必然性。最重要的还是它不单纯是实践活动而却近于实践活动，它不单纯是认识活动而却近于认识活动，所以它是认识与实践之间的桥梁。

2.1.2　美是有社会规律的

美感是由于出现了人类文明才产生的，人类的文明在进化发展，而人的思维中〝美〞的概念也随着历史演变而变化。古代的〝美〞与现代的〝美〞是不一样的。

社会和历史的不同时期，对美有不同的评价标准。不同的社会经济基础有不同的审美观点，同时，美需要艺术实践，经过历史的积累，就有了该国家的民族形式、民族的艺术传统。古希腊建筑以〝爱奥尼〞柱为其典型特征，中国建筑以〝斗拱〞为其典型特征，前者以石头为料，刚健、雄浑，体现个体美，后者以木材为料，柔韧、优雅、奥妙，体现群体美。

古代人以人造环境为最美，有建筑和街坊的环境感觉安全，和谐亲切的自然山水是人们想要居住的地方，而现代工业社会人们向往的是粗犷原始的风景。

在中国春秋战国时期和古希腊都有关于美的论述，其中有许多精辟的见解，但是这些思想还没有形成一门完整的学科。到了18世纪，由于西方哲学和自然科学的推动，美学发展才进入了新的阶段。1750年，德国哲学家鲍姆加登著作《Aesthetik》出版，即标志着美学作为一门新学科诞生。鲍姆加登认为：人的心理活动包括知、情、意三个方面，应该相应地有三门学科来加以研究。研究〝知〞的学科是逻辑学，研究〝意〞的学科是伦理学，研究〝情〞的学科是〝Aesthetik〞，即感性学或美学，从此之后，美学也就成为有别于哲学、逻辑学、伦理学、艺术理论等的独立学科。

法国启蒙思想家狄德罗指出〝美是关系〞，从历史文化发展的角度对美的

油画《海滩孤舟》显示
凝重的大海，变幻的云
雾和神秘的弃船

绝对性与相对性进行论述。

德国哲学家康德比前人更充分地认识到审美问题的复杂性以及审美现象中的许多矛盾对立，他的企图不是忽视或否定矛盾对立的某一方面，而是使对立双方达到调和统一。

德国古典哲学家黑格尔指出"美是理念的感性显现"这个定义特点在于不是仅仅从个别事物或事物形式去阐述美的本质，而是强调美应当把感性与理性、内容与形式统一起来；另一方面，它又肯定了美是具体可感的。这其中蕴涵辩证法的思维。

俄国民主革命主义者车尔尼雪夫斯基提出"美是生活"，他认为艺术的目的和本质在于再现生活，现实美是艺术美的前提和基础，现实比想象更生动，而且更完美。他的结论是现实美是真正的美，高于艺术美，想象与创作只是现实不成功的改作。

在中国的儒家哲学中，美来自"善"，其"仁"是最高境界。艺术应该致力于整体和谐的创作，将天、地、人、艺术、道德看做一个生气勃勃的有机整体，天人合一，只有"和"才有美。在中国，古代艺术所注重的，并不像希腊的静态雕刻只是孤立的个人生命，而是注重全体生命之流所弥漫的灿然仁心与畅然生机。"和"是宇宙万物的一种最正常的状态、最本真的状态和最具有生命力的状态，因此也是一种最美的状态。"和实生物，同则不继"。"和"是具有包容性的，是丰富的，所以是美的。"以和为美"，也就是以丰富为美，以多样性为美，这是对"和"的理解的另一层含义。把"和"的观念应用于造园景观上，主要就体现在人工与自然环境的和谐。

在中国道家哲学里，认为美不是世俗人们追求的感官声色的愉快享受或者权势欲望的恣意满足，也不是仁义道德的实现，而是一种自然无为的"道"，超越人世的利害得失，在精神上不为外界物质奴役的绝对只有的境界。"朴素而天下莫能与之争美"，"淡然无极而众美从之"，表明美在于超功利的自然无为。朴是未雕刻的自然之木，而素是未印染的自然之丝，保留了自然无为的道德本性，因而是最高境界的美。

在中国禅宗审美里，认为超越人世利害得失而达到心灵自由，通过直觉、顿悟以求得精神解脱，进而达到绝对自由的人生境界，"外师造化，中得心源"。外在事物和现象，只有作为主体内心生活表现，才具有真正的美学意义。因而在这种审美观念中，时常具有凄清、孤寂、空幻的色彩。

中国早先帝王园林的神仙意境演化为皇家园林特有的"一池三山"审美景观，先秦时代山岳崇拜进而在魏晋南北朝时期演化为自然风景名胜的审美游览活动。

在中国造园历史上，理论著作有：明代计成的《园冶》，明代文震亨的《长物志》，李斗的《扬州画舫录》、钱泳的《履园丛话》、王寅的《冶梅石谱》、林有麟的《素园石谱》，这些文人都是画家兼造园家。扬州画家石涛，曾在扬州留下许多假山和叠石作品；金陵画家李渔，曾在《一家言》中写出许多造园理论文章，概括了江南造园艺术。

2.1.3　美感是艺术地认识世界

科学有准确数据和公式反映客观世界，牛顿三定律揭示了世界上物体之间的作用力关系，爱因斯坦相对论揭示宇宙时间、物质、能量的相互关系。社会科学也有其定律、原理来描述客观世界的运动变化，马克思的辩证唯物主义揭示世界物质运动的三大规律：对立统一规律，量变质变规律，否定之否定规律，还有历史唯物主义原理，科学社会主义原理等。

审美判断不涉及欲念和利害计较，所以有别于一般快感和功利以及道德的活动，也就是说，它不是一种实践活动；审美判断不涉及概念，所以有别于逻辑判断，即是说，它不是一种认识活动，它不涉及明确的目的，所以与目的判断有别。

审美判断是对象的形式所引起的一种愉快的感觉。这种形式之所以能引起快感，是由于它适应人的认识功能，即想象力和知解力，使这些功能可以自由活动并且和谐合作。这种心理状态虽不是可以明确地认识到的，却是可以从情感的效果上感觉到的。审美的快感就是对于这种心理状态的肯定，它可以说是对

中国山水画，意境淡泊深远，画中人物悠闲观景，融入大自然

于对象形式与主体的认识功能的内外契合，见出宇宙秩序的巧妙安排，即"主观的符合目的性"所感到的欣慰。这是审美判断中的基本内容。

艺术也是认识世界的一种意识反映，但却没有推理演绎，没有准确的数据，艺术的特点在于它有巨大的感染力，会引起人的情感激烈的变化。

风景园林景观使人们触景生情，感慨万分。

有使人愉快的：

"江南好，风景旧曾谙。日出江花红胜火，春来江水绿如蓝。能不忆江南？"（白居易）"春风又绿江南岸，明月何时照我还。"（王安石）"两岸猿声啼不住，轻舟已过万重山。"（李白）

有使人感伤的：

"蜀江水碧蜀山青，圣主朝朝暮暮情。行宫见月伤心色，夜雨闻铃肠断声。"（白居易）"归来池苑皆依旧，太液芙蓉未央柳。芙蓉如面柳如眉，对此如何不泪垂。春风桃李花开日，秋雨梧桐叶落时。西宫南内多秋草，落叶满阶红不扫。梨园弟子白发新，椒房阿监青娥老。夕殿萤飞思悄然，孤灯挑尽未成眠。迟迟钟鼓初长夜，耿耿星河欲曙天。"（唐·白居易）

"独自莫凭栏，无限江山，别时容易见时难。流水落花春去也，天上人间。"（李煜）

"感时花溅泪，恨别鸟惊心。"（杜甫）

"晴川历历汉阳树，芳草萋萋鹦鹉洲。日暮乡关何处是？烟波江上使人愁。"（崔颢）

还有沉沉的回忆：

"折戟沉沙铁未销，自将磨洗认前朝。东风不与周郎便，铜雀春深锁二乔。"（杜牧）

"朱雀桥边野草花，乌衣巷口夕阳斜。旧时王谢堂前燕，飞入寻常百姓家。"（刘禹锡）

"凤凰台上凤凰游，凤去台空江自流。吴宫花草埋幽径，晋代衣冠成古丘。三山半落青天外，二水中分白鹭洲。"（李白）

"江雨霏霏江草齐，六朝如梦鸟空啼。无情最是台城柳，依旧烟笼十里堤。"（韦庄）

"大江东去，浪淘尽，千古风流人物。故垒西边，人道是，三国周郎赤壁。"（苏轼）

还有极其安静、非常优雅的：

"千山鸟飞绝，万径人踪灭。孤舟蓑笠翁，独钓寒江雪。"（柳宗元）

"独怜幽草涧边生，上有黄鹂深树鸣。春潮带雨晚来急，野渡无人舟自横。"（韦应物）

"渭城朝雨浥轻尘，客舍青青柳色新。"（王维）

"姑苏城外寒山寺，夜半钟声到客船。"（张继）

更有缠绵无尽的人情事故：

"一片春愁待酒浇，江上舟摇，楼上帘招。秋娘渡与泰娘娇，风又飘飘，雨又萧萧，何日归家洗客袍？银字笙调，心字香烧。流光容易把人抛，红了樱桃，绿了芭蕉。"（蒋捷）

"今宵酒醒何处，杨柳岸、晓风残月。"（柳永）

2.2 园林景观境界分析

园林与风景审美有其共性，也有其特殊性。园林是在城市内人工建造的、模仿自然的景观，没有风景区辽阔的空间，也很难具有风景区的原始粗犷。

园林是艺术，但是与绘画、音乐、戏剧等纯艺术有很大不同。绘画艺术展示是在一张纸上，音乐艺术展示是一个乐器，戏剧艺术是在一个舞台，园林艺术则是表现在现实生活空间中的。

园林既是给予人们文化生活、物质福利生活的现实物质环境，同时又是反映社会意识形态，陶冶精神文明与审美要求的艺术。园林美要求现实生活与艺术的美高度统一起来，这与纯艺术是有区别的。

园林作为一门学科，既是工程科学，又是艺术，是工程加艺术的综合学科，这里的艺术指的是美术绘画。

园林美的艺术境界创作，一般要通过四个创作境界：第一，是创造生活美的境界，第二，到达自然美的境界，第三，上升到绘画美境界，第四，升华到理想美的艺术境界，达到互相渗透、情景交融的高潮。这种创作过程，既是从现实生活出发，又表现了很高的艺术创造精神和概括能力。在我国遗存的古典园林中，文人园林在这方面表现得最为典型。

园林是人类对优质生活与居住环境的一种追求，是人类出于对大自然的向往而创造的一种富有自然生趣的游憩玩赏的环境，寄托了人类与自然和谐相处的崇高理念。中国古典园林作为古人居住游憩之地，体现了古代建筑和艺术的精华，融合建筑、园艺、雕刻、绘画、诗词、工艺美术等为一体，储存了大量的历史、文化、艺术和科学信息，既是历史文化的产物，也是中国传统文化的寄存载体。

2.2.1 优雅的生活境界

园林空间范围内，要明显区别于城市其他高楼道路密集的区域，首先应该保证园林空间领域内有大面积茂密的绿化，有清澈的流水，有优雅别致的建筑，还有良好的卫生环境，这是园林欣赏审美的基本前提。冬季要有较充足阳光，夏季要有绿荫如盖，春季要有盛开鲜花，秋季要有缤纷落叶，要有一定的平坦空旷草地供人们游戏，又要有大面积庇荫的密林供人们散步谈心。

园林场地范围内，还应该有方便的交通、完善的生活福利设施，有广阔的适于各种活动的场地、有进行安静休息散步、垂钓、阅读、休息的场所。在积极运动方面，有划船、溜冰等进行各种体育活动的设施，还有各种展览等文化生活方面的设施。

中国古代文人宅邸园林，在私人狭窄的生活空间创造兼有自然景观的场地。园主人又能在这个富于自然美的小天地之中，设置若干避风雨、防寒暑的建筑物，形成一个具有浓厚生活气息的、"悦亲戚之情话，乐琴书以消忧"的美好生活环境。

中国古代居住庭院里创建自然美（图源自刘先觉、潘谷西《江南园林图录》）

在园林中要既能有生意盎然的自然美，又能有舒适方便的生活美，这些人工建筑和设施，在数量、体量、色彩、形式和风格上，应该做到与自然景观融合，在这方面，明代造园家文震亨在所著《长物志·室庐》篇中说："要须门庭雅洁，室庐清靓，亭台具旷士之怀，斋阁有幽人之致。又当种佳木怪箨，陈金石图书，蕴隆则飒然而寒，凛冽则煦然而燠。若徒移土木，尚丹垩，真同桎梏樊槛而已。"此外，计成在《园冶》中又说："堂开淑气侵入，门引春流到泽，……花间隐榭，水际安亭，斯园林而得致者；唯榭止隐花间，亭胡拘水际？……或翠筠茂密之阿，苍松盘郁之麓，或假濠濮之上，……倘支沧浪之中。"

如"涵碧山房"欣赏青山绿水；"闻木樨香轩"欣赏桂子飘香；"清风池馆"欣赏清风明月；"濠濮亭"欣赏翳然林水，鸟兽禽鱼；为了吟赏早春玉兰而设"玉兰堂"；为欣赏仲春海棠而设"海棠春坞"；为观赏暮春牡丹而设"绣绮亭"；为吟咏夏夜莲花而设"荷风四面亭"；为吟味橘林秋色而设"待霜亭"；为踏雪寻梅而设"雪香云蔚亭"……每一个建筑都富有意义，都是有山光、水声、月色、花香等天然风光可欣赏的。它们把一切自然风光引入建筑空间内部，相互渗透。

中国古代园林的布局，除了游览观赏以外，兼供居住之用，因而在山池花木之间建造很多亭台楼阁，连以走廊，其结果房屋数量过多，与创造自然风趣的园景发生矛盾。这种现象到明清两代更为显著。其中苑囿因处理政务，建造具有轴线的大批宫殿和庭院，房屋比重之大尤为突出。

2.2.2　自然美的境界

大自然千姿万态的风景是在复杂而又奥妙的地球演化中形成的。大自然的山川草木、风云雨雷、日月星辰、虫鱼鸟兽都是园林美的重要题材，必须巧妙地仿造或借景，使之成为园林中重要的景观组成部分。

大自然的时光流逝变更中的晦明、阴晴、晨昏、昼夜、春秋的瞬息变化，也都是园林自然美的组成部分。设计"夕照亭"、"晨曦塔"等建筑，使流逝的时光成为园林的景观。"远上寒山石径斜，白云生处有人家"农耕时代要求和谐的大自然，而不是狂野没有驯化的险山恶水。

"自然美"境界显示出"月作主人梅作客"，山之光、水之声、月之色、花之香是在园林创作中首先要追求的艺术灵感，而切忌"人工做作"。园林空间是一个生意盎然的自然美境界。落花飘满庭院任由春风吹扫，幽篁深处留住了客人；满园景色关不住，总有花枝越墙流露出美丽姿色。

园林中的植物群落规划设计，是构成园林美的重要表现素材，园林植物的美首先必须是生长壮健、生气蓬勃，其次是对植物个体或群体整形、配置和设计，进行艺术构图，最终达到园林的美。在现代的工业社会，园林美还体现在生态环境效应上，绿化种植设计以自然生态群落式为最佳。

中国对于园林的理想，有一种传统的看法，希望达到"鸟语花香"的境界，因此，园林植物设计中要有芳香植物，例如秋天的桂花、冬天的蜡梅，种植结果植物，吸引鸟类采食。

园林景观要求色彩缤纷，秋天观赏红叶的树有：黄栌、鸡爪槭、五角枫。秋天观赏黄叶的树有：银杏、悬铃木。四季常青的树有松柏等。

开花植物都具有观赏价值。春天观花植物，乔木有白玉兰，灌木有迎春；夏天乔木有合欢、紫薇，灌木有紫荆；秋天有木芙蓉、桂花；冬天乔木有梅花等，灌木有蜡梅。

观果植物有火棘、石榴等。

另外还有地被植物、水生植物、宿根花卉、多年生花卉、藤本植物等。

园林中声音美，是指自然界的声音，有风声、水声、泉声、涛声、虫鸣、鸟语，听雨声常有"雨打芭蕉"、"雨打浮萍"、"雨打荷叶"。唐朝诗人李商隐有著名诗句"留得残荷听雨声"，白居易有诗句"秋雨梧桐叶落时"。倾听大自然的风声，还有松涛滚滚、白杨肖肖。公园里的音乐艺术表演，是人为演唱演奏，是作曲家创作的音乐艺术，不是自然界发出的声音，不属园林艺术的组成部分。

听水流动声，倾听溪流、瀑布、泉水潺潺而流。

听鸟语，要多种灌木和果浆植物，例如：葡萄、山楂、梨、李、桑等诱引鸟类采食。

花木与水体的配植设计，水池边若是土岸，则采取浅沼的处理方法，由池岸向池中做成斜坡，岸边种植水菖蒲、芦苇、慈姑、茭白、水葫芦等沼生植物，或者是草坡一直到水；池边若是假山驳岸或条石驳岸，则在驳岸以内种植一些不阻挡视线的花木，如迎春、探春等垂挂于驳岸上，或在假山石上爬薜荔、络石等，使假山驳岸更显苍老，还可以在岸边种植碧桃、梨花、杏花、玉兰、海

中国花鸟画追寻闲情逸致

棠、夹竹桃、山生柳、松树、垂柳、榔榆、朴树、鸡爪槭等花木，使枝条伸向水而，形成柔条拂水、低枝照镜的画面。

当春寒料峭之时，溪湾柳林之中，间杂栽些桃树，柳绿桃红多彩相映；而在月色朦胧之夜，绕屋梅花隙地，移植几竿修竹，疏影纵横蕴涵诗情。村庄茅舍两三间僻静处蕴藏无限春色，河畔溪流处亭榭成为消夏佳地。隔着树林聆听群鸟唤雨，望着对岸观赏牛羊散步。

文人私家园林中的建筑，都是四面赏景，在设计时，每个赏景建筑，都要在墙基四周造景。园中的亭，做到了四方、六方、八方对景；其楼、堂、斋、馆，也尽量做到四面赏景，如果位置居于边角，也要在边角处造成一线采光天井，栽以竹石小景，以增生趣。

文人私家住宅大院以及其中的建筑群都很明确的中轴对称布局，但是其花园部分，完全没有中轴对称布局，以山体和水池为主景观。宅院和建筑群的对称轴线没有延伸引入园林布局之中。建筑物四周的园林景物则是：树无行次，石无位置，山有宾主朝揖之势，水有迂回萦带之情，是一派峰回路转、水流花开的自然风光。甚至在建筑物本身的位置，也是随着地势变化而高低曲折、参差错落。

园中没有行列栽植的树木，没有修剪绿篱，没有花坛；建筑物本身不像北方皇家园林建筑位置朝向都是东西、南北正向，而无斜出的，甚至互为对景也不像北方皇家园林轴线那样一致严整。

人们在城市建造园林，主要是为了要"可望、可行、可游、可居"。可望，就必须建亭、台以赏景；可行，就必须修园路、磴道以攀爬山石，跨河涉水；可游，就必须有吟咏、渔钓、泛舟、歌舞、游宴等设施；可居，就必须有琴棋、书画、会友、用膳和就寝的厅堂斋馆。这些亭台楼阁、园路桥廊等种种人工设施，数量过分繁多，体量过分庞大，色彩过分浮艳，人工雕琢过分浓重；或是建筑的形式与风格不相协调，都会把自然美境界完全破坏。

园林的游览路线，在小型园林里大都采用以山池为中心的环行方式，但中型园林和苑囿的路线则比较复杂，除了主要路线以外，还有若干辅助路线，或穿林越涧，或临池俯瞰，或登山远眺，或入谷探幽，或循廊，或入室，或登楼，使风景时而开朗，时而隐蔽，不断地发生变化。规模很大的苏州留园，从一进园门开始，就可以完全不受日晒雨淋，把全部建筑用回廊曲榭联系起来；同时这些联系的回廊，都布置在中央自然风景的周边，不会破坏自然风光；而每一座建筑也都是为赏景而设置。

2.2.3 绘画美的境界

以中国山水画的构思布局原理，创作具有绘画构图的艺术境界。要把从自然和生活中体验到的美，通过取舍、概括、选裁和布局，创作成为园林的空间构图和动态序列布局。

宋代画家郭熙说："千里之山，不能尽奇，百里之水，岂能尽秀，……一概画之,版图何异?"钱泳在《履园丛话》中说:"造园如做诗文,必使曲折有法,前后呼应;最忌堆砌,最忌错杂,方称佳构。"古典园林的假山和造景,并不是附近任何名山大川的具体模仿,而是集中了天下名山胜景,加以高度的概括和提炼,力求达到:"一峰则太华千寻,一勺则江湖万里"(文震亨《长物志》)的神似境界。这种将大自然的景物,经过取舍、概括和艺术加工以后使原始和自然美中注入了艺术美,形成美术构图的"画境"。

在山水布局方面,五代画家荆浩《山水赋》和《山水节要》中说:"山要回抱,水要萦回","山立宾主,水布往来"。山脉和水系形成园林画面构图主体骨架,建筑与植物均为配景。因此,山水地形是园林的基础。

园林的风景好像一幅逐步展开的画卷,风景的布置是人们游览过程中"动"和"静"相结合的要求下设计的。对于厅堂、亭、榭、桥头、山巅和道路转折等停留时间较长的观赏点,往往根据对比与衬托的原则构成各种对景。人们在游览过程中,原来的近景随着前进而消失,中景变为近景,远影变为中景,从而风景不但有层次,有深度,有含蓄不尽之意,同时还要既可远眺,又耐近观。这些手法在很大程度上是受了传统山水画的影响而产生的。

如果庭院面积较小,或者住宅建筑附近小空间,则以白粉墙为背景,布置丛竹、花术、山石小景。如果庭院面积较大,视线开阔,则布置山石层叠,水溪环绕,竹树簇拥,层层透视的画面。网师园"香松读画轩"以临水轩前横斜苍劲的罗汗松,透过古松枝,隔岸相望"濯缨水榭"和东边黄石假山。俨然明代仇英山水画。

框景,是把建筑的门和窗做成画框样式,而把门窗外风景有选择地透过门窗,犹如一幅风景画映射入室内。"窗含西岭千秋雪,门泊东吴万里船。"窗户外轮廓做成扇形、宝瓶形,门外轮廓做成圆拱形、月牙形,面对竹石和梅花。

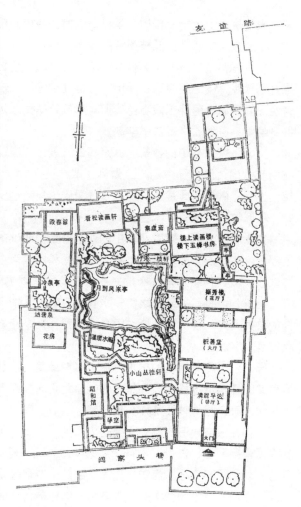

网师园平面图

园林中的月亮门,寓意进入另一个诗情画意的空间

扬州瘦西湖上〝钓鱼台〞四面亭四面有月洞门，一个月门可以收入五亭桥画面，一个月门可以收入白塔画面。苏州留园〝揖峰轩〞厅中正墙上开了三尺幅窗，俨然挂了三个尺幅竹石图；石林小屋两旁的六角形小窗，收入窗外芭蕉竹石，俨然两幅六角形的宫扇画面；网师园〝殿春簃〞北面正墙上的画窗，和〝竹外一枝轩〞西端尽头的窗框，都是一样做法。而拙政园自〝枇杷园〞月洞门远望〝雪香云蔚亭〞画面，〝梧竹幽居亭〞四面有月洞门，中部通向西部为别有洞天的月洞门。人们对游览这些园林，穿过一个又一个月门，浏览一个又一个圆窗，如对明镜，如游月宫，如进画图，宛然仙游也。

水池设计，汉朝在池中建岛，魏晋南北朝沿着池岸布置假山花木及各种建筑。从南北朝起，开始欣赏奇石；而假山也从这时开始，陆续创造很多雄奇、峭拔、幽深和迂回不尽的意境。但也有用石过多，产生一些矫揉造作和不自然的弊病的。苑囿或私家园林，除了主要山池以外，都企图在有限面积内构成更多的风景，因而在布局上划分若干景区，各景区的面积大小或配合方式，力求疏密相间、主次分明、幽曲和开朗相结合。园林中有些部分以封闭为主，另外一些部分用封闭和空间流通相结合的手法，使山、池、房屋和花木的部署，有开有合，互相穿插，以增加各景区的联系和风景的层次。不过实际上有不少园林存在着幽曲有余而开朗不足的毛病。在花木方面，为了与山池房屋相配合，花木的品种及配置方法要求多样化，以达到步移景异的要求。

2.2.4 艺术美的境界

园林创作过程的第四步，即要从〝生活境界〞、〝自然境界〞、〝绘画境界〞触景生情，产生浪漫主义的诗意激情，一种对现实世界认识之后艺术感情的浪漫升华，称为〝意境〞。抒发一种感情，表达一种意愿，倾诉一种理想，这就是意境。通常总是在园名、题咏、匾额、楹联、石刻或铭记中反映出来的。

画家潘天寿说：〝艺术以境界美为极致。〞〝艺术之高下，终在意境。〞园林美在更深入层次在大自然景观中创造出形成富有人的感情的艺术境界。景观规划中对水、自然地形、山石、植物、建筑等各种因素进行组合，在自然美基础上提炼，继而创造出富有人文思想的艺术境界。中国古典园林的艺术特点，是中国三千多年历史文化的积淀而铸就的灿烂结晶。中国古代先哲倡导〝天人合一〞，在中国古典园林中体现出人的内心世界与大自然景观完美结合，人化的自然，自然的人化，融合了诗情画意的大自然。对大自然的品位，对大自然的领悟，在世界艺术发展中，独树一帜。

〝清风明月本无价，近水远山皆有情。〞在园林中栽一株梅花，就表达了〝不要人夸好颜色，留得清气满乾坤〞的那种意境。这个〝意〞就是美的感情、美的意愿和美的理想。〝意境〞也就是理想美的境界。

园林植被景观设计通过对花木形象、习性的观赏、认识，赋花木某种人的高尚品格、性情、个性。如梅、兰、竹、菊喻为〝四君子〞；荷花〝举世皆浊我独清〞；松、竹、梅傲霜迎雪，屹然梃立为〝岁寒三友〞；兰，〝空谷幽香，孤芳自赏"；竹，"未出土时先有节，纵凌云处也虚心"；梅，"不要人夸好颜色，留得清气满乾坤"；其他如榉树中举，石榴多子，牡丹富贵，红豆相思，萱草忘忧，玉兰高洁等，这些赋予人格化和象征性的花木，在中国古代文人园林中形成了传统的配置方式，表达了人的理想和人生追求，带有高雅飘逸的审美趣味，使园林景观进入艺术美与理想美的境界。

绘画中溪流曲折延伸，寓意境界无穷

"落红不是无情物，化作春泥更护花。"明写景，暗意指无私奉献的人的崇高品格。

雪松具有美观的树形，有诗赞"大雪压青松，青松挺且直，要知松高洁，待到雪化时。"以松树面临恶劣的环境，顽强生长，寓意人的高尚品格。

宋朝陆游词"驿外断桥边，寂寞开无主。已是黄昏独自愁，更著风和雨。无意苦争春，一任群芳妒。零落成泥碾作尘，只有香如故。"标志着中国古时文人洁身自好、孤傲不群的情怀。

苏州沧浪亭有"见山楼"、"面水轩"，孔子曾说"仁者乐山，智者乐水"，范仲淹曾颂扬"云山苍苍，江水泱泱，先生之风，山高水长。"

竹子是文人园林重要的植物景观。"宁可食无肉，不可居无竹。无肉令人瘦，无竹令人俗。"竹叶青青，竹竿有节，被中国古代文人喻为"气节"。苏州"网师园"其名称就是要创造"打鱼人"偶尔发现的"桃花源"。

春天花开花落景观。我们可以种植一片桃花林，在这个林中建一座赏花休息亭，亭名为"落花亭"，"落花"情景比"花开"更有回味，使这一带自然景观升华为艺术境界，此景意境出自孟浩然诗句："春眠不觉晓，处处闻啼鸟。夜来风雨声，花落知多少。"

"比德说"是儒家的自然审美观，主张从伦理道德（善）的角度来体验自然美，大自然的山水花木、鸟兽鱼虫等，之所以能引起欣赏者的美感，在于它们的自然形象表现出与人（君子）的高尚品德相类似的特征。所谓"比德"就是作为审美客体的山水花木可以与审美主体的人（君子）"比德"，亦即从山水花木的欣赏中可以体会到某种人格美。君子比德思想兴起于春秋战国时期，孔子有《论语·子罕篇》："岁寒，然后知松柏之后凋也。"孔子论松柏显然也是将松柏人格化，鼓励有远大志向的君子要像抗寒斗雪的松柏那样，经受生活艰难困苦的种种严峻考验。

狮子林的问梅园、拙政园的雪香云蔚亭周围布满梅花，是园主用以颂扬梅花的高尚品格，来比拟自己。留园、网师园等都有成片竹林或辟有竹石小景，反映了园主人对竹子"未曾出土先有节，纵凌云处也虚心"的崇敬心意。拙政园的"远香堂"、怡园的"藕香榭"，是歌颂荷花"出淤泥而不染，濯清涟而不妖"的高尚意境。

"比兴"是中国古典美学中的一个重要手法，主要是指中国诗画创作中运用形象思维的构思方法。比兴手法早在《诗经》中就已广泛运用。"比"是譬喻，"以彼物比此物也"（宋·朱熹），"索物以托情谓之比，情附物者也"（宋·李仲蒙）；"兴"是寄托，寄情于物，触物起情，"先言他物以引起所咏之词也"（宋·朱熹），"触物以起情谓之兴，物动情者也"（宋·李仲蒙）。"比兴"手法可以使诗画艺术作品"言有尽而意无穷"，具有一种含蓄委婉、回味无穷的艺术韵致。如果说"比德"传统更多地侧重于通过花木形象寄托、推崇某种高尚的道德人格，那么"比兴"手法则更偏重于借花木形象含蓄地传达某种情趣、理趣。

　　最早的《诗经·召南·有梅》，具有这种耐人寻味的咏花艺术特色："有梅，其实七兮。求我庶士，迨其吉兮！有梅，其实三兮。求我庶士，迨其今兮！有梅，顷筐之。求我庶士，迨其谓之！"意思是：梅子落地纷纷，树上还有七分。追求我的小伙子啊，切莫放过了吉日良辰！梅子落地纷纷，树上只剩三成。追求我的小伙子啊，就在今朝切莫再等！梅子落地纷纷，收拾到斜筐之中。追求我的小伙子啊，你一开口我就答应！这是一首民间情歌，咏者是一位纯情少女，她徘徊在梅树旁，由梅果黄熟落地起兴，一唱三叹，真挚动人！赏梅者以梅果挂枝的数量越来越少作为比兴的喻体，把珍惜青春、追求爱情的永恒主题唱得那么荡气回肠、韵味隽永！

　　苏州耦园的"耦"字是夫妻两个人相爱耕种的意思。园主人辞官归田，夫妻共筑此庭。这个耦园中央山上建有"吾爱亭"，题名来自陶渊明诗篇"众鸟欣有托，吾亦爱吾庐，既耕亦已种，时还读我书"。亭子旁边一湾溪流有黄石假山回抱，中央架设曲桥，南端有一水榭名"山水间"。意指这一对夫妇在登山涉水，互为知音，共赋"高山流水"之曲于"山水之间"，又双双在"吾爱亭"中合唱归田隐居。站在"宛虹杆"曲桥回看"双照楼"，晨曦夕照或皓月当空，可见夫妻倒影入池，形影相怜。楼下跨水有建筑，名为"枕波双隐"，象征夫妻共枕清流以赋诗。

　　耦园的住宅西侧，有象征群山的叠石和假山，环抱建筑"藏书楼"和"织帘老室"，意喻夫妻双双在山林深处，一起织帘读书，一起继承父业。在住宅东部分，其主建筑为"城曲草堂"，这里又是寓意享受于野郊"草堂白屋"的

（左下）美好的感情创造出美好的景观意境
（右下）苏州拙政园"与谁读书轩"寓意读书求知音

清平生活，而不羡城市"华堂锦幄"的豪华。在东南角护城河边，还有一座"听橹楼"，眼观每日往来于护城河里的船只，聆听船夫那奋力摇橹划桨的声音。

耦园美妙的"意境"，还不在"归田"两字，而是在于夫妻真挚诚笃的"感情"。用园林艺术概括和浪漫主义手法，抒写了这对感情真挚的夫妻所拥有的高尚情操和清白抱负。

耦园的园林艺术意境，就是用高度艺术概括和浪漫主义手法，抒写了这一对感情真挚的夫妻，以及他们高尚的情操和清白的抱负。

园林景观表现空间的组织，动态风景的节奏安排，成为艺术构图，形成艺术境界"曲径通幽处，禅房花木深"。意贵在含蓄，境贵在曲折，含蓄则不会有枯萎浅薄，曲折故多幽隐迷远；然而求含蓄切不要流于晦涩昏暗，欲曲折莫雕琢堆砌。

意境创作是对山水景观欣赏美感的升华，是一种非常浪漫、非常高远的思想情调。古代文人园林多崇尚写意自然，同时把文学、绘画、诗歌、园艺等融合在园林的环境之中，从而使园林景观富于诗情画意。

园林的艺术美应该结合生活美和自然美，不可分割，这与纯艺术是有区别的。绘画艺术中可以描绘自然界的沙漠、荒草、沼泽、枯树、干涸的河流，但园林创作中不可能再现这类景观，园林要使沙漠变绿洲、荒原变茂林，要使枯木逢春，要使山清水秀。诗歌艺术中可以描述断垣残壁，戏剧中可以再现战争的悲剧，电影可以表现恐怖，绘画也可以展示残酷，但是园林的造景，却永远是完美无瑕，永远保持美妙的青春，永远是和平与幸福的象征，激发人们高尚的情操、热爱生活、热爱祖国。园林自然景观有时花叶飘零，落英缤纷，有"一岁一枯荣"，但也最终体现出"春风吹又生"的蓬勃向上的生命力。

拙政园西部月洞门，称为"别有洞天"，是桃花源洞口小山的模拟。"桃花源"

南京瞻园写意山水和石汀步

是东晋时期陶渊明理想社会的一个寓言，是他生活的那个黑暗时代的乌托邦；也是李白《山中问答》诗"桃花流水窅然去，别有天地非人间"的意境。

网师园由"渔隐"改名为"网师"，表示"打鱼人"在浑浊的社会环境里寻求的理想"桃花源"。拙政园中不称"沧浪"，不称"我独清"而遮遮掩掩地称为"小沧浪"和"志清意远"，都在一定程度上表明主人违世抗世的情怀。

扬州"寄啸山庄"，有清流、有丘陵、有戏台，"寄啸"出自陶渊明的《归去来兮辞》："倚南窗以寄傲，审容膝之易安……登东皋以舒啸，临清流而赋诗。"园主人看见世间不平，官场黑暗，"富贵非吾愿，帝乡不可期"寄啸以抒发自己的远大抱负和崇高情怀。

扬州个园入口是竹林，有清高之意。因竹叶形态为"个"字，故名其园曰"个园"。全园叠石分"春夏秋冬"四景。春景以刚竹与石笋，布于入口处，利用粉墙作纸，俨然一幅春笋破土、绿竹清幽的图画。夏景以大树浓荫、湖石停云，配以水帘府府。秋景用黄石，浑厚稳重，再配以凉亭飞阁，成为山石景的高潮。再以楼上长廊连接夏秋山石之间。冬景用宜石，白而有泽，状似积雪未消，并堆作雪狮状，不求形似，贵在于神。墙上开三排圆洞，引风穿洞，欲成北风呼啸的境界。冬春之间隔一墙，从窗洞中可望春晨，取有探春之意。

苏州怡园"锄月轩"，讴歌乡村劳动的美好理想，显示了园主人纯朴的志趣。题名是来自陶渊明《归田园居》的诗句："晨兴理荒秽，带月荷锄归。……衣沾不足惜，但使愿无违。"清晨去农田锄掉野草，月夜下扛着锄头归家。只要达到我这个乡村劳动的愿望，雨露沾潮我的衣裳也在所不惜。

园林设计者这种人生理想和美好意愿，经过设计布局，映射在园林的空间之中，以"画境"、"生境"和"意境"交融在一起，达到情景交融的诗意境界。这三种境界在创作过程中，并不是像理论分析时那样容易截然划分的，三者常常融在一起。当设计者在构思自然生趣和空间形式美的时候，同时就孕育了艺术哲学的主题思想。这是中国园林现写实主义创作方法与艺术哲理描写的精华标志。

文人园林其实是关于自然山水的理想写意，都是设计者的一个理想的乌托邦。人们把坎坷不平的遭遇，以及人生寄托的美好理想，把无语诉说的深情厚谊，在这个私人小小的庭院内用花草树石构造景观，倾注在这理想的园林空间中。这就是中国的文人园林，或者称"写意山水园林"所要抒发的感情寓意。

2.3 园林景观历史属性

各个历史时期园林的概念不同，随着历史发展，园林内容和所服务对象是有区别的。

2.3.1 最初的园林

原始社会人类起源之初，为了生存，离开原始森林走向平原，就开始有了最早的建筑形式，最早的建筑形式是洞穴或半洞穴，称为"巢穴"。是用树枝叶搭建的，用来抵御大自然的风霜雨雪，抵御野兽动物袭击，这是人类的基本生存需要。艺术起源也可以追溯到旧石器时代，在中国、埃及、欧洲、南美洲都发现过远古石器时代的石刻和岩画，这些都有两三万年的历史。

在以狩猎和采集业维持生活的原始氏族社会，或逐水草而聚居的游牧部落，自然环境是生命的根源，人们把自然山水作为"神"崇拜，那时没有人工营建的园林。

原始社会，人们栖居于森林草原之中，就初步意识到大自然环境的重要，那个时候还没有生态学、地理学等科学知识，也没有对自然景观的审美意识。那时是把自然山水作为神物"祭拜"。在原始人的眼中，自然山水是神圣的，又是神秘不可捉摩的，应该得以尊敬，才能保得生活平安。江苏省连云港的"将军崖"岩画，就是新石器时代晚期的石刻遗址，岩画内容有人面、兽面、农作物、星云、太阳等图案和符号，共有一大三小共四块石头，很显然是原始人古祭坛遗址。原始人祭祀山水草木、星空日月，以求保证平安的岩刻记录，在欧洲、在南美洲、在北美洲也都有发现这种远古"自然崇拜时期"遗址。由于各个地区，其所处的自然环境差异，因此所崇拜的"神"也不一样，常住山区的人所崇拜的是"山神"，常住河边的人所崇拜的是"河神"，常住海滨的人所崇拜的是"海神"，另外还有太阳神、月亮神等。

对于原始人类选择利于其生存斗争的地理"景观"。元谋人、蓝田人、北京人、马坝人和山顶洞人等所选择的景观具有如下特征：一般都在山地平原盆地或河谷平原的交接带，边缘生境的多样化和边缘带作为动物迁徙的必经之地，为原始人的采集和狩猎提供了丰富的食物资源；同时依山傍水、俯临平原，便于眺望、寻求庇护。也就是选择位于地理区域形态变化的边缘。

对于新石器时代村落遗址考古发现，山西陶寺遗址、河南二里头遗址等都有祭天场地，而且村址对映当地山川河流。显示出神圣的山水崇拜。

人类经历了漫长的采集和狩猎生活之后而进入农业社会，能够制造劳动工具，开始从事农田生产，兴修水利，毁木开荒，草田轮作，饲养牲畜。农业生产的出现和发展以及相对丰裕的粮食供应，为人类文明起源和进一步发展提供了物质基础，也改变了原始生态景观。随着生产力的发展，人们剩余价值的积累，人们从原始游猎生活转为定居生活。同时农业活动也导致了自然景观结构和功能的变化，在局部景观生产力提高的同时，也面临着大自然的反作用。那时仍没有出现生态学等关于保护大自然环境的条件，但却有"风水说"，以此保护环境。

村落和城镇景观的出现是一件划时代的大事，随着手工业与农业的分工和城镇的发展，城市市民的出现，景观价值发生了第一次分化，景观审美功能被发现和利用。在古代，世界文明发展到一定阶段，社会经济有了剩余，特别是建筑技术和美术欣赏发展到一定水准的时候，才有了作为消遣娱乐的园林诞生。创造诗情画意的艺术美成了景观设计的指导原则。在统治层，少数统治阶级拥有整个社会财富，产生了不从事体力劳动的脑力劳动阶层，出现专门从事艺术创作的诗人、画家。于是出现了人工模仿大自然景观的园林和对大自然的审美意识，出现源于大自然理想的景观设计。

建筑技术水平和文化艺术的发展是园林起源的必然条件，所以园林的起源比建筑和美术晚得多。

因为作为游乐观赏的生活境域的园林，它的营造需要相当富裕的物质基础和土木工程技术，同时也是在一定历史文明发展基础之上，对文化艺术精神生活的追求。播下的种子可以长出庄稼，生产出的工业产品可以销售，但园林是纯粹消费活动的场地，是没有利润的。这要求较高的生产力发展水平和社会经济条件，也要求人类历史文明发展进入较高阶段。

在石器时代的原始社会，生产力水平极为低下，人们连获得基本生活资料都很困难，没有剩余的财富积累，不可能开始造园。在游牧部落时代，人们过着一种游移不定、逐水草而居的漂泊生活，同样也不可能有造园。只有到了可以大量饲养牧畜，定居生活相当巩固，农业已占主导地位，并且有了脱离生产劳动的特殊阶层出现，上层的文化艺术开始发达的阶段，才出现了建设以游览、欣赏为内容的园林。最初具备这样一种客观条件的社会发展阶段，是奴隶占有制社会。

2.3.2 早先的帝王园林

在古代，世界文明发展到一定阶段，社会经济有了剩余，特别是建筑技术和美术欣赏发展到一定水准的时候，才有了作为消遣娱乐的园林诞生。古代世界园林三大体系：古希腊园林、巴比伦园林、中国园林，它们发展起源之初都是为帝王贵族等极少数个人使用服务。仅有帝王有权力有财富建造豪华的园林，过着穷奢极欲、享乐腐化的生活。园林是绝对属于帝王个人的私有产物，是消遣娱乐场地，不可再生产，不产生任何利润。

从"圃"、"囿苑"到"宫苑"

中国具有悠久园林史，园林起源于 3000 多年以前。殷商时代，农业已初步发展起来，出现了作为游息生活境域的园林萌芽。在诸多园林形式中，皇家园林最早出现。在生产力极其低下时期，最早出现的只有帝王园林，因为在当时社会条件下，只有帝王具备建造园林的物质基础和精神娱乐需要。一般的诸侯大臣也不具有如此雄厚的财富。国王为自己修建宏大的王城、宫殿、神庙、陵墓，同时也建园林。

《孟子·梁惠王下》记述：齐宣王问曰："文王之囿，方七十里，有诸？"孟子对曰："于传有之。"一般中国园林史的研究都认为这是最早的园林记录

大约是三千年前，周文王苑囿，是最早的台与池相结合的园林景观

了。"囿"字在殷代甲骨文以及稍后的石鼓文中，都画成田字形方格，方格中填满了草木，这是象形文字为我们记录的直接形象：它是有一定范围的植物境域，让天然草木和鸟兽滋生繁育，是天子或诸侯专享的狩猎游乐场，后来发展为域养禽兽的天然景观地。这种狩猎活动是娱乐目的的，与民众为了生存的狩猎活动完全不同。《史记·殷本纪》描述"帝纣好酒淫乐……益收狗马奇物，充仞宫室。益广沙丘苑台，多取野兽蜚（飞）鸟置其中。"纣王令人夯土而成鹿台，以便祭祀及远眺四景。在周朝初期，由于台与自然环境以及囿的结合，出现了沙丘苑台以及与灵沼、灵囿相结合的"灵台"，并有如玉璧形的河水所环拥的"辟雍"（天子讲书的学宫），开始了向园林性质的转变。

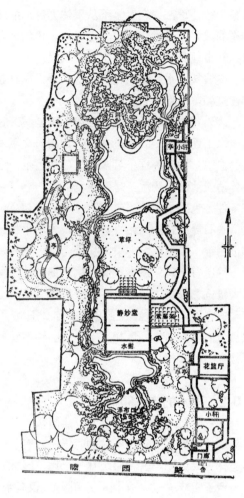

南京瞻园，始建于明朝初期，文人写意园林风格

生产栽培转向为观赏园艺

西方学者将西方造园史推溯到上帝的"伊甸园"（Eden Garden），而在中国有学者指出神话传说的黄帝"悬圃"为最早的园林萌芽，"圃"是指周边有筑墙围绕的、进行人工栽培果树蔬菜的生产培育场地，《穆天子传》称悬圃在"昆仑之丘"，穆王与西母王同游悬圃。《山海经》有："槐江之间，唯帝王之元圃"，这样精致的栽培并加以描绘，是含有相当的观赏目的的。西周时的芍药栽培，虽然是为了调味，但《诗经》中已描写到作为男女相爱的赠花了："伊其相谑，赠之以芍药。"《诗经》还有描述庭院内树木："桃之夭夭，其华灼灼。"屈原在他的诗篇《少司命》的开篇所写："秋兰兮麋芜，罗生兮堂下。绿叶兮素华，芳菲兮袭予。"虽或是为香料或是药用栽培，已是庭园内的人工栽培的描写了。

2.3.3 农业社会贵族阶层园林

春秋时期，吴王阖闾以姑苏山为台座建"姑苏台"，他的儿子吴王夫差以太湖洞庭西山建"消夏湾"，在灵岩山还建"馆娃宫"等离宫别墅，选择自然景观优美的地域，建立离宫别苑，养爱妃宠物以供游乐玩耍，而"消夏"名称明确指出利用湖山自然生态效应以供避暑，开创了利用自然地形而营建皇家"宫苑园林"之始。

秦始皇以强悍武力扫平割据，统一全中国，依丽山而走势，建历史上规模空前的"阿房宫"，范围三百余里；殿馆、阁楼、廊道等建筑占据其中重要的景观地位。在这个宫苑内建有园林"兰池宫"，其中设有一"长池"，刻石鲸鱼长200丈置于水中，祈求使其生命犹如神仙一样天地久长。秦始皇自称为"真人"，在中国历史上首次创立了主题是"神仙意境"的皇家园林。同时他又派方士远渡大海去寻找长生不死的仙药。秦始皇终于在他56岁时死去，三年之后，项羽的一把大火，焚烧三个月才烧完这个壮丽的宫殿。

汉武帝"上林苑"使宫苑园林达到高峰。在设定的广大范围内，建苑供养百兽，以天子射猎取乐；同时汉代宫苑出现了"一池三山"为主体的神仙意境。一池名为"太液池"，是以远古时期昆仑山神话体系为主题，关于西王母、嫦娥、月宫、广寒殿等传说，景观仿效中国西北部新疆天山博格达峰顶的天池。三山名为"蓬莱、瀛洲、方丈"，是以战国时期蓬莱神话体系为主题，景观仿效了中国东南部渤海沿岸和岛屿。追寻长生不老的神仙意境，是帝王穷奢极欲的热衷向往，从秦始皇到清王朝末代皇帝几千年以来也一直是中国帝王园林的主题。

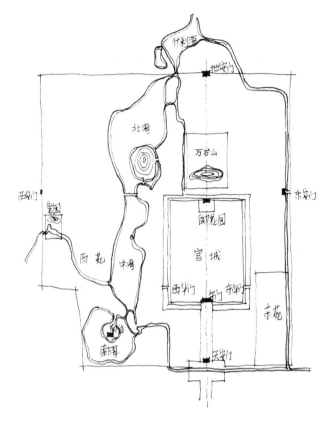

北京故宫，严格中轴对称的建筑，而旁侧是自然园林

在封建社会，除了皇帝具有豪华的宫苑，还出现贵族、官僚、地主、富商、僧侣个人属有的园林，园林的形式和数量都比奴隶社会时期增加许多。封建社会园林以宗教游乐为主要内容，这种园林通常是与主人居住的宫殿、别墅、庭院、寺庙、住宅综合在一起的。建造园林的景观都是象征着个人的爱好、向往、志愿、追求，甚至个人权力和财富显示。例如：颐和园的神仙意境，是帝王的人生愿望。网师园的诗情画意，是古代文人的理想乐园。

在古代社会，园林绝对是私人拥有的产物，我们今天看到的北京颐和园、苏州网师园等在当时是绝对不允许普通民众进入的。在当时社会条件下，有许多人一生都没有看见园林是什么样子，更谈不上能欣赏园林。古代的园林是纯粹的私人游乐场地，从来不对公众开放，从来也就不是产生利润的基地；它的景观设计也就从来没有"以园养园"的目的。

在汉代，帝王营建离宫、苑囿，少数贵族、富商营建园林，而苑囿还畜养禽兽，供狩猎之用。到两晋、南北朝时期，文人园林逐渐增加，同时因贵族们舍宅为寺，佛寺中亦盛植花木，东晋太元初慧远于庐山营东林寺，开后代寺观园林之端。魏晋南北朝时期文人园林形成一种崇尚自然野趣之风。唐代，不仅贵族官僚在长安近郊利用自然环境建别墅，官署中也大都有园，而曲江池与若干寺观成为当时市民的游乐地点。唐中叶以后，有不少贵族官僚在东都洛阳营造园林。经五代到宋朝，社会经济繁荣进一步促进园林的发展。

当时除首都汴梁和陪都洛阳以外，江南地区筑山叠石之风很盛，产生以莳花、造山为专职的匠工。到明清两代，江南成为文人园林发达的地区，并出现了论述造园艺术的著作《园冶》。唐宋以来有不少官僚而兼文人画家的人自建园林，将他们的生活思想及传统文学和绘画所描写的意境融贯于园林的布局与造景中，"诗情画意"逐渐成为唐宋以来中国园林设计的主导思想。这种"诗情画意"反映当时士大夫的思想情调，追求悠闲雅逸的意趣生活方式，园林的布局设计融合于山水画的手法意境中。

中国古代园林是在上层阶级居住与游览的双重目的下发展起来的。这种园林的主要特点是因地制宜，掘池造山，布置房屋花木，并利用环境，组织借景，构成富于自然情趣的园林。通过对大自然景观概括与提炼，在园林中创造各种理想的意境，它不是单纯地模仿自然，而是自然的艺术再现。亦称"写意山水园林"。

中国古典园林源之于自然，然而又超于自然。中国古典园林分为皇家帝王宫苑、文人宅地园林和风景名胜三个类型，它们从起源发展经历了 3000 多年的悠久历史。中国风景园林这一学科的产生，探究其悠久历史根源，是多源汇流的产物。早期风景园林萌芽形式，各自"先天"具有不同的社会目的和功能要求，但是对自然山水的审美以及对生态环境的需要是一致的，终而汇集为风景园林这一专门学科。其精华在于追寻大自然风景品格，进而创造出令人回味无穷的"意境"，以抒发造园者的情感和理想，在现实世界里创造出人生所憧憬的完美幸福的彼岸。

皇家帝王宫苑模仿海岸和岛屿景观，追求神话中长生不老的仙境；因为帝王"普天之下莫非王土，率土之滨莫非王臣"，对于现实社会，他们已经不再有企慕，而把神话中的"一池三山"作为他们理想的乐园。北京的"中、南、北海"，南京的"玄武湖"，都是这一思想指导下的产物。文人宅第园林模仿山川河流景观，追求人类和谐社会的崇高理想境界；因为这些文人画家大都怀才不遇，历经风尘，饱经沧桑，他们把对现实的怨恨不平，寄托于这理想的桃花源中，以寻得慰藉。苏州的"拙政园"、"沧浪亭"，扬州的"个园"，都是这一思想指导下的产物。

2.3.4　西方现代城市公园出现

工业革命之后，城市规模和城市形象有了质的变化，资本主义提倡"博爱、平等、自由"，提倡"天赋人权"、"人人生而平等"，出现了可以让所有人进入的公共园林，有进行游乐、社交体育活动的公园，有专门供游览、避暑、登山、野营等活动的天然公园。

世界第一个城市公园是 1858 年在美国纽约建立的中央公园。

世界第一个自然风景区是 1872 年在美国蒙大拿州和怀俄明州交界处建立的黄石国家公园，由当时的美国总统格兰特，签署法令建立。美国城市发展的规模很大，楼房密度最高，美国人是世界上最早体会到必须在城市中建立公园。

世界上第一个动物园 1827 年出现在英国伦敦，第一个植物园也出现在伦敦，作为公共游览、观赏、科普教育的场所。

我国的第一个植物园建于 1927 年，就是南京中山植物园。第一个动物园于 1906 年建于北京，名叫"万牲园"。

2.3.5　中国现代园林管理制度

十多年前，中国城市园林都是门票收费的，近些年各个城市逐渐取消门票制度，使得公园面向全体人民大众开放，这是一个进步。

现代中国园林的内容不是古代皇家园林或文人园林的私人空间，而是广大人民群众的休息娱乐场地，是培养社会精神文明，陶冶崇高情操的场地。园林的形式必须与这个新的内容相适应。

目前广义的园林泛指：公园、儿童乐园、体育运动公园、动植物园、街道花园、道路绿化、度假疗养区、居住区、工矿区、机关学校大院绿化。

狭义的园林，仅指城市公园。真正意义上的公共园林，应该是完全敞开，没有围墙，也就是不需要买票入园。

现代的风景园林于 19 世纪诞生于美国，无论是高楼密集之中的城市公园，还是界域辽阔的国家天然公园，首先都特别强调生态效应。中国古代风景园林发源于自然生态环境的审美选择，进而"因地制宜"、"巧于因借"，顺乎自然规律的设计指导思想以求"虽由人作，宛自天开"的审美标准，更有"道法自然"以追求"天人之意，相与融洽"的审美理想。今天，由于中国风景园林具有上述对自然审美独特的历史渊源，应该说是现代园林有条件进入生态意识觉醒的新阶段，使风景园林成为生态生物圈、人类智慧圈与对自然审美圈，三者相互重合的空间境域。在风景区中旅游开发，大兴土木，在城市公园中大造现代化的游乐设施，甚至以"唐城"、"宋城"、"三国城"、"西游记城"看做是风景园林景观，由水泥制作的树根和仙人掌组成"公园"，则是对风景园林基本性质的错误理解。

在现代中国盲目模仿西方城市摩天大楼景观的时候，现代西方城市规划学者正致力于研究中国古代先哲的思想精髓和古代文化遗产，为塑造现代人居环境的自然协调寻找新的灵感启迪。

2.4　园林形式与内容

辩证法认为内容与形式是矛盾的统一体，它们的关系是内容居于决定性的地位，首先是内容决定形式，然后是形式表现出了内容。园林的空间形式都有其特定的内容，形式是内容的反映。形式与内容不能分离，形式美是艺术发展和生存的条件。园林形式美来自生活，来源自然景观发现，来自创造性的想象，反映出园林设计师综合性的修养。

在古代文人园林之中，建筑空间是非常狭小的，其中的亭廊只能供一两人使用；景观的设计也是静态的，细细地品味其中的韵味，其根本是不属于大众游览的景观场地，是绝对的私人场地空间。

只有寺庙园林和风景名胜是公共园林，是任何人都可以参观、欣赏和游玩的。

2.4.1　规则式园林

又称为整形式、建筑式、图案式和几何式园林。

西方园林，以埃及、希腊、罗马起到 18 世纪英国风景式园林产生以前，基本上是规则园林，其中以 19 世纪法国勒诺特建造的凡尔赛宫最为宏大、最为典型，这类园林，以建筑和建筑式的绿化空间布局为园林景观表现的主题。

南京中山陵、明孝陵、雨花台烈士陵园、法国凡尔赛宫、美国的华盛顿绿化大道，都是规则式园林。

规则式园林其基本特征如下：

（1）地表，平直线型，在山地或者丘陵地区，由阶梯或坡斜平级组成，其剖面为直线。

（2）水体，水体的外形轮廓均为几何形，采用整齐式驳岸，常以大量的喷泉作为水景的主题。

（3）建筑，个体建筑、建筑群和大规模建筑组群的布局，都采取中轴对称均衡手法。以主要建筑群和次要建筑群形成的主轴和副轴系统控制全园。

（4）道路广场，空旷场地和广场外轮廓均为几何形，封闭性的草坪，广场空间以对称建筑群或规则式林带、树墙包围。道路均为直线、折线或几何曲线组成，构成方格形或环状放射形、中轴对称或不对称的几何布局。

（5）种植设计，园内花卉布置用以图案为主题的模纹花坛的花境，有时布置成大规模的花坛群，树木配植以行列式、对称式并运用大量绿篱绿墙以区别

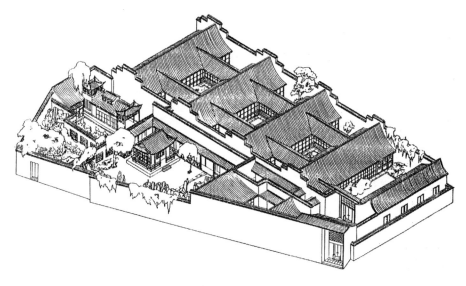

中国古代花园深藏在住
宅大院内（图片源自：
陈从周《扬州园林》）

和组织空间。树木修剪以模拟绿亭、塔、柱、门建筑以及熊、虎、狗、羊、鸡、
鱼等动物造型。法国凡尔赛宫门前完全是人工修剪的植物图案。

2.4.2　自然式园林

又称为风景式、山水园林。

中国园林，以有历史记载的殷商时代开始，无论是大型的皇帝苑囿、宫苑，
还是小型的文人宅第园林，都以自然式园林为主。皇家园林有，颐和园、北海、
承德避暑山庄；文人宅第园林有，苏州拙政园、网师园、扬州个园、南京瞻园，
都是山环水抱的自然式。

中国自然式园林，在公元 6 世纪从唐朝传入日本，18 世纪再传入英国，
从而引起了欧洲园林反对古典形式主义的革新运动。在此之前，欧洲只有规则
式园林，没有自然式园林。

现代中国城市的园林，如北京陶然亭公园，杭州花港观鱼公园、太子湾公
园，南京玄武湖公园，广州越秀公园，上海浦东新世纪公园，也都以自然山水
作为园林景观的主要题材，对于古代造园手法进一步发展创新，其基本特征是：

（1）地形地貌，在平原地带，创造自然起伏的和缓地形，其断面为和缓的
曲线，在山地和丘陵地，则利用自然地形地貌，除建筑和广场基地以外不作人
工阶梯形的地形改造工作，原有破碎割切的地形地貌，也加以人工整理，使其
自然平缓起伏。

（2）水体，轮廓是自然的曲线，如有驳岸，亦多为自然山石驳岸，园林水
景的类型以溪涧、自然式瀑布、池沼、湖泊等为主。

（3）建筑，个体建筑为对称均衡布局，但是建筑群和大规模建筑组群多采
用不对称均衡布局，全园不以轴线控制，而以构成连续序列景观的游览线路控
制。中国古典建筑形式是古人品味大自然而创造的杰作，它的风格宁静安详，

永远和大自然和睦相处。中国许多风景区都建有亭台楼阁，其景观与大自然完美融合。

(4) 道路广场，空旷地和广场的外形轮廓为自然形，空旷草地的广场，以不对称的建筑群、土山、自然式的树群和林带包围。道路平面和剖面由自然起伏的平曲线和竖曲线组成。

(5) 种植设计，不成行列式，而反映自然界植物组团群落。在花卉布置上以花丛花群为主，树木配植以孤立的个体树、树丛、树林为主，不用规则修剪的绿篱绿墙和模纹花坛。以自然的树丛、树群、林带来区划和组织空间；树林形态方面，不作建筑、鸟、兽等具体形象的模拟，以展示自然界原始、蓬勃的景观为主。

2.5 园林景观影响因素

园林一方面是现实生活的环境，要满足物质生活的功能，另一方面，又是反映精神文明的艺术，并具有时代、社会、民族的特征。

园林是由地形地貌、水体、建筑、道路、植物、动物等因素，根据生活功能和意识形态要求，经济技术条件和艺术布局等方面综合组成的统一体。

园林学科的基础是属于工科，但深入研究，其创作构思却是属于艺术，在中国古代，园林设计属于山水画创作范畴，由画家进行园林设计创作。中国著名的画家例如唐朝王维、白居易，北宋苏轼，明朝唐伯虎，明末清初石涛、龚贤，都是著名的园林设计大师。

2.5.1 使用功能要求景观形式

南京石头城是历史古迹保护公园；南京红山公园是大型的动物园；雨花台烈士陵园是纪念性城市公园；苏州古典园林原是明清时期官僚、士大夫寄居游赏的私家园林；颐和园原是清代皇家园林；成都杜甫草堂是历史名人纪念园林；杭州虎跑是西湖风景区的名胜古迹点；上海外滩实际上是城市滨江游息带；广州矿泉别墅是旅馆庭园；张家界、黄山则是自然风景区。因为它们性质规模不同，功能不同，于是内容、布局、风格等也因而不同，因此其规划设计手法也不同。

在古代，皇帝宫苑、文人园林都是私有财产，仅为个别人服务，所以没有供广大游人活动的大面积草坪。

在居住区中心，在办公大楼前等人较多的地方，要开展娱乐活动，以铺设草坪为好，以保证较开敞的空间。在大面积水泥铺装地旁边烈日暴晒处，种植高大乔木以遮阴。在公园围墙死角、垃圾箱、厕所边，种植常绿乔灌木，以遮挡视线。

在中国古典园林中，亭是作为观赏途中休息用的，"亭"是"停"的意思。建立"长廊"是为了漫步游览时，能防止日晒雨淋。

在西方古典园林中，有为贵族跑马娱乐活动的草地，但也是为个人服务的。

在著名古迹遗址景点，则考虑到创造安静的气氛，以欣赏、沉思历史。例如南京灵谷寺周围是幽静山林，明孝陵过去也曾经是幽静山林，过去的美学价值极高。

2.5.2　社会地位意识影响景观形式

中国历代皇帝向往居住在"神仙境界"时，追寻长生不死的生活，所以要建太乙池、万寿山、龙王庙、凤凰墩等园林形式；为了显示皇权威严和神圣，围墙采用红墙，屋顶用金黄琉璃瓦。颐和园内有雄伟的建筑佛香阁、十七孔桥。

中国古代士大夫文人不能也不敢追寻皇帝所向往的神仙生活，他们给自己园林取名只能用"愚园"、"拙政园"、"沧浪亭"、"网师园"，小桥流水伴倚粉墙灰瓦，一派怡然安详的气氛。

许多书中把文人园林称为"私家园林"，这是错误的，因为"皇家园林"也属于"私家园林"，是皇帝个人的私有财产，决不允许公众享用，也不允许亲信大臣共同享用，颐和园、圆明园、避暑山庄为清朝帝王个人所拥有，南京的玄武湖为南朝帝王个人所拥有。苏州留园、拙政园、扬州个园为官僚富商个人拥有，也是私有财产，公众是不能享受的，但其规模和面积比帝王园林小得多，它们的创作主题思想是以中国古代诗人画家的艺术品为基础的，所以称为"文人园林"。

西方盛行基督教，有很多神话，把神像雕塑放在园林之中，他们的神实际是统治阶级人的再现。

2.5.3　文化传统影响景观形态

中国古代园林，无论皇家还是士大夫文人园林，都以仿效大自然山水的形式为最佳园林，即自然山水园，艺术传统长期在历史发展过程中积累形成。园林起初的萌芽形式是殷商时期帝王狩猎游乐的范围，随后发展为唐宋写意山水园。纵观中国园林的历史，层层深入追寻自然风景，并艺术再现其品格，一直是规划设计的主要思想。

而西方则以整齐规则为最美形式。西方古代也有"学者园林"(Scholar Garden)，其中以种植世界各地的奇花异树为主要内容。实际上这是一个科普教育基地。19世纪英国的自然式园林是受到中国古典园林的启发而创造的，但它的风格是"自然"的，而不是"写意山水"。

中国古典园林中多放置假山石，西方古典园林多放置人体雕塑。假山石分为孤立峰石和山，对孤立峰石的审美评价标准是：瘦、透、漏、皱。对山体的审美评价是：可游、可观、可居。

古代庭院内设计园林，首先以定厅堂为主，确立景物的位置。方向朝南取景，能览全园之风光。倘若原有几株乔木，在院中保留一二即可。筑墙划分空间，景区最宜宽广，空地尽量多留，构思才得有用武之地，景物也便于安排经营；择地建造馆舍，散点构筑亭台；建筑形式，要随境所宜；花木栽培，须富于情致。建筑的园门的设置，则必须与厅堂的方向一致。挖土为池，反土而成山；沿池驳岸，砌石以造型。

2.5.4 自然地理环境影响景观设计

原地形起伏较大，采取自然式，地形平坦的，采取规则式比较经济；若采取自然式，要创造地形起伏，最好能使土方就地平衡。

在山顶建眺望台，在水滨建观景榭。园林规划选址，在城市或者乡村选址建造园林，以地方僻静为胜。景观不以宏伟高大为适宜，而以隐居者的逸致闲情为理想目标。设计尽可能保留原有树木，修整成为自己的庭院绿化景观。

城市中造园要选择僻静处构筑，四邻虽然面临社会尘世，但是建成后闭门不闻喧哗。园不在大小，而精在体宜。所以需要高高的围墙封闭，需要深深的庭院隐藏。人口之处要曲折逶迤，门庭隐约于竹木林丛中；庭院宽敞植以梧桐；水池边宜于栽杨插柳。山石挺立于庭院里，芭蕉晃动于窗户外；有此佳境，居住在市井亦可隐居，即能于闹处寻幽，不必去舍近求远。

住宅建筑旁有空隙之地，巧妙利用皆可成为情趣景观。留出住宅出行通道小径，建筑园门旁边，数竿修竹，有不尽烟雨之意。柳暗花明，寒冬梅香，自然清旷而幽静。

在江边湖畔，沿岸的水际有成片飘逸垂柳和芦苇荡，修筑简易建筑，配建有挑出的观水平台，就可以形成美妙景观。

在郊野择地造园，要依照自然的地形，创造自然起伏的山岗和蜿蜒曲折的溪流。郊野有天然茂密的树林，可以围合形成幽静的环境。

建筑景观以及庭院，必先考察基地，然后按基地的大小，以确定建筑的开间和进数；根据地形的条件，就是要随地势的高下，依据地形的端方正直，布置建筑和庭院。关键在于得体合宜，建筑形体与庭院组合得恰到好处，即不拘泥于形制。

借景，是巧妙造景手法。庭院虽然有边界内外之别，可是景观可以无限延伸。烟云缥缈的远处楼阁，天际山峦耸翠秀色，遥远古刹庙宇胜景，视力所及皆是景，设法留有视线空间引入园内，较差的景观就设法遮住。无论远处乡村还是近处田野，尽化为园林景观。

景观意境及绿地规划设计

3　中国文人园林景观

中国山水画和文人园林都是以老庄的哲学思想为艺术创作的指导的，庄子的哲学要求人应该追寻大自然进行品味审美，"与道冥一"最终达到"天地境界"。中国的人生观是自然主义的，似乎是在静悄悄、默默无闻的山石溪水之间，领悟着世界深层"道"的哲学。

　　西方古典园林以中轴对称规则形式体现出超越自然的人类征服力量，这与中国古典园林形成鲜明对照；如果把西方古典园林比为绚丽的图案，中国古典园林就是清凉爽人的山林轻风。

3.1　中国文人园林的诞生

3.1.1　隐居自然

　　文人园林起源于士大夫的"岩栖"。传说隐居之祖巢父许由因不愿接受帝尧的禅让而遁入嵩山隐居，据《高士传·许由》记述，"尧让天下于许由……（由）不受而逃去。……尧又召为九州长，由不欲闻之，洗耳于颍水滨。"许由因不愿接受帝尧的禅让而遁入嵩山隐居，死葬箕山之上。由于物质财力所限制，士大夫文人园林出现比皇家园林晚得多。

　　谢灵运在《山居赋》的开篇就将南北朝以前士大夫园林归综于岩栖。他说："古巢居穴处曰'岩栖'，栋宇居山曰'山居'，在林野曰'丘园'，在郊郭曰'城傍'。"这里所谓巢居穴处，并非原始人类生活的巢居穴处，而是指奴隶社会由统治阶层游离出来的士大夫文人的隐居生活，暗用巢父巢居、许由穴处的典故；山居也不是一般居住山间的人家，而是封建士大夫的山庄，如谢灵运的山居，就是康乐公封地（始宁县）的山水胜处。

　　与周文王的囿同时期的栖隐地——吕尚的"蹯溪凡谷"，今陕西汉中市十五里还保存有这个隐居地的地形。据《史记·齐太公世家》记，吕尚是殷纣

中国古代文人岩栖归隐，择自然山水胜处

时营救过西伯姬昌的几个人之一，因纣王无道而隐居于岐山县的凡谷。北魏时郦道元《水经注》记载："溪中有泉。谓之兹泉。泉水潭积，自成渊渚，即太公钓处，今人谓之凡谷。石壁深高，幽篁邃密，林泽秀阻，人迹罕及。东南隅有石室，盖太公所居也，水次、有平石，可钓处……是磻溪之称也。其水清冷神异。北流十二里注于渭。"《中国神话传说词典》也著录了风景描写："石下激流直泻，浪花四溅，名'云雾潭'，其北又一巨石高约三米，上刻'孕璜遗璞'四字，顶高大平坦，底小而尖，立于沙石之上，名'大鳌石'"。

从这些描写，可以明显看出，隐居地的自然环境，是经过精心选取的一处泉石优美、林竹秀茂的自然境域，但没有人造的建筑，这就是岩栖的特点。这给我们鲜明的印象是花红云白，琴韵与溪山互答。

陆士衡《招隐诗》中所谓："……朝采南涧藻，夕息西山足，轻条象云构，密叶成翠幄，……。"左太冲《招隐诗》中称："岩穴无结构，丘中有鸣琴，白云停阴岗，丹葩曜阳林。……。"（昭明文选）这是西晋时诗人概念中保留的隐士岩栖的形象，仍还是巢居穴处、没有房屋结构，而有优美的自然环境。

最早有记载的中国文人私家园林的萌芽，是在春秋战国时期，庄周有个"漆园"，位于河南省归德县。我们没有关于此园的详细描述，只是知道院中有一棵大槐树。庄周在树下做梦，梦见蝴蝶。他醒来之后，分不清自己梦见蝴蝶，还是蝴蝶梦见自己。从当时历史情况来看，这些文人缺少帝王那样的雄厚财力，因此无法营造大规模豪华的园林。但其园林设计主题思想与帝王园林完全不一样，其园林景观是朴素自然的。

先秦时期那些经过精心选择的、山水优美、植物丰茂、生态效应良好的"岩栖"隐居地，是后来中国风景园林所继承发展的传统。秦汉之交商山四皓的秦岭商山、东汉严光在富春江畔的富阳山庄、焦光在长江中的镇江焦山，以及晋、宋之交戴颙的黄皓山精舍、谢灵运的始灵山居、谢茂之的惠山草堂，直至初唐如韦嗣立的骊山山庄，稍后王维的辋川别业、白居易的庐山草堂等，都是这样一个具有良好生态境域的场地。最终形成独树一帜的中国古典文人园林，其所追求的意境是宁静淡泊、与世无争。这些起源发展却与周文王的"囿"的形式各不相关联。

孔子曰："邦有道，则仕；邦无道，则可卷而怀之。"又说："贤者辟世，其次辟地。"

孔子哲学的最高理想是"仁"，把能以"仁"的原则妥善处理人生世事视为"智"。而他同时又把自然的山和水看做仁和智的象征，要求君子"比德"山水。孔子曾说"仁者乐山，智者乐水"，范仲淹曾颂扬"云山苍苍，江水泱泱，先生之风，山高水长。"这种山水审美观成为中国古代园林设计的思想基础。因此苏州沧浪亭有"山水楼"、"面水轩"，环秀山庄有"问泉亭"和"一房山"，都寓意自然山水为人生品行的园林意境。

"中庸"之道认为自然界和人类社会任何事物发展到了极端就会走向其反面，主张"中和"，即适中和谐，不太过分；"庸常"即遵循悟性，顺乎自然，"明成"

即明白大成的道理;这样就可达到"天地人境界"整体平衡。"远上寒山石径斜,白云生处有人家"。完美的生态环境体现出人与自然的和谐,这才是风景园林意境的第一含义。至于诗情画意写入园林,则是第二含义。园林意境之有创造性者,首先是归于良好的生态环境氛围,而不是得之于建筑密集的游戏杂耍场。

殷商时期的"囿苑"、周朝的"灵台",显示了最早的"皇家园林"帝王权威和富贵。从秦始皇到清朝末代皇帝,贯穿整个封建时代的宫苑始终突出天子诸侯的权力,显示天上人间的物质享受的追求。但是这种"皇家园林"对于中国古代文人园林的诞生,没有太大的影响。文人山庄、别业则继承了岩栖山居传统,重视精神生活与自然适性的理想。

3.1.2　300年的动荡岁月

魏晋南北朝时期,中国历史上经历了300年混乱而又残酷的时代。东汉末年黄巾大起义引起历史社会的大动乱。魏、蜀、吴三国鼎立割据约100年。西晋王朝统一中国仅持续20多年,接着,西晋王朝内部争权夺势,爆发了史称的"八王之乱",这场混战继而引发鲜卑、匈奴、羯、氏、羌五个外族的入侵,史称"五胡乱华"。此后,中国北方先后出现了五胡十六国,南方先后出现宋齐梁陈四朝。在这历时369年(220～589年)战争灾难频繁发生的时代,充满动荡、灾难和杀戮,这个历史时期皇帝王朝不断更迭,政治斗争异常残酷。

魏晋南北朝时期,名士们一批又一批地被送上屠场,何晏、嵇康、谢灵运、郭璞,这些著名的诗人、哲人都在这个时期被杀戮害死。潇洒不群的魏晋风度不是产生在繁华平安的盛世,而是在这个充满动荡、混乱、灾难、血污的社会时代。诗人郭璞被杀后其衣冠埋葬在南京的玄武湖畔。

"白骨露于野,千里无鸡鸣",个体生命犹如狂涛中的小舟。人生短促无常,面对现实如此痛苦,真正的出路在哪里?这是一个剧烈地反思人生与社会的问题。"对酒当歌,人生几何?"既然如此,为什么不抓紧生活,尽情享受?这个核心便是在怀疑论哲学思潮下对人生的执着。人生易老是古往今来一个普通的命题。可是在魏晋南北朝的诗篇中的咏叹却有感人的审美魅力,这是因为在当时特定历史条件下深刻的对人生理想的极力追求。

王羲之的《兰亭集序》写道:"仰观宇宙之大,俯察品类之盛。"然而万物都在变化,一切都在流逝!"俯仰之间,已为陈迹。""一死生为虚诞,齐彭殇为妄作。"在生活社会动乱,苦难

中国画表现出古代文人平淡山水的自然审美观

连绵，死亡枕藉的现实情况下，各种哀歌，从死别到生离，从社会景象到个人遭遇，悲怆伤感，离愁别恨，各种沉重的情感抒发便发展到一个空前的深度。这种深度超出了个体抒发的狭隘笼栏，而以对人生苍凉的慨叹来表达出对某种本体的探询。从而，一切情都具有理的光辉，有限的人生感伤总富有无限的宇宙的含义。

仕途的纷争严酷，使士大夫文人认识到自己根本无力对抗现实社会。在"道不行"、"邦无道"或"王道乐土"沦丧之际，士大夫文人要么"杀身成仁，舍生取义"，但是更多是走上追随漆园高风，在老庄道家中去取得安身，在山水花鸟的大自然中获得抚慰。高举慕远，去实现那种"与道冥一"的"天地境界"。这种人生态度和生命存在应该说不是一般的感性的此际存在和混世的人生态度，而是具有形上超越和理性积淀的存在和态度。这可以替代宗教来抚慰心灵的创伤和生活的苦难。这也就是中国的士大夫文人在巨大的失败或不幸之后，并不真正毁灭自己或走进宗教，而更多的是保全生命，坚持节操，隐逸遁世，寄情于大自然的山水里。

中国的文化艺术在此也出现了一个大变化。人生哲学上以求忍受现实苦难，寻得来世的安定和平；艺术哲学上以求洒脱飘逸而摆托现实世界；文学领域出现了"自然山水诗"；美术领域出现了"自然山水画"；而在园林领域出现了"自然山水园"，大自然风景成为纯粹的审美对象。魏晋南北朝时期的士大夫文人崇尚到自然山水优美的地方进行游览活动，远离苦难的现实社会，走向自然界去探求精神寄托。

宗白华先生在《论〈世说新语〉和晋人的美》中写道："汉末魏晋六朝是中国政治上最混乱，社会上最痛苦的时代，然而却是精神史上极自由，极解放，最富于智慧，最浓于热情的一个时代。……光芒万丈，前无古人，奠定了后代文学艺术的根基和趋向。"这段历史时期，中国文化艺术出现了一个重要的转折。哲学、诗歌、绘画、宗教、建筑、园林、科技等比起秦汉朝都出现了一个大飞跃，这个时期对现实社会的感悟，对现实人生的反思，是极为强烈、极为深刻的，史称"人的觉醒"。

抒情诗、山水画开始成熟，取代那冗长、铺陈和笨拙的汉赋和汉画像石。在哲学中玄学取代经学，追求内在实体的本体论取代了对外在世界探索的自然观。静的玄想成为活动的主题。汉赋以自然界作为人们功业、活动的外化和表现，魏晋南北朝的山水诗则以自然界作为人思辨或观赏的外化和表现。魏晋南北朝的诗歌绘画中出现了汉代所没有的神清气朗风貌。

最著名的是诗人陶渊明（372～427 年），他辞去彭泽县令官职，归隐田园。寻求真正的人生快乐和心灵安慰。在充满动荡的魏晋南北朝时期，以艺术作品创造出理想而又浪漫的世界。他在《归去来兮辞》中说："悟已往之不谏，知来者之可追；实迷途其未远，觉今是而昨非。"陶渊明发现了现实世界中大自然的美，他在对自然和乡居生活质朴的热爱中得到心灵的安慰，找到了理想的寄托。他创作的《桃花源记》就是一个理想的人类社会。"……缘溪行，忘路之远近。忽逢桃花林，夹岸数百步，中无杂树，芳草鲜美，落英缤纷……自云先世避秦时乱，率妻子邑人，来此绝境，不复出焉；遂与外人间隔。问今是何世，乃不知有汉，无论魏晋……"。

中国文化艺术最潇洒的品格就是诞生在这最残酷杀戮的黑暗时代。桃花源是中国古代文人追寻的一个理想景观场地，其实这是一个封闭的盆地形的自然地理环境。此后按此理想模式建立的文人园林都是封闭的，隐藏在高高围墙深宅大院之内的，尽管园林之内的围墙留有花格窗，相互有"透景"、"漏景"，然而临街的围墙是完全封闭隔离的，这是中华民族农耕文化时期典型的安居理念。相对照的是，欧洲文化在向其地中海沿岸及广大地区扩散的过程中，运用了其生长环境中的爱琴海沿岸岛屿的生态理念和安居经验，它们缺少农耕的气候条件，而只有不断进行海洋扩张。

文人画追寻"隐居山水"

南北朝时期，北方经历了游牧民族多次蹂躏，汉族人大量向江南迁移，以建康（今南京）为中心形成汉族人政治、经济、文化中心，江南的小桥流水人文景观和柔风细雨自然景观滋生了士大夫文人园林景观。江南地区植被种类丰富，河网纵横交错，形成了和谐温情的江南园林，特别是在水景的利用上。这与中国古代士大夫文人所追求的"美妙和谐的自然社会"理想一致。与帝王园林的宏大气魄有很大区别。

文人画追寻"美妙和谐的自然和社会"

六朝定都建康 300 年，历朝营建御苑，他们打破秦汉宫苑仅局限于封闭的建筑空间，转而面向大自然风景。南朝帝王的″华林园″就是面向玄武湖和紫金山的，大自然的湖光山色就是其园林主景观。同时又在玄武湖中进行人工堆岛，帝王在此蹬岸，仍旧仿效秦汉各位先帝，祭求长生不死的神仙境界；但这时所处的一池三山是在辽阔的大自然湖中，而不是以往的人工挖掘水池。玄武湖周边一带，特别在湖的南畔是史称″六朝风流″的主要发生地，曾有许许多多委婉动人的历史故事，也有荒淫暴戾的记载。至今还有″神仙岛屿″、″铜钩井″、″胭脂井″、″郭璞墩″等遗迹。

　　魏晋南北朝时期，文学上出现了″山水诗″，代表人物是谢灵运；艺术上出现了″山水画″，代表人物是宗炳、顾恺之；园林上出现了″山水园林″，我们不知道设计者是谁，但是这个园林就出现在南京，当时南京城内外共有 30 多个园林，最具有时代意义的是玄武湖与紫金山一带的南朝皇家园林。

　　南北朝时期，以诗人画家们创立的″文人山水园林″，是古代园林演变为古典园林的转折点。以大自然景观为模本的艺术主题园林之后成为中国古典园林的精华，进而创造出令人回味无穷的″意境″，以抒发造园者的情感和理想，在现实世界里创造出人生所憧憬的完美幸福的彼岸。融合自然与人文景观为一体的中国式风景名胜，也就开始于这个时期。

　　文人园林的出现比帝王园林晚 1000 年。在后来 1000 多年历史发展年代里，

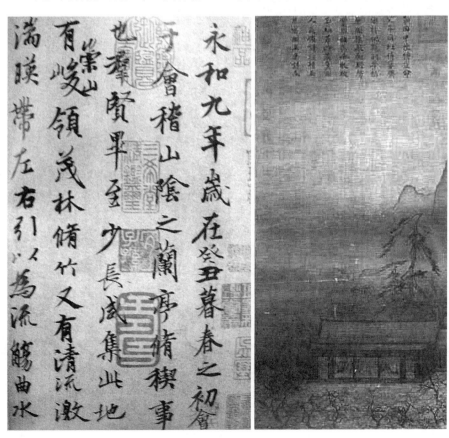

中国书法与绘画同源，蕴含着相同的人生和自然观

苏州掘政园倚玉轩，
（图源自刘先觉，潘谷
西《江南园林图录》）

它与帝王宫苑园林并列发展，而艺术成就却超过帝王园林。魏晋南北朝时期创立的自然山水观在世界艺术历史中独树一帜。中国文人写意山水园林体现出独特的对大自然的审美品位，在此后的中国风景园林创作，都是以此为基点而进行的。

3.1.3 超于自然的写意山水园

唐宋时代，在南北朝"自然山水园"基础之上，中国园林发展成为以诗情画意写入园林的"写意山水园"。

唐朝园林不再仅仅满足于对自然景观的歌颂和直接的模仿，开始追求超越现实的自然写意美。他们细心观察高山的巍峨险峻，流水的回还跌宕，鲜花的芬芳雅洁，绿树的青翠梃拔，将其精华提炼后布置在个人空间有限的庭院之中，并且赋予意韵深长的诗词。

著名的例子有王维的"辋川别业"。王维是著名的诗人和山水画家，佛理禅宗造诣颇深。晚年辞官归田隐退在长安郊外，在居住地建立"辋川别业"。辋川是个天然隐蔽场所，四周树林茂密，岗岭怀抱，而辋川则是这丘陵之中的一个平坦谷地。

王维的私人园林融合了周围的自然山水景观，人工建设的园林与周围自然环境浑然天成，其中融合的哲理与艺术意境平淡幽远。它的艺术风格是：自然适意，浑然天成，平淡幽远。在看起来似乎平平淡淡的景色中达到至高无上的境界。景观依次是：借古城废墟而成的"孟城坳"；坳后的青翠山坡"华子冈"；以文杏木构筑的"文杏馆"；馆旁竹山"斤竹岭"；小径依溪延伸，溪边木兰盛开的"木兰柴"；小溪源头遍布山茱萸的"茱萸"；其旁宫槐（龙爪槐）茂密的

"宫槐陌"；深山里的"鹿柴"；崖旁密林"北垞"；湖边景色开阔的"临湖亭"；亭边"柳浪"；水势汹涌的"栾家濑"；水势清缓的"金屑泉"；泉湖相接的"白石滩"；竹丛夜宿的"竹里馆"；以漆树、花椒、辛夷花为主题的"漆园"、"椒园"、"辛夷坞"。全园不以高台崇阁为主题，人为的痕迹仅有废墟"孟城坳"、"文杏裁为梁，香茅结为庐"的草房、"文杏馆"和竹丛中的"竹里馆"。山川、溪流或者绿化，每个景点都配诗一首。以"竹里馆"为例，有诗"独坐幽篁里，弹琴复长啸。深林人不知，明月来相照。"空寂之中可见禅宗风骨。"白石滩"有"明月松间照，清泉石上流"名句流传。面对远处山峦和近处溪流，这一切自然界景观被依附于对一种诗意的气氛的追求，引发人们的静心思索和品味自然景观。以文化深刻感悟提炼自然景观，创造了写意自然的境界。禅宗的空灵，景观的纯净，是静穆、深邃、幽远的人与自然感觉。

还有白居易的"庐山草堂"。白居易在《致友人书》和《庐山草堂记》中描述了他的住宅和四周风景园林景观。他在庐山香炉峰选地建草堂，草堂北五步依原来的层崖，再堆叠山古石嵌空，上有杂木异草，四时一色。草堂东有瀑泉，"水悬三尺，泻落阶隅石渠"。草堂西面，依北崖右趾用剖竹架空，引崖上泉水，自檐下注，好似飞泉一般。至于草堂附近的四季美景，春天可赏锦绣谷的杜鹃花，夏天可观石门涧的云景，秋天有虎溪的月，冬天有炉峰的雪。堂前有平台和方池，环池多山竹野卉稍加润饰，台南可抵达夹涧，有古松苍柏，周围天然云水泉石相伴，这是一处依天然胜地构筑的园林。

唐宋写意山水园林对自然的抽象化、寓意化，进而受到参禅和绘画的影响，日趋于象征和写意。青砖小庭院内，精心挑选几块山石前呼后应。绿苔在青石上，草从缝隙中长出，白墙上婆娑着竹影，这是亦自然亦人工的境界，是诗情画意的自然。以自然山壑溪流为其主体生活境域，石头表示某个山峦，水池表示湖海，一峰则太华千寻，一勺则江湖万里。

至今在扬州瘦西湖有"画舫"，寄啸山庄有"船厅"，南京煦园有"不系舟"，这是寄托什么情思呢？陶渊明在《归去来兮辞》中写道："实迷途其未远，觉今是而昨非，舟摇摇以轻飏，风飘飘而吹衣。"李白诗："抽刀断水水更流，举杯消愁愁更愁。人生在世不得意，明朝散发弄扁舟。"这是视官场为险途，而又不愿同流合污的理想。苏州留园旧有船形一处，题名为："少风波处便是家"，也是这种意境。网师和渔隐，也都是武陵渔人的世外桃花源。

"文人写意园林"其所造园林，总是面积很小，而寓意深远。在诗人画家创立的"写意山水园林"中，园主人可以在这深深的庭院之中，寻求寂静的冥想。冷洁、超脱、秀逸为其高超意境；吟风弄月、饮酒赋诗、踏雪寻梅，为其风雅内容；山壑溪地为其主体生活境域，孤舟独钓，伴倚花木，相映着小桥流水。在一丘一壑、一花一鸟中发现了无限永恒、悠然意远、心旷神怡。宋僧道灿的重阳诗句："天地一东篱，万古一重久。"描绘了中国古典园林的特色品质。文人宅第园林中粉墙灰瓦也展示着"绚烂之极归于平淡"的艺术境界。

3.2 淡泊的自然山水

西方古典风景绘画形象是写实的，色彩是艳丽的，整体风格是凝重的。画面上会出现有乌云翻滚、狂风暴雨，甚至冰海沉船的悲惨景象。中国山水画中的大自然总是充满温暖人间炊烟的风景，它总有樵夫渔翁、小舟归帆、酒店茅庐、三两行人，是畅神、寄托、居住以至仙游的场地。

艺术感情的核心是人生观，通俗地说，是以什么态度生活在世界上？西方的人本主义的人生观，充满了奋进、征服、动荡、变化，从希腊到德国的传统中，极端抽象的思辨中蕴藏着一股激昂骚动的狂热力量；从康德的实践理性、费希特哲学、谢林哲学以至黑格尔哲学，一直到叔本华、尼采和海德格尔，无不如此。但是在中国，却既没有那极端抽象的思辨玄想，也没有那狂热冲动的生命的火力，它们都被消融在这种儒家与道家互补式的人与自然同一的理想中了。在这理想面前，自然的人化和人的自然化，任何人事社会，都似乎非常渺小；激昂的力量，睿智思辨，都可以平息。永恒的自然超越一切人类社会。

中国的人生观是自然主义的，似乎是在静悄悄、默默无闻的山石溪水之间，领悟着世界深层"道"的哲学。庄子曰："静则明，明则虚，虚则无，无则无为而无不为。""水静犹明，而况精神！圣人之心静乎，天地之空也，万物之镜也。"

中国古代文人的风景艺术又是朴素的，自然而然的。陶渊明诗句"云无心以出游，鸟倦飞而知还。"王维诗句"明月松间照，清泉石上流。"孟浩然诗句"夜来风雨声，花落知多少。"都是在似乎看起来平平淡淡的景色中达到至高无上的境界。

中国风景的欣赏与人生追求崇尚"宁静致远"。"落红不是无情物，化作春泥更护花。""停车坐爱枫林晚，霜叶红于二月花。""千山鸟飞绝，万径人踪灭，孤舟蓑立翁，独钓寒江雪。"

在中国的古典园林中，树木都是自然蓬勃生长，而不是西方以人工几何形体来修剪塑造植物，18 世纪以前的西方园林是整形的，是建筑在室外的延伸。在中国传统的自然审美观念中，这种形式不能算是真正的园林，只是绿色建筑图案。

皇家园林追求的是豪华、艳丽，建筑是红墙与金黄琉璃瓦，观赏花卉是绚烂的牡丹花，"春寒赐浴华清池，温泉水滑洗凝脂"是皇家园林内生活写照。然而，最具有中国园林艺术代表品位的文人园林，崇尚的是素雅、自然，建筑是粉墙灰瓦，喜爱的植物是青草、苔藓，欣赏"苔痕上阶绿，草色入帘青"的居住环境。对社会的姿态"无丝竹之乱耳，无

中国山水画追求空灵淡泊

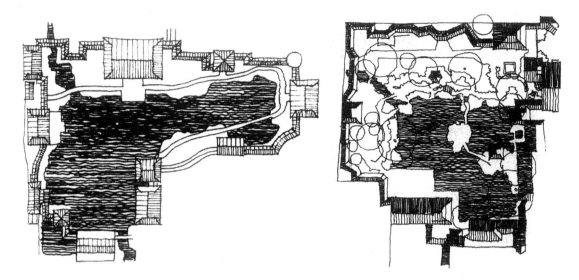

北京颐和园后山谐趣园平面图   苏州留园平面图（图源自彭一刚《中国古典园林分析》）

苏州天平山高义园庭院（图源自刘先觉、潘谷西《江南园林图录》）

案牍之劳形。""可以调素琴，阅金经。"对个人的生活环境要求简单，"斯是陋室，唯吾德馨。""南阳诸葛庐，西岳子云亭，……何陋之有？"

皇家园林有万寿山、琼华岛、桂离宫、龙王庙，但文人园林的景观名称是：沧浪亭、甘露寺、知鱼榭、醉翁亭、草堂，甚至是退思园、愚园。

春天来到，桃花开了，处处都有小鸟鸣啼，可是夜来风雨声，有谁知道花落多少？让枯萎的荷叶留在池塘里，倾听雨打荷叶的声音，它会让我们理解秋雨的哀婉悲歌。秋天庭院内梧桐树叶片片落下，桂花又飘香，听到竹林里沙沙的风声，夜晚品酒赏花，对月吟诗。深深的庭院内，寂静的空间有其深邃含义。

中国古代园林的营造者就是这样来表现世界观和人生哲学的，质问生命的价值和意义这类问题，中国人要比西方人少得多。不去追求难于把握结果的探险，把日常生活过得尽善尽美是最重要的。

庭院梧桐树，池塘荷花，门阶缠绕的常青藤，还有窗户前翠竹，这些构成了直观的视觉图画审美，但是这些都不是本质的，而这些园林表现的"意境"才是设计者所执着追求的。"得道"理解深邃宇宙中万物统一及和谐，生命价值的愉悦在于与自然完全融合一体。

中国人观赏自然主要在于寓意，开创了独特的艺术观，这与其他国家的人所用的纯客观的、出于理性的观察事物的方法对自然界的认识很不一样，其艺术风格最精彩的是具备自然的韵律。中国园林作为一种写意自然的风景园，比西方园林更具有作为寓意深长的特点，或者说更符合一个艺术品的要求。它不是对自然的直接模仿，也不是对自然景物抽象和变形的结果，而是对大自然的感情所引起的艺术构思和概念的表达。从魏晋南北朝创立"自然山水园林"以来，持续发展 1500 多年，明朝园林理论家计成总结中国传统园林其造景手法：虽由人作，宛自天开！

六朝时期，诞生了山水诗词为基础的自然审美园林。当时南京作为都城文化中心，文人学者汇聚，以寄情自然山水作为最高境界和人生理想的追求。园林景观不求壮阔绮丽，而是恬静淡雅，脱俗飘逸。

六朝建康城市景观充满了风景园林文化，钟山、玄武湖以及秦淮河融合了诗意情怀。当时的城市景观规划和设计，审美重于使用功能。城市景观和风景园林不是张扬，不是显赫，不是金碧辉煌，而是在平缓委婉的山水之间，烟雨楼台，含蓄隽永，寓意深长。朱雀桥边的野草花，乌衣巷口的王谢故居，朴实中显出华丽，素雅里透着高贵。在这片地域上滋生的这种景观艺术风格为泱泱大中华文明连绵延续奠定了深深基础。

3.3　老庄的景观与境界

公元前 5 世纪春秋战国时期老子创建道家哲学，老子曾有著名言论："人法地，地法天，天法道，道法自然。"他指出大自然为万物起始根源，过分理性的人类和社会必须复归其原始状态。

道教把世界理解成彼此相关的有生命力的结构。认识并且理解自然界进程中的伟大节奏：四季的交替，月亮圆缺的周期，昼与夜，也包括男人与女人的关系，柔与刚的关系，开与合的关系，阴影与阳光的关系，它们形成正反相对相互作用的统一体，它们彼此互相制约又互相依存，不断发展又互相转化。没有任何事物仅有正的一面而无其反面，即使其全部为正的一面，可它之中还是不可避免地涉及了反的一面；所有反的一面也存在着正面的因素和影响。人地关系也是这样的两个方面。

根据道家的法则，万物都在不断地有规律的变化发展之中，故而这种和谐也必须通过不断地重新调整才得以实现。在人类与自然界之间产生真正的关系的瞬间，出现了他们彼此间互相融合、互相渗透的关系，人类用强烈的意识去接受自然力的赐予，使自己适应在阴阳作用之中。

"道"的本意为道路，延伸意义是规律、法则、原则。中国古代哲学中引申之则为宇宙万物及人事所必须遵循的轨道或规律，遂成为中国人与自然哲学的核心。自然界本身和它所构成的生物结构是理想的教师，它们是顺应事物的潮流而生，相互适应而存在。如果要掌握和理解道的作用，那么他就应该去顺应生活的激流，只有这样才能如鱼得水。在冷静、沉着的体验中才能觉察万物内部间的相互作用。

深解道家的圣人总是像自然界花鸟顺应季节的呼唤一样，不断地以和谐的方式将自己带入顺利形势，恐惧和不幸无法接近他，忧愁事情不能侵袭他。圣人的生活像呼吸节奏一样，先扩展再收缩。任何状态都不停滞，每一状态都是对前面发生的事情的回答和对后面将要发生的事情的准备。

书法的境界蕴含有自然风景的浪漫潇洒

庄子的哲学要求人应该追寻大自然进行品味审美，"与道冥一"最终达到"天地境界"。中国文人在园林中种植芭蕉，是为了倾听雨打芭蕉的情调。在中国庭院中产生的这种对自然美的敏感，是西方人所不能领悟的。还有真正令人用心品味的大自然动态景观，例如，扑面而来的山林轻风，随风飘落的花叶，涓涓流动的溪流，它们使我们平静的生命之流，激起了阵阵美丽的涟漪。

儒家以艺术为道德教育的工具。道家对于精神自由运动的赞美，对于自然的理想化，使中国的艺术大师们受到深刻的启示。中国的古代画家大都以自然为主题，画的内容是山水、翎毛、花卉、树木、竹子。一幅山水画里，在山脚下，或是在河岸边，总可以看到有个人坐在那里欣赏自然美，参悟超越天人的妙道。

陶渊明写的这样的诗篇，道家的精髓就在这里："结庐在人境，而无车马喧。问君何能尔，心远地自偏。采菊东篱下，悠然见南山。山气日夕佳，飞鸟相与还。此中有真意，欲辨已忘言。"

儒家学说是社会组织的"入世"哲学，所以也是日常生活的哲学。儒家强调人的社会责任，但是道家强调人的内部的自然自发的东西，是"出世"哲学。《庄子》中说，儒家游方之内，道家游方之外。方，指社会。人们常说孔子重"名教"，老、庄重"自然"，中国哲学的这两种趋势，约略相当于西方思想中的古典主义和浪漫主义这两种传统。读杜甫和李白的诗，可以从中看出儒家和道家的不同。这两位伟大的诗人，生活在公元8世纪同一时期，在他们的诗里同时表现出中国思想的两个主要传统。

道教在由人类创造的风景园林中，找到了它最精彩的、在物质上虽非永恒，

南宋马远绘画"洞庭风细",平淡细微的波涛描绘之中达到高雅境界

但在思想上能历经千年的一种实践。中国最早把大自然的秩序运动作为最高审美境界,从而最早在个人庭院内设计风景,出现了模仿自然形态的"自然山水园林",作为以审美欣赏的客体,不仅有花卉、树木,还有青草、苔藓都是观赏大自然的题材,这在西方艺术史上是没有的。

明朝著名造园家计成在《园冶》中说:"花间隐榭,水际安亭,斯园林而得致者。唯榭只隐花间,亭胡拘水际。……或翠筠茂密之阿,苍松蟠郁之麓;或借濠濮之上……,倘支沧浪之中。"他的意见是:园林中的建筑,都是为吟赏自然风景而设置的,只要有自然风景可以欣赏的地方,都可以灵活地设置亭榭,并不需要拘泥于一定的模式。

"天人合一"生态观是中国古人自然审美的思想基础,古代哲学家认为人与自然和平相处才能获得美感。道家强调"无为"、"寡欲"、"弃知",即不要违背自然规律而为,个人内心修养与外在自然要相互融洽,顺乎自然规律是一切幸福和睦的根源,也是美感的根源。

庄子主张"无为而为"、"不知之知"、"大智若愚"、"泛爱万物,天地一体"。庄子《齐物论》云:"天地与我并生,而万物与我为一。"有一个关于人与自然的关系的事例:用木料做桌子,从人的使用观点来看,这是"成",而从被破坏树木来看这是"毁",即一定的使用价值是一定的生态价值换来的。只有从更高的整体观看问题,将生态效益和经济效益统一起来,才能达到无成无毁的最完美的境界。

西方古代建筑完成就形成了整体空间,中国古代住宅建筑设计时,必须考虑有庭院部分,有时甚至只是一个小墙角的自然景观布局,三五簇竹林,一株芭蕉,片石孤峰。山石叠堆如同西方园林的抽象雕塑,艺术体现自然美,反映出创作者的自然观念,既有依照自然的写实,也有抽象的多样变化,特别对细节的表现，如每株花草种植、每片山石都精心布局。还有来自乡村的景观，例如：小桥、流水、人家。园林中汀步石：来自乡村的田间涉水过河简易的垫脚石。小桥一边有栏杆，另一边没有栏杆，也源自于乡村挑担子的需要。

古希腊哲学家推崇"秩序是美的"，他们认为野生大自然是未经驯化的，充分体现人工造型的植物形式才是美的，所以植物形态都修剪成规整几何形式，园林中的道路应该是整齐笔直的。

18世纪以前的西方古典园林景观都是沿中轴线对称展现。从希腊、古罗马的庄园别墅，到文艺复兴时期意大利的台地园，再到法国的凡尔赛宫苑，在规划设计中都有一个完整的中轴系统。海神、农神、酒神、花神、阿波罗、丘比特、维纳斯以及山林水泽等华丽的雕塑喷泉，放置在轴线交点的广场上，园林艺术主题是有神论的"人体美"。宽阔的中央大道，含有雕塑的喷泉水池，修剪成几何形体的绿篱，大片开阔平坦的草坪，树木成行列栽植。地形、水池、瀑布、喷泉的造型都是人工几何形体，全园景观是一幅"人工图案装饰画"。西方古典园林，它的创作思想是以人为自然界的中心，大自然必须按照人的头脑中的秩序、规则、条理、模式来进行改造，以中轴对称规则形式体现出超越自然的人类征服力量，人造的几何规则景观超越于一切自然。

置身于中国古典园林之中，游人感受到的是群山环抱、水溪萦绕，以求"虽由人作，宛自天开"的审美标准，不像歌德长诗《浮士德》追求壮观宏伟的无限辽阔，也没有德国画家费烈德里西作品《海滨孤僧》所面对的无穷天地怅惘。在中国古典园林中，人只是大自然中的一员，人与大自然永远只能和睦相处；而绝不是超越征服，大自然的野趣生机，远超过一切人造景观。

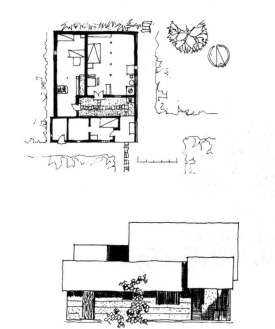

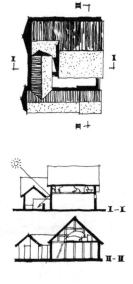

浙江民居

3.4 中国古代城市景观

中国历代都城都具有明显的中轴线，布局以宫室为主体，辅以官署和生产生活有关的建筑以及城垣、壕沟等防御设施。从西周经过春秋到战国，周王城、齐临淄、赵邯郸、魏大梁、楚鄢郢、韩宜阳等都有巨大的夯土台位；纵轴线上，也都具有规划严整的街道，而汉长安城遗址发掘也已证明街道宽度沿用《考工记》所述以车"轨"为标准的方法。

西汉的首都长安平面呈不规则形状，但主要街道仍作丁字或十字相交，并以水沟划大街为三道，两侧植树，此外还建设若干闾里和市场。东汉首都洛阳的宫室、苑囿自南而北位于城的纵轴线上，阻碍东西方向的交通，到汉末的邺城将宫室移于全城纵轴线的北部，城内交通才比较方便。邺城的布局方式经两晋到北魏、东魏又增加东西两市，在这基础上产生了中国历史上规模最大的隋唐长安城。长安规划的基本原则是将宫室、坛庙和重要的官署等置于南北纵轴线的北端及其两侧。其次城内以整齐的道路网划分为若干棋盘格，每一棋盘格称为"坊"，绕以坊墙，自成一区。城内东西两侧各有一个专供商业贸易的坊，在地形较高的坊内选择若干制高点，建造官署、寺观等。城中绿化根据汉以来传统，在主要大道两侧植槐，而洛阳从隋朝起植樱桃、石榴作行道树，河岸则植柳，为唐长安和北宋东京所沿用。从北宋起，由于手工业和商业的发展，取消封闭性坊墙，代以住宅和商业混合的街道形式，是中国古代都城规划的一个重要改革，可是都城布局仍力求方整和对称，并以建筑物的体量和色彩来强调宫室为主体的城市中轴线的作用。元、明的京城虽然宫室、坛庙、官署位于南部，但整个规划仍以对称、整齐为基本原则。

中国古代城市建设的另一个重要特点，是依顺大自然山水地形的布局规划，城市平面成不规则形状。南宋临安和明南京城市傍山临水，结合地形，形成不规则的布局，但道路系统仍力求整齐。江南地区由于依靠河流为运输线，城内除道路以外，还开凿很多河道。例如苏州，至迟在公元 7 世纪至 9 世纪之

北京故宫"角楼"

间，就有了内外两套环城的主要河道与若干水门，再在城内开掘一套与街道相辅的河道网，其中有垂直相交的干线，也有与街道平行，通至住宅前后的支线，供运输和排水之用。在绿化方面，唐宋两朝在河岸植垂直柳，宋朝有定期开放的南园与城外虎丘、石湖等风景点，都是当时市民游乐的地点。北京城市多位于平原，所以城市平面和道路系统多数方整原则。

在中国古代城市或者宫殿里，园林景观更显得自然随意，山环水抱，一派峰回路转，水流花开的自然风光。山水亭树之间融合着诗情画意，但不求几何对称以及中轴线的布局。

3.5 中国古代建筑景观

中国古代建筑大多是木构架结构，与这种结构相适应的各种平面布局和外观立面，数千年一脉相承，形成了自身独特的风格。

中国古代建筑斗栱具有结构和装饰的双重作用。斗栱层数体现出建筑物的重要性，作为制定建筑等级的标准之一。其中最显著的就是只有宫殿、寺庙及其他高级建筑才允许在柱上和内外檐的枋上安装斗栱。而出檐的深度越大，斗栱的层数也越多。斗栱在周朝初期已有在柱上安置坐斗栱、承载横枋的方法。到汉朝，成组斗栱已大量用于重要建筑中，斗栱的形式也不止一种。经过两晋、南北朝到唐朝，斗栱式样渐趋于统一，并用斗栱的高度作为梁枋比例的基本尺度。后来匠师们将这种基本尺度逐步发展为周密的模数制，就是宋《营造法式》所称的"材"。构件的大小、长短和屋顶的举折都以"材"为标准来决定；可以提高施工速度，在短时间内建造大量房屋。这种方法由唐宋沿袭到明清。

战国时代出现了生产质量较高的青砖、青瓦，以后也一贯保持着这优良传统。汉代除了已有预制拼装的空心砖墓和砖券墓、砖穹隆墓以外，墓内还使用印有人物和各种花纹的贴面砖。自此以后，木构架建筑的墙壁逐步以砖代替原来的夯土和土砖。早期的砖拱结构仅见于塔的局部；从元朝起开始用砖拱建造地面上的房屋，有斗栱也有穹隆顶；明朝又出现了完全用拱券结构的碉楼和结构用砖拱而外形仿木建筑的无梁殿，并进而以砖拱与木构架结构相结合的方法建造很多形体高大的城楼、鼓楼和陵墓的方城明楼等。

3.5.1 建筑组群布局

由于中国建筑以木构架结构为主的体系，在平面布局方面具有一种简明的组织规律。就是以"间"为单位构成单座建筑，再以单座建筑组成庭院，进而以庭院为单元，组成各种形式的组群。商朝宫室已有成行的柱网。

单座建筑的平面布置，在很大程度上取决于使用者的政治地位、经济状况和功能方面的要求，从而殿阁、殿堂、厅堂、亭榭，与一般房屋的柱网有很大的区别。单座建筑的平面布置以殿阁、殿堂最为整齐，殿堂与厅堂的混合体较为灵活自由，厅堂以次至于一般房屋则变化很多。

中国古代建筑的庭院与组群的布局，大都采用均衡对称的方式，沿着纵轴线与横轴线进行设计。其中多数以纵轴线为主，横轴线为辅，但也有纵横两轴线都是主要，以及只是一部分有轴线或完全没有轴线的例子。

庭院布局大体可分为两种。一种在纵轴线上先安置主要建筑，再在院子的左右两侧，次要建筑相对峙，构成正方形或长方形的庭院，称为四合院，成为封闭性较强的整体。这种布局方式适合中国古代社会的宗法和礼教制度，便于安排家庭成员的住所，使尊卑、长幼、主仆之间有明显的区别。同时也为了保证安全、防风、防沙，或在庭院内种植花木，造就安静舒适的生活环境。对于不同地区的气候影响，及不同性质的建筑在功能上和艺术上的要求，只要将庭院的数量、形状、大小，与木构架建筑的体形、式样、材料、装饰、色彩等加以变化，就能够得到解决。因此，在长期的农业社会中，在气候悬殊的辽阔土地上，无论宫殿、衙署、祠庙、寺观、住宅都比较广泛使用这种四合院的布局方法。

另一种庭院布局是廊院，在纵轴线上建主要建筑及其对面的次要建筑，再在院子左右两侧，用回廊将前后两座建筑联系为一，因而称为"廊院"。这种以回廊与建筑相结合的方法，可收到艺术上大小、高低与虚实、明暗的对比效果，同时回廊各间装有直棂窗，可向外眺望，扩大空间。寺庙庭院多有这种形式。

庭院建筑往往纵横双方都扩展的方式，构成各种组群建筑。第一种纵向扩展的组群，首见于商朝的宫室遗址中，具有悠久的传统，也是最广泛使用的布局方法。它的特点是沿着纵轴线，在主要庭院的前后，布置若干不同平面的庭院，构成深度很大而又富于变化的空间。但纵向庭院过多，横向交通势必不便，故又以道路或小广场将纵向庭院划为两组或两组以上。扩展的组群可以北京明清故宫为典型，就是从大清门经天安门、端门、午门至外朝三殿和内廷三殿，采取院落重叠的纵向扩展，与内廷左右的横向扩展部分相配合，形成规模巨大的组群。

厅堂庭院，建立厅堂的基地，均以三间或五间为准则。根据基地的宽窄来决定，用地宽的，以四间，也可以四间半，如果地狭而不能宽展，两间半也成。庭院之间，通前达后，深奥曲折，全在这半间的妙用，可使人莫测始末，产生空间无尽的幻觉。这是园林建筑设计时，必须掌握和运用的空间组织模式。

亭榭规划，花间隐蔽处可筑榭，水边清旷处以构亭，这是园林中富有情趣的造景。但是，榭非只宜建于花间，亭亦不必非造在水际，如流水潺潺的竹林，有景可览的山顶，或幽篁深处的山隅，或苍松盘亘的山麓，无不可建。或立桥上，凭栏观鱼而自得其乐；或架水中，水清志洁而心旷神怡。造亭要据景境的意匠，有一定的形式；亭造在什么地方，却没有不变的准则。

廊道建筑，在廊基未立之前，必须"意在笔先"，留出建廊的位置，或于房屋前后作檐廊，以便接廊引导到景区里去。登山腰，架水面，依景境的地势起伏而高低曲折，自然断断续续，蜿蜒委曲，这是园林中所不可缺少的一种境界。

中国园林中的"月门"，寓意是宇宙的月亮。史书记载最早也起源于南朝时期，是南朝皇帝陈叔宝（582～589年）为张贵妃在宫廷里建造的。传说月亮有一棵桂树和广寒殿，广寒殿里生活着身穿白色衣裙的仙女嫦娥和一只白兔，她们在用各种各样的仙草调制长生不老之药，其中月亮、桂花和白兔，是女性的象征。《南部烟花录》中记载的关于在宫廷中建造月门的故事，是中国最早建造月门的记载，书中记述如下："陈后主为张贵妃丽华造桂宫于光昭殿，后作圆门如月，障以水晶。后庭设素粉罘罳（古代一种屏风），庭中空无他物，唯植一桂树，树下置药杵臼，使丽华恒驯一白兔，丽华被素褉裳，梳凌云髻，插白通草苏孕子，毂玉华飞头履，时独步于中，谓之月宫。帝每入宴，乐呼丽华为张嫦娥。"

3.5.2 建筑景观传统

中国古代木结构建筑，从单个构件到整体轮廓具有功能、结构和艺术统一的特色。民间建筑的艺术处理比较朴素、灵活，而宫殿、庙宇、邸宅等高级建筑则往往趋向于烦琐堆砌，过于华丽。房屋下部的台基除本身的结构功能以外，又与柱的侧脚、墙的收分等相配合，增加房屋外观的稳定感。至于高级建筑常用的梭柱、月梁、雀替、斗栱等从形状到组合经过艺术处理以后，便以艺术品的形象现于建筑上。

为了保护柱网外围的版筑墙，古代建筑的屋顶采用较大的出檐。但出檐过大必然妨碍室内的采光，而且夏季暴雨时，由屋顶下泄的雨水往往冲毁台基附近的地面，汉代出现了微微向上反曲的屋檐，接着，晋代出现了屋角反翘结构，并产生了举折，使建筑物上部体形庞大的屋顶，呈现下斜至底边而又上翘的奥妙形态。

屋顶式样在新石器时代后期有正脊长于正面屋檐的梯形屋顶。到汉代已有庑殿、歇山、悬山、囤顶、攒尖五种基本形体和重檐屋顶。南北朝则增加了勾连搭。后来又陆续出现单坡、丁字脊、十字脊、拱券顶、盝顶等以及由这些屋顶组合而成的各种复杂形体。而北京故宫和颐和园也都以屋顶形式的主次分明、变化多样，来加强艺术感染力。南方民间建筑由于平面布局往往不限于均衡对称，屋顶处理也比较灵活自由，构成一些复杂而轻快的艺术形象。

建筑组群景观。中国古代建筑群的形象，恰如一幅中国的手卷画，从入口开始，逐渐展开建筑空间变化，循序渐进体会到它的全貌与高潮所在。这种处理手法与欧洲建筑有着根本的差别。

正门以内，沿着纵轴线连续布置若干庭院，组成有层次、有深度的空间。由于每个庭院的形状、大小和围绕着庭院的门、殿、廊庑及其组合开头各不相同，再加上地坪标高逐步提高，建筑物的形体逐步加大，使人们的观感由不断变化中走向高潮。主要的庭院面积更大，周围以次要的殿、阁、廊庑和四角的崇楼等拥簇高大的主体正殿建筑，之后通常还建若干庭院，宫殿正门一般采用巨大的形体，建于高台或城垣上。最后用高大的殿阁作整个组群的结束。如北京故宫以天安门为序幕，外朝三殿为高潮，景山作尾声，是中国宫殿建筑的一个重要范例。至于唐以来大型祠庙与寺观，虽规模视宫殿具体

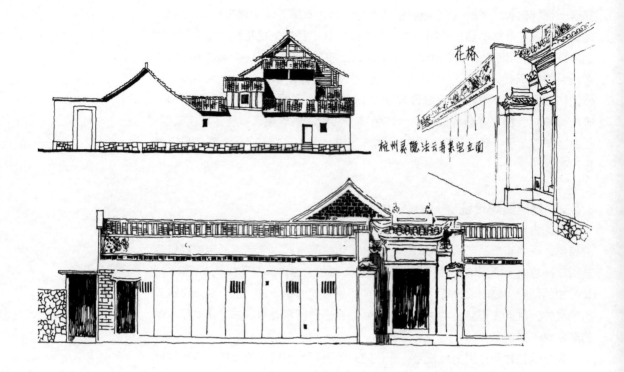

杭州灵隐法云弄某宅立面

花桥

浙江传统民居建筑

而微，在组合原则上，从外门至主殿，以及主殿后以台、阁重楼作结束，仍然一致。

衬托性质的建筑。春秋时代已有建于宫殿正门前的阙，到汉代除宫殿与陵寝以外，祠庙和大、中型坟墓前也都使用。至于在桥的两端建华表，原来是东晋以来的传统，至元代始用于宫城正门承天门前，明清则建于皇城正门天安门的前后。明清两代寺庙与大型衙署则往往在正门外建牌坊、照壁、石狮等，构成整个建筑组群的序幕。

建筑色彩景观。春秋时代宫殿建筑使用强烈的原色，南北朝以后的宫殿、庙宇、邸第多用白墙、红柱，或在柱、枋、斗栱上绘有各种彩画，屋顶覆以灰瓦、黑瓦及少数琉璃瓦，宋、金宫殿逐步使用白石台基，红色的墙、柱、门、窗及黄绿各色的琉璃屋顶，而在檐下用金、青、绿等色的彩画，加强阴影部分的对比，这种方法在元代基本形成，到明更为制度化，总结出一套完整的手法。为了与自然环境相调和，多用白墙、灰瓦和栗、黑、墨绿等色的梁架、柱、装修，形成秀丽雅淡的格调。

3.6 庭院假山

在中国古代文人眼中石头是厚重的，承载着文化，一块石头蕴涵着自然界的信息。石头表示永恒，水流表示瞬间，山水对照表示永恒与瞬间的对应。

山石之美既形于外也聚于内。 山石之所以具有审美价值，与其出于天然，古而有骨的内在特性有关。所谓的"古"是指山石的形体，虽千奇百怪，不可言说，但都是风吹浪激，日晒雨淋，历经多年而缓慢形成的，它是大自然的杰作，可谓鬼斧神工，巧趣天成。而"骨"，乃是中国文化审美的重要范畴："风骨"、"骨气"、"骨力"、"骨骼"等，不仅用于人物品评，也广泛运用于艺术评价之中。在园林美学里，以石为骨的审美内涵也是很丰富的。

假山是中国园林特有的观赏景观，其创作源于写意山水画。在中国古典园林中，石头表示某个山峦，水池表示湖海，一峰则太华千寻，一勺则江湖万里，虽咫尺无涯，但意蕴无穷。集中天下名山胜景，加以高度概括和提炼，这种大自然的风景经过取舍、概括和艺术加工后而创作出园林美。

1. 孤立峰石，在园林建筑前，特置是以姿态秀丽、古拙或奇特的山石或峰石，作为单独欣赏而设置，可设基座，也可不设基座将山石半截埋于土中以显露自然。峰石除孤置外，也可与山石组合布置。苏州著名的峰石有冠云峰、岫云峰、朵云峰、瑞云峰等。上海豫园的玉玲珑。

峰石评价标准以"瘦、皱、透、漏"为佳。

瘦，是壁立当空，孤峙无倚；好似亭亭玉立的淑女，高标自持的君子。例如苏州留园的冠云峰、瑞云峰。

皱，是脉络起隐，纹理纵横，非面多拗坎，凹凸不平。

透，是水平向嵌空多眼，是指通过、穿过之意，用于品石则是指石孔相通。李渔在《闲情偶寄》中作了这样的阐述："此通于彼，彼通于此，若有道路可行，所谓'透'也。"

漏，是石上有眼，贯通上下。主要强调石上有孔穴。

还有"走"，表示伫立而有动态感觉。

以及"丑"，是相对美而言的，是要奇特，而非四平八稳，非光滑鲜亮。

2. 庭院叠山，模仿自然界山体，在庭院内达到咫尺山林的效果特征。模仿如泰山稳重，华山险峻，雁荡山的岩瀑，桂林的岩洞。建筑前庭院内的玲珑山石，要先量知山的高低，顶部的大小，体量的重轻，决定基础的深浅。远观须看其空间的视觉形象，近观要考虑视距与环境的关系，最忌放在庭院的中央，要随境之所宜，自由散漫地布置。以姿态较好的树木配景。

3. 群置山石，是以十多块大小不等山石成群布置，石块三五成群聚散，高低疏密有致，前后错落呼应，形成生动自然的石景。置山石半埋半露，别有风趣，以点缀局部景点，如土山、水畔、庭院、墙角、路边、树下及墙角作为观赏引导和联系空间。

散点之石布列要离散而又聚落，彼此呼应，看起来若断若续，神态却相互联贯，仿若山岩余脉，或山间巨

苏州冠云峰，体现抽象自然美

石散落，或风化后残存的岩石。要有自然变迁遗留的情趣，不要零乱散漫或整齐划一。在山坡散点山石，仿效天然山体的神态。

应根据石性石块的阴阳向背、纹理脉络、石形石质，使叠石要有天然夺巧之趣，而不露斧凿之痕。应该知晓石头从山区的来源，辨明石头所蕴含的灵性，识理石头其具有的形态，最终叠石构成艺术造型。

有些庭院叠山堆石肖仿龙、虎、狮、龟等动物的造型，这不是在体现岩石自然形态美感，具体形象仿造，观赏品味落入庸俗。还有在山石上涂抹各种颜色，号称"五彩石"，掩饰了山石本质具有的自然沧桑色泽美感，也显得柔弱低俗。

4. 假山设计要点

(1) 主配角明确，设计一个山体主峰，其主体形象鲜明，另外设计多个配峰，以呼应主角。

(2) 空间有层次，山体要有丘壑深远之境界，形成景观多层次空间；自近而望远山谓之平远，自下而仰山巅谓之高远，自前面而窥山后谓之深远。

(3) 气脉相贯通，山体形势有脉络，叠山点石应该呼应顾盼，宜按山体的脉络走向相互关联，宾主相互顾盼。

(4) 起伏又曲折，从山麓到山顶要有高低起伏连绵，山脉曲折环抱，形成山回路转之势。山体轮廓线自然生动，不宜整齐规则，不宜队列式排比。

(5) 密实又虚疏，山体为实，间距为虚；岗峦为实，洞壑为虚；山石为实，树木为虚。山石堆置应该运用间距、树木等因素，形成有疏密间距，虚实对比。就像山水画线条和皱法，切忌均匀划一，平淡无奇。

庭园内自然置石

（6）轻重又凹凸，选石不宜大小均等，叠石必须有凹凸皱褶，轻重配合显示自然气势。主山其势宜凌重，悬崖其势宜轻飘。

（7）石料质地统一，造就浑然统一风格。湖石玲珑奇巧，色泽青润，形态经历风化溶蚀，多有孔洞；在园林庭院景观设计中，表现孤傲的品格，玲珑剔透的明澈。黄石古拙端重，色有黄、红、赭等，质感浑厚，形态雄伟端庄，表现为浑厚朴实的壮美，轮廓方正而有形。二者其形态质感不同，造就不同艺术风格，因此二者不可混杂堆砌用。

中国园林历史源远流长，假山石的欣赏由自然具象审美深度升华到自然抽象元素审美，拥有数千年悠久历史；而在西方抽象绘画和抽象雕塑欣赏只有近百年历史。本书不能同意近些年有批判中国园林假山石欣赏是"病态的"、"扭曲的"、"小农经济的"。假山石的欣赏是中国优秀的文化遗产，也是属于世界的文化遗产；在现代中国也没有失去其高雅的审美趣味，但是确实不是所有人都可以真正地欣赏其美感。

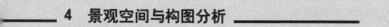

4　景观空间与构图分析

4.1 景观空间概念

一个景观空间有其整体统一性。景观内各要素之间要相互呼应，构成空间的诸要素的特征，能表达所希望形成的空间的文化特点。例如山与水相融，花草与山石相掩映。公园的空间是优美的、休闲的、使人感觉愉快的、丰富的、流动活泼的空间。陵墓园体现的是庄严、宁静、幽美，空间处理应简洁。帝王陵墓可能还有神秘感，其地上和地下建筑和石雕刻都是历史文化遗产，例如：南京的明孝陵，南唐二陵。

一个空间的本质首先是其基本使用功能所决定的。站在新街口看到的景观是商场银行等高楼伫立环抱，站在玄武湖畔看到的景观是湖边隐约古城墙和远处巍巍的紫金山。为了塑造不同性格的空间就需要采用不同的处理方式。

景观空间规划是平面的布置，而设计才是立体空间的创造。每个空间都有其特定的形状、大小、构成材料、色彩、质感等构成因素，它们综合地表达了空间的美学质量和空间的功能作用。景观设计中既要考虑空间本身的质量和特征，又要注意整体环境中诸空间之间的关系。

空间是由三维立体方向组合形成的围合容纳。一片空旷地则是无限开阔空间。六面墙体围合则是完全封闭空间，再留有门作为行走通道，窗户作为视线通道，则形成了空间之间的疏通或空间之间的交流。在空间交流中往往要考虑时间的延续，所以空间又是四维的。

空间的存在及其特性来自形成空间的构成形式和组成因素，空间在某种程度上会带有组成因素的某些特征。自然界的山石、花草、树木、水面人造的建筑、围墙、铺地都是空间的构成基本要素。顶与墙面的空透程度、存在与否决定了空间的质量。

空间形体的线型有一定的设计含义，能表达一定情感、使人产生联想。围合的空间为静态的、向心的、内聚的，空间中墙和地的特征较突出。开敞空间是外向的，有流动和散漫之感。但是开敞空间之中构成要素的变化也会有空间感觉变化。例如草坪中的一片铺装，或伸向水中的一块平台，因其与众不同而

绿化种植形成景观空间焦点

产生了分离感。这种空间的感觉不强，只是这一构成要素暗示着一种领域性的空间。再如一块石碑坐落在有几级台阶的台基上，因其庄严矗立而在环境中产生了向心力。分离和向心都形成了某种意义和程度上的空间。实体围合而成的物质空间可以创造，人们亲身经历时产生的感受空间也不难得到。

空间形态有着普遍的象征性内涵：大尺度令人肃然起敬，小尺度亲切而有情趣；高而挺拔的体形气宇轩昂，水平线条的体形平稳而持久；圆的体形相对封闭而静止，参差不齐外凸的体形富有动感，居住建筑开辟天井庭院种植花草树木，沟通着人与自然的空间。

西方庭院种植设计形成的私人空间

艺术空间创造一种境界。在这种精心选择基地，精心组织设计的空间里，一种精神气质被集中并凝聚于此。

大空间的宏大尺度，显示出气势壮阔，使人震撼，肃然起敬。例如，天安门广场、莫斯科红场、法国凡尔赛宫，体现了统治者的权力。小空间精细，例如，苏州园林庭院体现了文人情怀。

4.2 景点与景区

景点是具有相对独立景观空间和欣赏价值的观赏点，是构成园林绿地的基本单元。一般园林绿地均由若干个景点组成一个景区，再由若干个景区组成整个园林绿地。承德避暑山庄现有 72 景，整个山庄可分为宫殿区和苑景区，而苑景区中又可分为山区、湖区和园林庭院区。

南京玄武湖公园，根据原有自然地理基础规划为五个景区，其内容大致如下：

第一景区梁洲，有览胜楼、阅兵台、友谊厅、闻鸡亭、湖神庙、铜钩井等古迹，主要植物有悬铃木、银杏、秋菊，以餐饮游乐场为主；

第二景区环洲，有烟云童子观音、郭璞墩、喇嘛庙、诺那塔等古迹，主要植物有垂杨柳、悬铃木、荷花睡莲，以静态水景观赏为主；

第三景区樱洲，以樱花为景观特色，还有众多花卉；

第四景区菱洲，以钟山远眺为景观特色；

第五景区翠洲，以修竹、雪松为主景观；

4.3　景观设计表现方法

景观设计要考虑地理位置，周围空间关系，还有场地的功能、容量和服务对象，设计思想的文化模式对景观风格影响很大。

颐和园的十七孔桥模仿卢沟桥，长堤模仿西湖苏堤，谐趣园模仿无锡寄畅园。承德避暑山庄内文园、狮子林、小金山、六和塔、烟雨楼均系模仿江南的狮子林、镇江的金山、杭州六和塔、嘉兴南湖烟雨楼而设。

种植垂柳于弯曲水溪边，种植荷莲于幽静亭榭旁，成片竹林形成清幽意境，红杏墙后蕴含七彩花园。桂花馨香，树下可以对酒赏月；桃李杏花，枝旁可以品茶谈天。

山区涧水边，景观设计须保存曲岸芷汀兰的幽意，开辟穿行于花木之中的游览线路，蜿蜒无尽似通"桃花源"渡口。庭院围墙之上种植藤萝攀附，院外编筑篱笆种植菊花，就像陶渊明"采菊东篱下"；乡村坡岗上栽植梅花，可比诗人陆游寒冬傲骨风格。若遇山泉水流过，就要以竹筒引注石上，既可以饮用，又是很有情趣的小景。山岗观景楼凭栏可以眺远，在窗户前俯瞰冈峦与河流蜿蜒，尽收山花野草景色于户内。

建筑可以营造，花饰可以雕凿。唯有植物有四季色彩，有新陈代谢变化，富有勃勃生机，是城市或者私人庭院最精彩动人景观。

4.3.1　景观轴线

轴线是规划设计中的常用手法，是一根特别的直线。沿此直线两侧景观依顺此线，在其统领下展示。

在运动中，轴线形式可以是一条道路，也可以是一个广场，也可以是一条河流。轴线有强调主题景观作用。在一个复杂的规划中，轴线非常明显，所有景观设计要直接或间接配合它，在轴线经过地区的建筑、绿化、广场、造型在朝向、形式上、特征上都要与其配合，它显示出庄重、对称、严谨。

具有社会统治地位的建筑运用轴线，北京的故宫、法国的凡尔赛宫、俄罗斯的冬宫，以至现代省市甚至县乡的政府大楼，都有大门至主建筑轴线。

轴线是强有力的景观规划要素，一条轴线是有明确方向的、有规律的、统治方向的、严肃壮丽的，但也通常是单调的、有抑制作用的，对其他景观有限制的。

德国 Aachen 城市景观雕塑，位于中轴线顶端。两侧是对称延伸的落叶大乔木

4.3.2　景观焦点

主景观体现景观情感主题，是在平面空间布局中心或者立面构图的焦点，具有鲜明的艺术感染力，是各个观赏视线集中点。配景起着陪衬主景，也是形成艺术整体不可缺少的部分。不同性质、规模、地形环境条件的园林绿地中，主景配景的布置是有所不同的。

主景设计方法：

（1）主体升高：提升主景高度，使主体的造型轮廓突出鲜明，使观赏者产生仰视，并可以周围衬托背景。如南京中山陵的中山纪念堂，设在半山腰，游人拾级仰慕而上；天安门广场平整宽阔，人民英雄纪念碑拔地矗立，形成鲜明的主体景观。

（2）景观轴线和风景视线焦点：轴线具有很强烈的视线引导作用，路线顶端点或几条轴线的交点处，是视线集中的焦点地方，有很强的表现力。例如南京雨花台纪念碑处在中华路顶端，也是景观视线顶端。南京的北京

东路、北京西路端点是明朝建筑鼓楼，中山东路端点是中山门城墙。

（3）空间倾向寓意：景观空间各种要素围绕主景观，具有明确方向的动势向主景观突出。古亭小筑，亭内有历史刻字碑，虽然周围成片高大树林，小筑低矮却成主景，周围环境成为配景。还有广场中央的英雄纪念碑，周围有雕塑和其他构筑物等向心倾向，使得纪念碑形成景观动势焦点。

（4）空间构图的重心：平面构图有几何中心，是景观位置的重要焦点，在此主景鲜明突出。

4.3.3 衬托背景

主景观形象鲜明，主题突出，寓意明确，同时也还需要背景衬托，使得景观空间层次丰富。例如纪念性雕塑广场景观中，主体汉白玉雕塑以常绿的松柏丛为背景，周围衬托以五角枫、栀子花、海棠花等形成中景，再以四季花卉和草坪作为前景。

有些大型建筑物的前面，整体空间宏伟广阔，为了突出建筑物，使视线不被遮挡，只作一些低于视平线的花坛、水池、草地作为前景，以简洁的背景适当烘托即成。

在古典园林景观中，有时以孤立山石作为欣赏主景，背景衬托以清幽竹林，还有时背景衬托以盘曲的松树和梅花。"松竹梅"三种植物环绕观赏立石，石面刻字"岁寒三友"点题。

景观序列变化过程中，也有主景和衬托背景问题。相对稳定静态观赏的为主景观，一瞥而过的为配景。在乘车去风景名胜途中，远处巍巍青山为主景，沿途而过的树林、农田和河流等连续背景便构成基调配景。主景、配景自始至终贯穿整个构图，配景则在不断地变化。主景突出，配景则起烘云托月的作用。

4.3.4 园外借景

借景是将园外景物有选择地纳入园中视线范围之内，组织到园景构图中去的一种经济、有效的造景手法，不仅扩大了空间，还丰富了空间层次，增加景的多样性和复杂性、拉长游程，从而使有限的空间有扩大之感。

陶渊明诗："采菊东篱下，悠然见南山"南山远离庭院，却是悠然而见的借景。杜甫诗："窗含西岭千秋雪，门泊东吴万里船"。西山积雪，门外游船都是作者室内的景观。明朝园林理论家计成说："园林巧于因借，精在体宜。借者园虽别内外，借景则无拘远近。"借景能扩大园林空间，使园林内可以观赏的景观更加丰富多彩。

远山借景入乡村

远借园林庭院外的景观，大多是遥远高处的山峰，视线可达深远。如玄武湖公园借紫金山景观，颐和园借玉泉山及西山景观，无锡寄畅园借锡山景观，济南大明湖借千佛山景观。或筑高台或建高楼或在山顶设亭，以增强远借的效果。如苏州寒山寺登枫江楼可远借狮子山、天平山及灵岩峰，苏州沧浪亭登见山楼可远借农村景色。

近借园林庭院外景观，大多是近邻景观。如苏州沧浪亭园林位于河边，在沿水面河浜处布置假山驳岸，建复廊及面水轩，借观邻居水景。沿河围墙复廊设漏窗，使园外河水景色随意之间渗透"漏"入本庭院内。

仰望天空，蓝天下漂浮的白云，飞翔的群鸟，还有夜空里的明月繁星，都是可借取景观。

昼夜轮回，朝阳旭日，晚霞夕阳；四季变化，春花秋月，夏荷冬梅，皆可借入园林景观。

4.3.5 对应景观

设置两个景点在对称空间里相互对应。在园林绿地中，在轴线或风景视线的两端设景，两景相对，互为对景，烘托景观空间氛围。例如，北京颐和园的佛香阁隔着昆明湖水面对应龙王庙，两景点贯通风景视线，互为相对景观焦点。

对景的处理可以严整规则对称，也可自然不规则对称，可以道路广场地段对应，也可以水面两岸对应，可有时山头相互对应。

4.3.6 区分景观

把绿地景观划分成若干空间区域，空间各有特色，丰富变化。形成趣味无穷，意蕴横生的景观整体。

抑掩景观，为了显示美色景观，设计出事先抑制视线、引导空间转变方向，造成"山重水复疑无路，柳暗花明又一村"的境界。有时候在景观区域入口处，采用这样设计手法，欲扬先抑，欲露先藏。障景的布置宜自然，多采用不对称的构图，构图宜有动势，以便引导游人前进。景前留有余地，供游人逗留、穿越。掩映障景也可用来隐蔽不够美观和不能暴露的一些地区和物体。障景手法以及使用材料多样，有山石障景、建筑墙壁障景、树丛绿化障景等等。苏州拙政园，在进入腰门后，迎面布置假山，山上布满奇峰怪石，藤萝荆棘，挡住视线，挡住了去路。但绕过假山，竟是一弯池水，远香堂、南轩、香洲等景色呈现目前。

隔离景观，景观空间分隔，增加构图变化，使园景深远莫测。水上设堤桥，使水面有分有聚，有隔有通，造成了景观深远曲折的境界。如南京玄武湖公园，湖面广阔，用柳堤桥梁、洲岛等来划分，造成若断若续的景面，使人泛舟湖上，总有游不尽看不完的境界，增加景观的深远和层次。中国古代庭院许多三合院、四合院组成，各院之间也常用隔景手法，园林以墙开漏窗，使各区景色透过门廊漏窗，时隐时出。

4.3.7　隐约漏景

（1）框景：以庭院建筑的窗框、门框有选择的摄取室外景观。特别是园林里的圆形拱门，很有画框之寓意。扬州瘦西湖上的钓鱼台的小亭中通过两上大圆洞窗，一框白塔，一框五亭桥，从框中观赏白塔和五亭桥。《园冶》中谓："藉以粉壁为纸、以石为绘也。理者相石皱纹，仿古人笔意，植黄山松柏、古梅、美竹，收之圆窗，宛然镜游也"。李渔《闲情偶寄》谈到室内设"尺幅窗"或"无心窗"以收室外佳景，也就是框景的应用。

（2）夹景：以建筑街巷或者高耸树丛排列，形成了较封闭的狭长空间，以长长的透视通道，突出空间端部的主题景物，使得景观形象鲜明突出，视觉有深远感。

（3）漏景：漏景是含蓄而又隐约而出现的，而不是一览无余的开敞感觉。"春色满园关不住，一枝红杏出墙来。"一枝美丽花卉从深深的封闭庭院高墙伸漏出来，预示着墙内还有大面积花草风景烂漫。漏景也可通过树干、疏林、飘拂的柳丝或者零碎的秋叶中取景。"疏影横斜水清浅，暗香浮动月黄昏。"在水溪旁月光下，婆娑的梅花枝干交织，隐约地散发出一阵阵幽香。

苏州留园入口，华步小筑庭院景观（图源自刘先觉、潘谷西《江南园林图录》）

(4) 添景：在窄小建筑空间，墙拐角处，或者步行长廊转折处，放置一块石头背景衬托有一株芭蕉，或者几丛竹林，形成有意味的景观小品。

园林拱门"框景"

4.3.8 季相色彩

自然色彩呈现于花草树木、山石水体、天空云彩、鸟兽虫鱼之间。

植物的叶色主要为绿色，但是也有深绿、翠绿、草绿、浅绿的区别。秋季有枫树变红色，还有秋叶橙红、深红等，银杏变金黄色，也还有秋叶橙黄等。花卉色彩斑斓，鲜艳夺目，有丰富的万紫千红姿态。

植物补色对比设计可以取得鲜明的景观色彩效果。在大面积草地或者大面积树林之间，种植大红的花木和花卉，能取得对比效果。还有黄色与紫色、青色与橙色、金黄色与大红色、橙色与紫色的花卉配植对比，显示出分外艳丽的色彩感觉。尤其在灰色建筑物前或广场上，色彩效应更好。

植物冷色与暖色的设计增加环境和谐效应，寒冷地区宜植红色与黄色等暖色花卉，炎热地区宜植青色与青紫色等冷色花卉。白色为中和色，在暗色调的花卉中渗入大量的白花，可使色调明快起来。在对比色中渗入白色花卉，可以缓和对比的强烈情调。

近似色也可以依据其细微差异，设计出丰富的色泽景观。树木叶色深绿、翠绿、草绿、浅绿等，近似而有差异，研究其中深浅明暗的色调，可组成细致调和而有深厚意境的绿色景观。

树木一年四季色叶变化，带来又带去连绵不绝的色彩更迭，也富有社会和人生哲理寓意。

4.3.9 题字点景

根据景观空间环境的特点，以诗词语言命名，使得景观环境具有浪漫的艺术境界。

西湖十景有"断桥残雪"，是冬天景观，"三潭印月"是夜晚景观，"苏堤春晓"是春天早晨景观，"曲院风荷"是夏天观赏荷蒲的景观。"双峰插云"是远观云山，"花港观鱼"是近观泉鱼。"虎啸奔雷"是听的，"金桂幽兰"是嗅的。避暑山庄有万壑松风、云山胜地、白塔晴云等。而黄鹤楼、烟雨楼、大观楼、小金山、狮子林、沧浪亭、落帆亭等景点由三字题名。

南京有"金陵四十八景"，石城霁雪——清凉山石头城上的雪景；钟阜晴云——紫金山上的云景；鹭洲二水——江东门外白鹭村一带的古白鹭洲，李白诗"二水中分白鹭洲"；凤凰三山——城西南露岗凤凰台遗址上远眺江边的三山，李白诗"三山半落青天外"；龙江夜雨——下关龙江边夜听雨声；虎洞明曦——东南郊高桥门外黄龙山附近的虎中观看黎明时的阳光；东山秋月——

中秋节在江宁东山镇的土山上赏月；北湖烟柳——玄武湖畔台城上的垂柳和烟景，唐韦庄诗"无情最是台城柳，依旧烟笼十里堤"；秦淮渔唱——在秦淮河上聆听渔歌；天印樵歌——在方山郊游时听到樵歌；青溪九曲——城东的青溪很多河湾，夹岸均垂杨亭馆；赤石片矶——城东南今雨花门外的，由红色砂岩构成的秦淮河畔小岗；楼怀孙楚——李白在金陵时常饮酒的"孙楚酒楼"，遗址约在今水西门水关一带的秦淮河畔；台想昭明——钟山北高峰上的梁代昭明太子读书台，一说在江宁湖熟的梁台；杏村沽酒——今城西南花露岗下的古杏花村，相传是唐代诗人杜牧买酒处；桃渡临流——夫子庙利涉桥畔古桃叶渡，相传是东晋王献之妾桃叶渡秦淮处；祖堂振锡——唐代法融祖师在祖堂山得道，成为佛教南宗第一祖师；天界招提——中华门外的天界寺，原名龙翔寺，与灵谷寺、报恩寺并称为明代金陵三大寺；清凉问佛——清凉山的清凉寺；嘉善闻经——幕府山东南铁石岗石佛阁的嘉善寺；鸡笼云树——鸡笼山的景色；牛首烟岚——牛首山的景色；栖霞胜景——栖霞山的景色；达摩古洞——幕府山东北麓的达摩洞，传梁代达摩法师渡江前曾在此休息；燕矶夕照——在燕子矶观夕阳；狮岭雄观——狮子山上的卢龙观；来燕名堂——今夫子庙对岸乌衣巷内东晋王谢大族故居的"来燕堂"；报恩寺塔——中华门外报恩寺的九级琉璃宝塔；永济江流——在燕子矶的永济寺观音阁俯视江流；莫愁烟雨——莫愁湖"荷亭消暑，柳岸追风"之景观；珍珠浪涌——今鸡鸣寺至浮桥的古珍珠河；长干故里——中华门外古长干里；甘露佳亭——雨花台高座寺甘露井旁的亭台；雨花说法——相传梁代云光法师在雨花台上讲经，天上落花如雨，雨花台即因此得名；星岗落石——约在今鼓楼岗一带的古"落星岗"；长桥选妓——今夫子庙对岸一带明清妓院的集中地；幕府登高——登幕府山眺望长江；谢公古墩——五台山永庆寺前东晋谢安登临过的高墩；三宿名岩——下关静海寺附近南宋名将虞允文曾休息三夜的三宿岩；神乐仙都——光华门外的道观神乐观；灵谷深松——灵谷寺周围的上万株古松；献花清兴——祖堂山北峰献花岩的景色；木末风高——雨花台永宁寺侧的木末亭，一说在方孝孺祠内；凭虚远眺——在鸡笼山最高处的凭虚阁远望市区及玄武湖；冶城西峙——朝天宫所在的冶城山峙立于城西；商飙别馆——钟山南麓梅花山前的南朝离宫商飙馆遗址；祈泽池深——南郊高桥门外祈泽寺的泉水，传说宋时东海龙女来此听法师讲法华经后所开；化龙丽地——幕府山北麓临江的"五马渡"，相传西晋末年时琅琊王司马睿与彭城王等皇族分乘五马来此地，琅琊王所乘之马忽然化龙飞去，成为司马睿称帝前的吉兆。

景区题字以中国书法描写，用对联、匾额、中堂、石碑、石刻等形式表现，对映山光水色、花开花谢，在自然界景观中透露着一层又一层人生意境。

唐朝张继《枫桥夜泊》诗："月落乌啼霜满天，江枫渔火对愁眠；姑苏城外寒山寺，夜半钟声到客船。"使苏州的寒山寺充满文人诗情画境千古称颂。

4.4 景观序列布局

当将一系列的空间组织在一起时，应考虑空间的整体序列关系，安排游览路线，将不同的空间连接起来，通过空间的对比、渗透、引导，创造富有性格的空间序列。在组织空间、安排序列时注意起承转合，使空间的发展有一个完整的构思，创造一定的艺术感染力。

导游路线一般宜曲不宜直，曲的路线比直的路线富于感染力。为了引起游兴，道路宜有变化，可弯可直，可高可低，可水可陆，沿途经过峭壁、洞壑、石室、危道、泉流，跋山涉水，再通桥梁舟楫，蹊径弯转，开合敞闭，经历不同境界。但是创造性的发挥，不要单纯从空间布局的形式美出发，脱离景观多方面的功能要求，而走上形式主义的道路。

在景观生态学中，景观韵律（Landscape Metrics）用来描述景观结构的各个方面特征，将韵律特征与一定的生态功能与过程联系起来研究。韵律是用来表示音乐和诗歌中音调的起伏和节奏感的。自然界中的许多事物或者现象，往往由于有规律的重复出现或者有秩序变化，而给人们韵律节奏感觉。例如一天昼夜变化，日出日落，一年四季轮回；还有自然界的山峦连绵起伏，河流的蜿蜒曲折，森林的茫茫深郁。

人们发现自然界的韵律，加以景观模拟和运用，从而创造各种有节奏、有秩序和连续的美丽形式，有连续的韵律、渐变的韵律、起伏的韵律。例如音乐节拍，诗词格律，体操节拍，武术套路等。

当游人沿着林中小路曲折前走时，枫香林、银杏林、黑松林等风景不断地一重又一重地层层展开，一面一面又不断地一重又一重地消逝，再抵达河边，登上山峦。沿途的层层山，迭迭水，萦迂曲折，好像音乐中的音群或乐句一样，不断地反复演奏，最后组成一个完美的乐章。

这种变化多样的连续风景，有开始，又起伏曲折运行，再有高潮，最后有结束，称为连续风景序列。观察者视点沿着曲折起伏的景观路不断改变着，视距也由远至近，再由近至远。这种视线与景物保持了一定的相对连续关系，在前进中相对地沿着一定轨迹。这种变换着相对位置的运动连续着的风景，由许多局部景观构图组成一种连续变化整体。

自然界的山峦、河流以及树丛是有其自然韵律分布的，形成特有的景观序列审美。山峦起伏错落就像是河流波浪起伏的律动。在景观道路设计中，连绵数十里，永远是一个树种，觉得单调；但是沿途每株树都不相同，则杂乱无章。如果一株枫香，间隔再种植一株银杏，之间还有灌木丛植，形成群落和品种的重复节奏，这就造就了景观连续序列的多样统一。

这就像是音乐作曲的多样统一规律，需要强调节奏感和韵律感。旋律和节拍表现有强弱、长短、疏密、高低等对比关系的配合。在景观的形态方面有刚柔、曲直、方圆、大小、错落的近似节拍变化。当形、线、色、块等元素整齐而有条理地重复出现，或富有变化地重复排列时，就可获得韵律节奏感。景观序列节奏是由简洁造型与微妙错落构成，其中起伏关系孕育着一种丰富的生命律动。

风景序列的连续方式

在景观游览过程中，景观设计除了节奏问题，还有空间剧情的表现问题。观赏层层叠叠的山水，景观变化无穷，时而使得游人探寻，时而使得游人惊讶，使游人能有趣味观赏各个景点和景区。园林景观线路设计在展开风景的过程中，就像是一场戏曲演出布局，通常亦有程序可列为：序景、起景、发展、转折、高潮、结景和尾声，景观连续的空间就像是在叙述一个故事。

连续序列的布局的形式，可以有规则式和自然式之分。

规则式的连续序列，景物沿着明显的中轴线开展，轴线两侧的建筑和树丛配景，左右对称。南京中山陵建筑群与雨花台烈士纪念公园，都是规模宏大的规则式连续构图。法国巴黎的凡尔赛，其纵横放射每一条轴线，都构成了完整的规则式连续序列布局，全园以强烈的主轴构成的连续对称主景观，同时付轴构成各自体系的对称配景。

自然式的连续序列，景观沿着主干道，顺应自然地形的河流或者山坡，有自然韵律地错落展开。风景区道路绿化以自然群落式布局，而不宜模仿城市行道树整齐单一种植。

苏州留园整个庭园空间布局主次脉络分明、序列结构清晰完整。以园林入口为例，景观空间序列精心设计，抑扬顿挫，显隐结合。

留园大门进去是两面高墙夹道，这段夹道有"抑景"作用。走道转折见有封闭天井庭院小景"古木交柯"，为"藏"。从右侧漏窗中，隐约看到窗外湖光山色和参差楼台为"漏"。

浏览一幅幅无心画，穿行月洞门，"庭院深深几许"之后，只觉一片生机，宛然在目。到达"曲溪楼"，在"濠濮亭"坐下，才能见到园外豁然开朗风景，

苏州留园入口处"古木交柯"景观（图源自刘先觉、潘谷西《江南园林图录》）

这是"露"。

"濠濮亭"所见的是山水回抱,为"露"的第一景。"闻木樨香轩",俯视对岸曲溪楼立面图画,为"露"的第二景。"涵碧山房"为近景的山水园林,为"露"的第三景。

最后至绿荫小憩,芭蕉送翠,竹影摇空,闲庭信步,为游园尾声。

杭州黄龙洞风景区在半山坡,入山门曲折上行,沿途有水池、建筑、庭园等,一系列景观空间布局,其空间的开合收放,明暗和光影的交替反复,山水和竹石的藏露隐现,建筑空间与园林空间的流动渗透,交相辉映;起、承、转、合,抑扬顿挫的风景序列。

风景序列的节奏

(1)间隔断续

在景观连续布局中,简单的直线连续会有单调、刻板的感觉。例如不间断的直线道路。最简单的风景连续方式就是单纯的不间断的连续。这种自始至终没有间断,没有曲折,显得平淡乏味。

风景绿化带需要连续而有节奏,使连续的景物有断有续。

长长的连续景观带,花坛、花境、绿篱,林带,建筑群,应该有断有续,使连续风景产生节奏变化。

(2)起伏曲折

公园中景观延伸展示在立体面上应该有起伏,在水平面上应该有曲折,例如玄武湖长堤两岸的土山和林带,富于曲折和起伏,林带由垂柳、香樟、樱桃构成的林冠线有起有伏,河流两岸的林缘线也有曲折变化,因而沿湖边走去,感觉构图有动人的节奏。连续山脉,连续建筑群,连续的林带,游览的道路,用起伏曲折来产生构图的节奏。

苏州古典园林的立面图也可以看出建筑群起伏和断续构成的节奏。

中国古典园林中的园路,要求峰回路转,不仅在平面上有曲折,而且在竖向上有起伏,而且成功地创造出丰富的节奏来,例如北海静心斋的园路,苏州留园中部水池周围的游廊。

(3)重复韵律

连续的景观延伸展示,其中的景物还应该连续交替着反复出现,以示其有规律地节奏变化。这和音乐创作一样,相同韵律反复出现,以烘托主题乐曲。

例如南京雨花台摆有花圈的连续花坛群,不断的连续反复,构成连续花

黄龙洞平面略图
1-山门 2-前殿 3-三清殿

杭州郊区黄龙洞景观序列

坛群，简单反复的节奏庄严有力，一般作为配景来处理。

在自然式的林带设计中，简单的一棵棵植物重复出现，也可以是的一<u>丛丛</u>植物重复出现，也可以是三<u>丛</u>一组合的植物重复出现。

（4）显隐开合

开门见山的景观：在景区主要入口就显示其主题景观，中心焦点或者核心景点，始终呈现在游人前进的方向上。特别是在纪念性景区，可用对称或均衡的中轴线引导视线前进，主要景观位于中轴的尽端。在轴线沿途有一系列次要景色配合。如南京中山陵园、雨花台、北京天坛公园。

半隐半现的景观：在山林景区的古刹寺庙，隐约可见建筑一角。沿着弯曲延伸的登山石径，进入山林区，寺庙塔顶显现在前方的树丛山石之中。继续前进，塔影又时隐时现。"远上寒山石径斜，白云生处有人家"，引导游人去探景。

深藏不露的景观：古代庭院内书房或者山林禅院都要求偏僻隐蔽的地方，"曲径通幽处，禅房花木深。"避开社会喧闹，独处清幽之境地，但同时又可以方便地通向庭院景区。选择这样的地方构筑斋馆房室，作读书修炼之隐秘地。"人闲桂花落，夜静春山空；月出惊山鸟，时鸣春涧中。"读书隐士在自然静僻而幽雅空间之中，深得山林的意趣。

风景区内把景点深藏在山峦丛林之中，游人沿途探索景观，序列景观由游览过程逐渐展开。沿途曲折环绕，路转峰回，花明柳暗，豁然开朗。南京的灵谷寺和无梁殿，杭州的灵隐寺和龙井都是隐藏在山谷丛林之中，深谷藏幽，含蓄不露。

南京钟山风景区内隐
蔽的古迹遗址

(5) 抑扬顿挫

沿途风景有时候显示开朗辽阔，有时候显示幽暗闭锁，风景空间呈现明暗开合交替，产生沿途节奏感。例如游人在风景区行走，有时候有辽阔的鸟瞰风景，有时候有幽闭遮天的森林，而且森林的林冠有起伏，林缘线有曲折，游览道路本身又有弯曲延伸。同时，随着山峦起伏的变化，河流蜿蜒环绕，因而使游览空间时而开朗，时而闭锁，产生空间抑扬顿挫的节奏感。收放与开合地前进，使连续风景产生多样统一的节奏。

当将两个存在着显著差异的空间布置在一起时，由于大小、明暗、动静、纵深与广阔、简洁与丰富等特征的对比，而使这些特征更加突出。例如，南京瞻园采用小而暗的入口空间、四周封闭的海棠小院、半开敞的玉兰小院等一系列小空间处理入口部分，作为较大、较开敞的南部空间的序景来衬托主要景区。

景观序列是在时间轴线中开展，将若干空间景观连续起来形成动态序列布局。开始称为"起景"，中间有个高潮"主景"，结束还得"结景"。

拙政园中部，可以分为四个景区；这四个景区也好像是由四个乐章组成的一部交响乐。

进门至"远香堂"平台，为第一个景区；进门一座黄石假山，是全园的序幕的"起景"；是用"善露者未始不藏"手法；意在世外桃源的理想。走出山洞，见到远香堂南面便是"中景"，作为承和转和过渡地段。走出远香堂到达荷池前的平台，则是这一乐章的高潮和主题，也是全园的高潮和主景。就此这一乐章的结束。

"枇杷园"至"海棠春坞"，为第二景区；枇杷园月洞门即第二景区的"起景"为"主景"，这个景区又可以分为三个空间，即枇杷园、听雨轩和海棠春坞。

"梧竹幽居"至"别有洞天"为第三景区；出海棠春坞至梧竹幽居亭，这是第三乐章开始的"起景"，这里是全园平视景观，透视景深最长的风景，约长120余米，而且两岸的夹景曲桥花木层叠，格外富于景深的感染。再上北山"雪香云蔚亭"，为景区的"主景"，俯视对岸，一幅楼台参差、花树繁荫的庭园长卷；再登上"见山楼"，是第三景区的"结景"。下楼至园西"别有洞天"与"梧竹幽居"呼应为深远夹景，这是尾声。

"香洲""小沧浪"最后达"倚玉轩"为第四景区。漫步至香洲为"起景"。香洲是个画舫，以香草芝兰代表园主"维德之馨"的意境；再到"小沧浪"，为这一乐章的高潮，这里有空间层次深远、夹景丰富的透视最深极远的美丽画境，有"志清意远""众人皆醉我独醒，众人皆浊我独清"的高尚品格的意境。继续前进，到达"倚玉轩"东西平台结景。

远香堂前的平台，周而复始，既是全园的"起景"，是第一景区的起景，又是全园的"结景"，是第四景区的结景，也是全园生境、画境和意境的高潮。为全园的"起景"、"结景"和"主景"三者结合的序列布局中心。这里是景观布局中心，有"山回抱、水萦回"理想意境，景观空间丰富，是情景交融的理想境界。

交响乐"序曲""起景""展现""过渡"和"结尾"的境界。风景园林空间序列景观布局也是此理启承开合，景观多个节点贯通主脉络，抑扬顿挫地一一展现，以细节呼应整体表现一个主题。

4.5 景观视域分析

4.5.1 赏景状态

欣赏景观状态，空间的导向是重要的，其中包括观察者在整个空间结构中所处的位置，指引某个目的地的方向，标示已走过的距离，明确的出入口等等。一条林中小路蜿蜒伸向远方，而对于观察者在运动中去感受，前面可能将是开敞的河湾，也可能是安静的小木屋，也还可能是隐秘的墓碑。

欣赏景观的运动形式也是含有寓意的，车行或者步行，直接的或间接的、流动的或静止的面对景观。同一个景观，以车行快速浏览序列空间，或者沿路漫步，或者单独静止观赏，产生的观察效果是不一样的。

静态观赏，游人在站立或者蹲坐的静止状态观赏风景，就像是画家写生风景画。静态观赏则多在亭廊台榭中进行，被观赏的景观其空间构图主景和配景固定不变。细细品味，深入观察。静态空间位置稳固，也可以造就平静而幽远的景观意境。

动态观赏，游人在运动状态中观赏风景，游人乘车、乘船或者步行方式进行游览。沿途景观成为一种动态的连续构图。西湖风景区为例，自湖滨公园起，经断桥、白堤、孤山、西泠印社至平湖秋月，一路湖光山色交替变更，均可作动态观赏，游客随步履前进而观赏风景不断发生变化。

德国中部火车沿途景观

游览者运行的速度不同或者运行的方式不同，对于景观审美感受也各异。游客乘车快速游览，景观在瞬间即向后消逝，往往是一瞥印象，只是注意景观大略的体量轮廓和天际线。游客乘船水面游览，观赏视线宽阔又深远，视线选择也较自由。游客缓步慢行，既可注视前方，又能左顾右盼，甚至回头留念，景观向后移动的速度较慢；景观与人的距离较近，可以观赏树木枝叶和山石纹理细节。

步行游览应是动态游览的主要方式。车行观赏沿途重点景观应有适当视距，并注意景观不要零乱、不要单调，连续而有节奏韵律，丰富而有整体感。一般对景观的观赏是先远后近，先群体后个体，先整体后细部，先特殊后普通，先动态景观而后静态景观。风景区规划以及景点设计应该考虑动态观赏与静态观赏结合，各种方式的游览要求，创造出自然连续而又形象鲜明的景观空间。

4.5.2 观赏视线距离

观景点与景观物之间距离关系,对于观景效果很有影响。固定某个观赏点，静观花草树木、建筑山石。或者沿着运动路径变化的观赏点，形成一系列的观赏效应、行云流水、山峦森林。

苏轼游览庐山，因为观赏距离变化而感觉景观变化，写下名句："横看成岭侧成峰，远近高低各不同；不识庐山真面目，只缘身在此山中。"

树木成为我们所喜爱的自然景观中最重要的要素。这里简要分析观赏树木与距离关系：

在近景观赏，测算在100m内，树木都可看成单独的个体。每棵树的叶、干、枝都是清晰可辨的，人们很容易把树的大小和自己的身高联系，以人体身高为尺度，来评价树很高大或者矮小。

在观赏近景时，我们可以听见风拂树林的声音，或看见树枝轻舞，树叶沙沙。特别是在庭院之中，观赏树木花卉风景的细节，例如雨打芭蕉，竹影摇曳，梨花春雨等。

在中景观赏，测算在100～300m范围内，只能看见树梢的轮廓，看不清单棵树的细节。我们看见的是成片的树林。在这种距离下，就无法把树看成个体，或是种类不同的树丛，而是被看成构成整个可视面上的一层景观。同时环境整体的印象也起到一定作用。你只是看，而不是在感觉，地形的变化也成为构图的重要因素之一。通常我们讲到规划景观时，中景是景观的主要成分，中景下的各种地形类型会给我们造成强烈的深度感。在中景距离下，雾霭开始影响景色整体外观，造成光和景的微妙变化。

在城市景观设计规划中，城市景观节点、制高点控制，景观走廊往往以这样的观赏视线范围控制。

在远景观赏，在500m以外，看不清树梢的轮廓线，肉眼观察到的只是大的地貌特征如山谷、山脊或丛状分布的植物。由于天气的影响，结构是整体的，而颜色只能呈现朦胧的深浅。山的颜色比天空淡，可能起到了强调中景地貌的作用。远景最显著的特点是山在天空映衬之下的轮廓线。只有观察重叠部分的时候才能确定远景的连续性，因为远是几乎没有深度感。远景常作为背景。

在风景名胜区，连绵不断的山峦河流景观，往往呈现远景观赏效果。"敕勒川，阴山下，天似穹庐，笼盖四野。天苍苍，野茫茫，风吹草低见牛羊。"

季候变化对于远近景观清晰度影响很大，阴晴雨雪，夕阳晨曦，春夏秋冬，有的宜远观，有的宜近赏，产生的美学感觉很不同。有些景观在朦胧月色中来欣赏，或者有些在烟雨连绵状态具有美感，南京六朝著明景观"南朝四百八十寺，多少楼台烟雨中"。

4.5.3　观景角度

景观物与观赏者之间共同构筑了一个空间角度都有一个共同的变化程度，随着观赏者与环境的关系变化而变化。随着此要素的变化，观光者看到的也许是一幅生动的画面，也有可能是平淡无奇。就像拍摄一幅照片，面对同样景观物的不同角度取景拍摄，可能是精彩的，也可能平庸的。

由于这个要素更易受到人为控制影响，对于风景细致观察和研究显得很重要。

平视观赏：在平坦地区，视平线与地平线平行而伸向前方，向前观赏，景物深远，使人有平静、深远、安宁的气氛。驻岸远眺湖泊江河，视线可以延伸到较远的地方，直至无穷天边，李白《送孟浩然之广陵》有著名诗句："孤帆远影碧空尽，惟见长江天际流。"

仰视观赏：在有限的空间范围内，使得观赏者视线上仰观景，景物以高尺度感染力，形成雄伟崇高的气氛。往往在城市广场中纪念雕塑、纪念碑空间设计中，为了强调主景的崇高伟大，常把视距安排在主景高中度的一倍以内，不让有后退的余地，运用错觉感景象高大，这是一种艺术处理的手法，形成仰视景观。在自然风景欣赏中，《诗经》有句："高山仰止，景行行止。虽不能至，然心向往之。"

俯视观赏：观赏者所在位置，视点较高，景物多开展在视点下方。观赏者居高临下，有广阔视线全景观赏。在风景名胜区，经过艰苦努力攀爬，而上山顶，"登泰山而晓天下"，"会当凌绝顶，一览众山小"。在城市制高点，俯瞰整个城市地理和街区景观；"白日依山尽，黄河入海流。欲穷千里目，更上一层楼"。俯瞰脚下风景，有许多人生和社会哲理的感慨。

德国柏林波斯坦公园雕塑

鸟瞰：更加辽阔空间的俯视，往往是大尺度大场景。登上险峻的高山之巅，居高临下 360 度视角眺望，俯览深沟峡谷、江河大地，无限的风光就在脚下，人生又有感悟知晓。

4.6　景观地形设计

自然地形是所有景观的依托基底，地形的状况与容纳游人量有密切的关系，平地容纳的人较多，山地及水面则受到限制。一般较理想的比例是，水面占 1/4～1/3，陆地占 2/3～3/4，陆地中平地为 1/2～2/3，山地丘陵为 1/3～1/2。

地形是构成整个园林景观的基本骨架，地形布置会直接影响到其他要素的设计。建筑、植物、落水等景观常常都以地形作为依托。

凸起地形具有开阔视线可以俯视鸟瞰，顶部建观赏庭台远眺。同时，由于制高点而形成景观区主景。例如，南京覆舟山的玄奘塔由于处于山巅而形成了该景观区的主题标志景观。在广阔的玄武湖的衬托之下还能产生一种控制感。

国外某小型花园水景观与台阶

凹地形景观幽深，相对比较封闭。常用造景手法是挖掘水池，静态观赏。

地形设计的另一个任务就是，使改造后的基地形成良好的地表自然排水，避免过大的地表径流。若原地形中有过陡或大量地表侵蚀现象发生的地段也应进行改造。

要确定需要处理和改造的坡面，需在踏勘和分析原地形的基础上做出地形坡级、地形排水类型图，根据设计要求决定所采用的措施。当地形过陡、空间局促时可设挡地墙；较陡的地形可在坡顶设排水沟，在坡面上种植树木，覆盖地被物，布置一些有一定埋深的石块，若在地形谷线上，石块应交错排列等。在设计中如能将这些措施和造景结合起来考虑就更佳了。有景可赏的地方可利用坡面设置坐憩、观望的台阶；将坡面平整后可做成主题或图案的模纹花坛或树篱坛，以获得较佳的视角；也可利用挡墙做成落水或水墙等水景，挡墙的墙面应充分利用起来，精心设计成与设计主题有关的叙事浮雕、图案，或从视觉角度入手，利用墙面的质感、色彩和光影效果，丰富景观。

在意大利台地园中，自然起伏的地形十分利于建造动态的水景，有的水台级就是利用自然起伏的地形建造的。地形的起伏不仅丰富了园林景观，而且还创造了不同的视线条件，形成了不同的性格空间。

4.6.1 地形高差和视线

地形隆起可以阻挡视线，从而分隔空间或引导空间。地形空间变化使得观景视线抑扬顿挫，开合丰富变化。景物在地形变化过程显示出多样的空间序列。

平地和坡地，相互过渡形成起伏有趣地形，种植花草或其他地被植物，也还要注意道路、明沟和坡度的排水，以防积涝。大片的平地，可有高低起伏的缓坡，形成自然式的起伏柔和地形，避免坡度过陡过长造成的水土冲刷。

坡地就是倾斜角度不同的地面。缓坡是坡度在8%～12%之间，一般仍可作些活动场地之用。陡坡是坡度在12%以上，作一般活动场地较困难，在地形合适有平地配合时，可利用地形的坡度作观众的坡台或植物的种植用地。

4.6.2 景观山体

以土石混合堆砌形成园林中山体景观，成为具有制高点的主体高程景观。游人攀登游览，并且居高远眺。由于山体是园林主景，必须考虑山体高度应该超出周围树冠顶高线。山体与建筑体量相适宜对应，顺应形势，不可以喧宾夺主。

山体蜿蜒，还可以起到景观的联系作用。在园路和交叉口旁边的山体，可以防止游人任意穿行绿地，起组织观赏视线和导游的作用；在地下水位过高的地段堆置土山，又可以为植物的生长创造条件。山体的形状应按观赏和功能的要求来考虑，有的是一座山峰或几座山峰组合的山，可有"横看成岭侧成峰"的变化。几座山峰组合的山，其大小高低应有主从的区别，这样从各个方向观赏可以有不同的山体形状和层次的变化。观赏的山其高度可以比供登临的山低些，但要在1.5m以上，否则一眼望穿不能起到组景的作用。

北京颐和园的万寿山由于其高度和体量而是全园主体景观，建筑由山麓缓

公园竖向地形分隔景观空间

坡开始，拾级而达山顶。既是全园观景眺望点，也是全园被观主焦点。

土石混合山体，以土为主要组成，石块在山坡或山麓作为挡土屏障，也可作为沿途点缀情调。

在临水面，以土、石、植物相互交融，地形高差错落，形成丰富多彩的山水交界空间。

4.6.3　景观水体

水有随遇而安的柔性，中国古代哲人老子指出："上善若水；水善利万物而不争，处众人之所恶，故几于道。"此意思是有高尚品德者的人格像水那样，柔弱而停留在卑下的地方，滋润万物而不与争。愿意去众人不愿去的卑下的地方，愿意做别人不愿做的事情。这样最接近于"道"。

水是园林中一个永恒的观赏主景。自然界中有海洋、江河、湖泊、瀑布、溪流、涌泉等形式水的景观，是观赏乃至人生修炼不可缺少的。

水体能使园林产生很多生动活泼的景观，形成开朗的空间和透景线，是造景的重要因素。日本园林重视水景的创造，即使是结合禅宗发展起来的枯山水也仍不失水的含义，在枯山水中用耙出的水圈或水纹状白沙代表水，用或矗立或卧的石块代表山岛来象征永恒。水石相结合创造的空间宁静、朴素、简洁，古代或现代水景设计中用块石点缀或组石烘托形成优雅景观空间。

中国古代水景观设计以自然蜿蜒溪流形态，意寓幽深，源远流长。而西方古代水景观设计以笔直的水道，几何形的水池，规则对称。

1. 水面

水面的大小是相对的，水面范围与周围环境景观的比例关系是关键。同样大小的水面在不同环境中所产生的效果可能完全不同。

把握设计中水的尺度需要仔细地推敲所采用的水景设计形式、表现主题、周围的环境景观。小尺度的水面较亲切宜人，适合于宁静观赏空间，水体驳岸曲折，空间蜿蜒，构景多样。苏州园林中水面的岛、桥及岸线景观组合形成深远的风景透视线，堪称水尺度水面的典型例子。

尺度较大的水面，景观浩瀚缥缈，在自然风景区或者大型城市公园内水面视域开阔、坦荡。

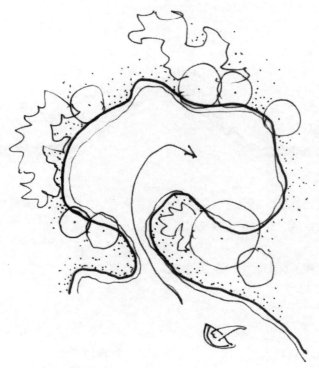

水湾有诱人的景观效果

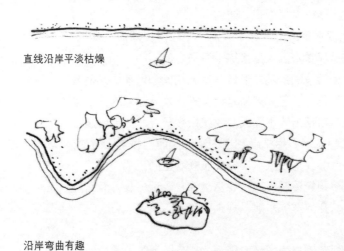

直线沿岸平淡枯燥

沿岸弯曲有趣

设计用水面限定或者划分空间，有一种自然形成的感觉，使得人们的行为和视线不知不觉地在一种较亲切的气氛下得到控制，这无疑比使用墙体、绿篱等手段生硬地分隔空间、阻挡穿行要略胜一筹。由于水面只是平面上的限定，故能保证视觉上的连续性和渗透性。另外，也常利用水面的行为限制和视觉渗透来控制视距，获得相对完美的构图；或利用水面产生的强迫视距达到突出或渲染景物的艺术效果。例如，苏州的环秀山庄，过曲桥后登栈道，上假山，左侧依山，右侧傍水。由于水面限定了视距，使得本来并不高的假山增添了几分峻峭之感，这种利用强迫视距获得小中见大的手法在空间范围有限的江南私家宅第园林中很多。

德国汉诺威 Hannver 沿河植被景观

用水面控制视距、分隔空间还应考虑岸畔或水中景物的倒影，这样一方面可以扩大和丰富空间，另一方面可以使景物的构图更完美。利用水面创造倒影时，水面的大小应由景物的高度、宽度、希望得到的倒影长度以及视点的位置和高度等决定。倒影的长度或倒影量的大小应从景物、倒影和水面几方面加以综合考虑，视点的位置或视距的大小应满足较佳的视角。

开展水上活动的水体，一般需要有较大的水面、适当的水深、清洁的水质，水底及岸边最好有一层沙土，岸坡要和缓。

无论开展多少娱乐活动，都一定要保留部分水面作为观赏，不要泛滥成灾地到处搞水上游戏。

平静的水面给人以明洁、清宁、开朗或幽深的感受。如湖泊、池沼及潭。还有井也是属于静态的水体；动态的水体有湍急的水流，喷涌的水柱、水花或瀑布等。给人以明快清新、变幻多彩的感受，如溪涧、跌水、喷泉、瀑布等。

园林中的大片水面，例如玄武湖、太湖、昆明湖一般有广阔曲折的岸线与充沛水量。给人以开阔无际的感觉。广阔的水面，容易显得单调平淡，故在园林中常将大的水面分隔，形成几个趣味不同的水区，增加曲折深远的意境和景

自然式溪流景观设计

观的变化。如颐和园的昆明湖以十七孔桥接以孤岛，成为南湖的分隔线，以西堤与小堤，形成昆明湖、南西湖、上西湖、下西湖四个湖区。分隔水面时，为联系水系，便于泛舟和游人通行，常在适当的位置上设桥，使水面隔而不断。园林中观赏的水面空间，面积不大时，宜以聚为主。

2."池"是较小的水面，"潭"是较深的水面

水池有自然式与整形式。整形式水池在几何形的基础上加以变化。在重点地区或规则式的园林中，常采用整形式的水池。其形状和大小要考虑与四周环境相协调。池岸有用假山石自然堆叠的，也有用条石、片石、块石、水泥板块或砖砌成的，以水泥勾缝、粉面或采用水磨石，也有用陶瓷锦砖、瓷砖砌岸的，还有用钢筋混凝土捣制的。中国古代园林中为配合自然景色，多用自然式的水池。

岛：在较大的水面上，岛可以打破水面平淡的单调感。站在岛上，四周有开旷的空间，故又是欣赏四周风景的眺望点。岛屿的类型有：山岛、平岛、半岛、群岛、礁等。

岛设在水池一侧，忌居中。把水面划分成大小多个空间，而非等间距划分水面。岛的轮廓易自然式，忌几何整形体，岛与岛形态大小不同，切忌雷同。中国古代园林有"一池三山"之说，使得园林之中水面丰富而又神秘。

堤：作为水中通道分隔水区，堤在水面的位置不宜居中，多在一侧，以便将水面划分成大小不同、主次分明、风景有变化的水区。

桥：较近的两岸联系用桥，都能使水面隔而不断，船亦能通行穿过但不宜将水面分为平均的两块，仍需保持大片水面的完整。

园林绿地中的园桥有联系交通、组织导游的作用，而且有分隔水面、构成风景、点缀风景的作用。一座造型美观或有历史价值的园桥，可自成一景，如颐和园十七孔桥，桂林七星岩的花桥。

临水面的平桥，设计使其偏居水面一隅，使小水面有不尽之意，增加景色层次，延长游览时间，还可采用平曲桥跨越两岸的形式，使观赏角度不断产生变化；此二法均是突出它的道路导游特征，削弱它的建筑特征所取得的良好艺术效果。供人们休息凭眺和细观水波、游鱼、浮萍。

加拿大温哥华城郊公园水景

对于大水面需桥分隔时，可局部抬高桥面，如中国古典玉带桥的形式。如此可增加桥的立面效果，避免水面单调，并可便于桥下通船。桥具有建筑的空间轮廓特征，立面的风格、比例尺度应该和周围建筑对比协调。

水岸：水岸有缓坡、陡坡，甚至垂直悬崖。一般水岸不宜有较长的直线，岸面不宜离水面太高。假山石岸常于凹凸处设石矶挑出水面。或留洞穴使水在石下望之深邃黝黑，似有泉源。或于石缝间植藤蔓低垂水面。建筑临水处往往凹凸出几块叠石或植灌木，以破岸线的平直单调。或使水面延伸于建筑之下，使水面幽深。例如苏州网师园水岸结合水景特点叠石，以湖石凹凸成岸景，池之一角临水建观景亭，静望池中涟漪和幽深的石岸。水面广阔的水岸，可以在临近建筑和观景点的局部砌规则式的驳岸，其余大部分为自然的土坡水岸，突出重点，混合运用。河流两岸植以枝条柔软的树木，如垂柳、榆树、乌桕、朴树、枫杨等；或植灌木，如迎春、连翘、六月雪、紫薇、珍珠梅等，宜枝条披斜低垂水面，缀以花草，亦可沿岸种植同一树种。

井：有数千年古井依然水质甘冽，还有历史传说故事。例如镇江焦山公园的东泠泉井、杭州净慈寺枯木井、四眼井等，南京清凉山"还阳井"，井上建亭，题字以点景。

溪、涧：溪流在山间蜿蜒流淌，弯曲萦回，穿行于岩石与花草间，起承开合。构成大小不同的水面与宽窄各异的水流。溪涧垂直处理应随地形变化，形成跌水和瀑布，落水处则可以成深潭幽谷。

瀑布：是自然界水流从垂直山崖落下的壮观景色。瀑布的形式有挂瀑、帘瀑、叠瀑和飞瀑。李白诗句："飞流直下三千尺，疑是银河落九天。"

泉：地面喷出的水流。涌泉多为天然泉水，喷泉多为人工整形泉池，常与雕塑、彩色灯光等相结合，用自来水或水泵供水。喷泉位置常设于建筑、广场、花坛、轴线交点和端点处。为使喷水线条清晰，常以深色墙面或者绿化为背景。

4.7　城市景观的构成

城市的景观，不是"漂亮"、"好看"（Pretty），而是要达到"美"（Beautiful）的境界，要有"哲学的美"（Aesthetics），要有"品位"，要能经得起几千年的审阅。

中国古代"风水意象论"是有关相地立基的专门学术，比较侧重于城市与自然环境的关系。以晋代郭璞《葬经》计，距今1600余年，曾对中国传统建筑文化产生过深刻的影响。明代王玮《青岩丛录》称其为说，主于形势，原其所起，即其所止，以定向位，专注龙、沙、水、穴，称风水四要。

龙：龙为主山。山之绵延去向之脉。故有寻龙捉脉、寻龙望势之说。

沙：为环抱周围的地形地势。

水：水可造就毓秀，水可界分空间，水为血脉财气，吉地不可无水。

穴：穴就是城市或其他建筑选址的落脚点。

按风水四要，中国古代城市形象总结了许多格局，如二龙戏珠、飞龙饮水、将军大座等。经营城市景观讲究背景、前景、对景、借景、衬景、点景、障景、修景等一系列城市设计手法。风水观念受中国传统的儒、道、释诸家哲学以及中国传统美学思想的深刻影响，在不同地区、不同城市又渗入了当地的民风民俗，特别是在研究中国的历史文化名城的城市形象时，不从风水入手往往抓不住真谛所在，以至保护和利用都不得要领。

西方现代城市设计理论比较侧重于城市本身的形象设计。凯文·林奇(Kevin Lynch)的著作《城市意象》被誉为现代城市规划理论里程碑，导入了易解性、形象性和同一性的概念，把构成城市景观的诸多因素，归纳为城市形象五大类要素，即：路线、边缘、节点、区域和标志。

道路 (Path)：所谓道路，主要是指观察者经常通行的，或有通行可能的道路、铁路、运河等。城市景观最重要就是在通过城市大街小巷、走行或乘车过程中体验的，这是很重要的一类城市空间。路线是纵向展开的城市景观。

道路景观形态表现主要在于连续性和方向性。道路尽可能构成简单的体系，如公园道路、林荫道路，具有同其他道路相互区别的景观特殊性。最好能够明确道路的起点和终点。

道路的连续性在于通过栽植行道树、临街建筑物的外形样式及其退后线的一致等表现出来。南京的道路绿化曾经在国内受到广泛赞扬，其特点是：浓荫覆盖，功能显著，风格浑厚，朴实无华。这对于体现古城风貌是极好的衬托。

至于道路的方向性，在起点和终点最好有公园、广场、纪念建筑物、市政府、美术馆等尽人皆知的名胜，才能表现其特性。方向性还包括距离感。如果沿途陆续出现路标、广场等，会有助于人们产生明显的距离感。

为使道路保持一定的特殊性，可以考虑沿途多种树木，或使道路由水边绿地通过，并考虑如何加强使道路本身具有一定的特征等方法。

边界 (Edge)：边界是把一个地区从另一个地区分离开的屏障，或者使两个地区互相连接起来的接缝。具体地说，如河岸、海岸线、山崖，或者就是历史城市的城墙。边缘是城市的轮廓线。

边沿是指两个不同区之间形成的一层界面，它不一定是一条道路的立面。有时是远处而来，首先，见到城市与郊区田野的分界面。例如在上海黄浦江中乘船观看老城市边缘形态。边界的首要意义是游客从海上、河流、沿江、高速公路等，由远而近清晰观赏城市整体或部分区域轮廓景观。

形成边界的方法很多，可以利用开敞空间、河流、植物等形成绿地；也有可能是环城公路，或者古代城墙。

美国的芝加哥，城市的边界为长长的密执安湖畔。以林肯公园、大公园(Grand Park)、杰克生公园 (Jackson Park) 等为据点，以带状公园和绿地同它们连接起来。这一系列界线，既能从远处清楚地眺望，又能从便捷的道路网走近它，而且拥有公园、运动场、植物园、美术馆、博物馆等设施，颇受广大游览者喜爱。

区域 (District) 是两向量的，拥有比较宽广的城市地区，具有共同的用途和特质。区域是内部展开的城市景观，如市场、居住区、文化区、旅游区、公园风景区均属此列。区域特征可能是开敞空间的，也可能是建筑物类型样式的，还可能是自然地形的。也可能还表现在色彩、质地、素材、规模、立面装饰、照明、栽植方法、树种、立体轮廓连续性等特色景观上。

例如南京玄武湖以及钟山风景区以自然为素材的地形、河流、植被等，而在南京夫子庙区域内连续的历史建筑群。

中心点——焦点（Nodes）：中心点包括街区内的公共文化活动中心商贸中心、交通中心等。中心可能是城市广场，或者是主要道路交叉口。

节点是路与路、路与河流、路与林、河流与河流的交汇点。

标志是有影响的古今建筑、城市雕塑，标志也包括自然物。

林奇对城市美的景观构成研究，是从清晰易辨的城市观点出发的。突出该地区特点、道路、目标等鲜明形象景观，很清晰掌握城市的全貌和特征，且该景观能不断地对人们的生活体验，赋予深刻的意义和趣味。

清晰易辨是一个秩序问题，是城市美的重要特性。城市在时间、空间、复杂性等许多方面，还有许多重要的特性。清晰易辨就是使人容易识别。人们都希望能做到：边参照自己的目的，边选择自己观察的事物，把它们统一起来，并赋予某种价值意义。构成景观的对象，能唤起富于个性（Identity）与构造性（Structure）的观察者产生强烈的印象能力（Image Ability）。

德国明斯特 Munster 城市中心教堂前的简易广场

4.7.1　城市标志景观

标志性建筑是人们感觉和识别城市的重要的参照物。它可能是城市中的电视塔，或一座有特征的山，如南京的紫金山；或是城市中极有特征的建筑群体，如悉尼歌剧院，它能引起人们对一个城市的记忆和回想，或是对一个区或街道产生深刻的印象留念。

绝大多数标志性建筑都有优越的选点，优秀的设计和优美的环境。标志性建筑总要控制一个区域、一个节点、一段边缘或一条路线。有些名城采用大手笔，在一个区域、一座广场、一条轴线上布置若干标志性建筑，形成建筑艺术的高潮所在。它们优越的选点定位，优美的环境营造都有赖于城市设计的指导。对于标志的性质、功能、尺度和周边建筑的高度、色彩，都有严格要求，设计思想需要融入城市传统文化设计的精神。

为进一步增加人们的敏感，对中心点必须赋予某些特征。中心点的主要东西，是中心点的壁面、地面、复杂而精致的细部、照明、植物、地形、天际线等，它们具有一定的特异性和一贯性，由于它们集中在一个主题上，而获得统一的中心点。

目标（Landmark）和中心点一样，都是指点的意思。但不同的是，观察者可以进中心点，而目标，观察者只能从外部看。目标的重要特色是它的特异性，就是必须在周围的物体中格外显眼，容易令人记住。其特异性则是通过形状、与背景的对比、彩色明显度、设计的特异性，以及空间安排的突出等而形成。而其文化内涵特殊性更能动人心魄。

4.7.2　城市广场景观

在城市中心，道路交叉口，出入口，或者重大事件发生地，设立广场作为景观标志。

城市广场具有鲜明的文化主题，它既是承袭传统和历史，传递着美的韵律和节奏的一种公共艺术形态，也是一种城市构成的重要元素。

广场环境设计应赋予广场丰富的文化内涵，设计时要考虑到广场所处城市的历史、文化特色与价值。注重设计的文化内涵，将不同文化环境的独特差异和特殊需要加以深刻领悟和理解，设计出该城市、该文化环境、该背景下的文化广场。

城市文化广场的结构一般都为开敞式，组织广场环境的重要因素就是其周围的建筑、历史性质，运用合理适当的处理方法，将周围空间的类型和层次看做是广场环境的系统结构，设计成为丰富空间的层次和类型。

丰富空间的结构层次，利用尺度、围合程度、地面质地等手法在广场整体中划分出主与从、公共与相对私密等不同的空间领域。

可识别性标志物可以提高广场的景观价值。

广场的环境应与所在城市所处的地理位置及周边的环境、街道、建筑物等相互协调，共同构成城市的活动中心。广场与周围建筑环境和交通组织上的协调统一，城市广场的人流及车流集散，及其交通组织是保证其环境质量不受外界干扰的重要因素。城市交通与广场的交通组织上，要保证城市各区域到广场的方便性。

在广场内部的交通组织上，考虑到人们参观、游览交往及休闲娱乐等为主要内容，结合广场的性质，很好地组织人流车流，形成良好的内部交通组织，使人们在不受干扰的情况下，拥有欣赏文化广场的场所及交往机会。

这些年许多城市广场设计背弃了城市历史、文化的背景，都搞彩灯喷泉，丧失了独特的风格；大城市追西方，中小城市追大城市，互相模仿攀比，致使一个个广场大同小异。城市广场脱离所处的周围环境，在整体的空间尺度上比例失调。

4.7.3　天际线

古时候欧洲教堂是城镇空间的制高点，也是城镇景观的特征焦点、标志物、参照点以及视线汇聚点。

城镇最高标志的作用是给本来不分明的视域以一个引人注目的焦点，例如在平坦的地带城镇中，高大突出的建筑是形成天际线的主要因素。

常熟城东的方塔，寓意着古代中国独特而深刻的居住环境规划构思。作为城市的空间标志，选址定位在五条主要河流交汇点上，也是古代交通路线的对景标志。方塔与虞山成为常熟城不对称均衡的空间结构，形成古城独特的天际轮廓线。

南京紫金山鲜明的轮廓线两千多年以来都是城市景观标志。2002 年有些部门在山顶主峰建设观景台，远看犹如碉堡，严重破坏山体自然属性的轮廓线，遭到新闻媒体揭露以及广大市民强烈反对，后来被迫拆除。

4.7.4　城市生态保留地

绘画构图中需要留出"空白"，画面才具有动感和美感，画面才能"活"。城市自然空地可实现人与自然的沟通，正是缘于此。

创造城市环境，应体现景观所在地域的环境特色和生态特征，将城市寓于自然之中。城市空间应该是在其所处的自然地理条件下生长出来的，不仅在生态上与自然环境呈平衡关系，而且空间之间在形态上还具有本能的、有机的联系。向自然学习，从自然中提炼出"美"的元素。很多自然元素被引入城市的各个角落，形成城市情调。例如，城市公园、绿化广场、风景区等的绿化"斑块"很多都是在城市建设中被"遗漏"的自然山体或湖泊，对这些自然元素进行充分利用后，不仅可以改善城市局部的生态与环境，还可以提升城市空间的文化品位。

瑞典斯德哥尔摩城市
中心轮廓线

城市山环水抱有大片的绿地构成空旷的场地，有高大的树木形成绿化空间，有由植物引来的昆虫鸟兽；各种各样富有情趣的声响，显示着生命的活力和自然的动态美。

树林与建筑物对比的外形需要"空地"，文物古迹、古建筑等文化遗产特别需要周边的"空地"加以保护、隔离、缓冲、渐变、过渡，以与现代城区共生共荣，从而产生建筑中的中介美学。古代建筑师十分重视建筑的"空地"，几个平方米也要追求"壶中天地"、"小中见大"、"奥中见旷"、"俗中溯古"、"有限而有无限之意"；一方天井、一隅石壁、一角哑院，也别有洞天。

城市空间内有自然生态保留地，才具有适宜居住的活力。南京钟山和玄武湖等自然空间的相互渗透，留有了足够的"空地"，而形成了生态、生气之美。疏松气流、调节气候，形成虚实相生、以虚补实的生态化空间，提高了城区的环境质量。

5　树木花卉种植设计

5.1　中国古园林植物景观

　　植物是园林景观规划中最基本的要素，也是最活跃、最不可缺乏的材料。植物景观具有新陈代谢的特征，与无生命的建筑材料景观视觉效果截然不同，设计植物景观必须既要考虑生长发育特性，又要考虑植物生态群落与自然环境的关系；同时还应根据其功能需要科学地布局场地，要符合艺术审美及视觉原则。中国具有世界上最为丰富的植物种类资源，同时也是世界上最早栽培花卉植物的国家之一。欧美国家的许多花卉都是从中国引入的，如牡丹、月季、玉兰、杜鹃等。中国富饶的花卉资源和奇异的植物品类，极大地丰富了欧美花园中的花木景观，为世界园艺事业作出了巨大贡献，博得了西方园艺界一致的赞叹——"中国为园林之母"。

　　在中国古典园林中，没有规整的行道树，没有绿篱，没有花坛，没有修剪的草坪。树木花卉的种植依照大自然原始植被分布方式，三五成丛，自由散聚，水池或者山石也是随意布局，野趣横生，景色苍润。这都是在观察大自然天然植被景观之后精练创作的。另一方面，中国自古以来培养出了赏花的民族传统和欣赏趣味。

5.2　园林植物景观形成

　　植物具有一年四季轮回在姿态和色彩等方面新陈代谢的变换。在古典庭院中植物设计注重写意艺术境界，注重绘画构图。而现代园林植物配置的原则，是根据功能、艺术构图和生物特性的要求使三者相互结合。

　　植物材料可作主景，还可作背景，能创造出各种主题的植物景观。作为主景的植物景观要有鲜明优美的形象，例如公园草坪上的孤立大树，形态稳重而又优雅。背景植物材料一般不宜用花色艳丽、叶色变化大的种类；例如纪念雕塑背景是成片青松翠柏，而且要考虑前景的尺度、形式、质感和色彩等，以保证前后景之间既有整体感又有一定的对比和衬托。

　　植物设计场景分析，利用植物材料创造一定的视线条件可增强空间感、提高视觉和空间序列质量。陵园广场配置松柏环绕，更增加庄严宁静的环境氛围；观景亭台配置丛竹梅花，更添加自然雅趣；主题雕塑配置花卉草坪，更显得活泼大方。环境植物设计还有色彩的对比，高低对比，聚散对比，等等。

　　春花秋叶是自然界中很常见的季相景色。但是春花秋叶只是短暂季相景色，并且是突发性的，形成的景观不稳定，例如枫香秋叶红色富有诗意，持续只有 20～30 天；日本樱花盛开时色彩烂漫，但花开只有 20 天，花谢后景色也极平常。因此，必须考虑景观变化的周期性，设计搭配呼应植物景观。

　　植株的设计有孤植、丛植、群植几种形式。以美术构图原则布局丛植树木，形成疏密有致、自然聚落的植物空间。孤植表现的树木个体优美形态，丛植树木少则三五株，多则二三十株，树种既可单一，也可多样。单一种树木丛植来体现植物的群体效果。多种类植物丛植组成一个群体时，应从生态、视觉等方面考虑，例如喜阳种类宜占上层或南面，耐荫种类宜作下木或栽种在群体的北面。

中国传统的植物配植还注重以花木言志，使花木人格化，讲究植物花草的"比德"情趣，诸如松竹梅"岁寒三友"、梅兰竹菊"四君子"、莲出淤泥而不染、秋叶凌霜色愈红等等，托物言志、借物写心。插花作品烘托比德情趣，兰的幽香、菊的高洁、竹的亮节将比德主题升华到很高的境界。

大规模的植物群体设计，群体可是单纯风景林，更多是混交风景林组成。混交风景林群体在设计时应该考虑种间的生态关系，较大规模的种植设计应以生态学为原则，最好以当地自然植物群落结构作为理论基础。设计中应考虑整个植物群体的造型效果、季相色彩变化、林冠林缘线的处理、林的疏密变化等内容。

选择植物品种，应以所在地区的乡土植物种类为主，地域环境是植物品种类型生长发育和群落结构形成的重要因子，以地带性植被为种植设计的理论模式。对当地的自然植被类型进行调查和分析，科学理解种群间的关系，作为种植设计的科学依据。同时也应考虑长势良好的外来或引进的植物种类，经过长期试验观察被证明能适应本地生长条件的品种。

自然植物群落形成是经过长期自然选择结果，形成一个不易衰败、相对稳定的植物群体。植物群落结构设计首先调查地方群落形态，对构成群落的主要植物种类调查，作典型的植物水平分布图，分析了解到不同层植物的分布情况。在此基础上结合基地条件简化和提炼出自然植被的结构和层次，然后将其运用于景观植物设计之中。

植物有生长在平原、山地、水边等不同环境的，属性也有阳性、阴性、水生、沼生、耐湿、耐旱的，分析生态习性，设计时使植物的种植环境符合生态地形的要求，又要保证能创造出较好的视觉观赏效果。原地域保存有古树和大树，要保持这些树木原有地形的标高，以免造成露根或被淹埋而影响植物的生长和寿命。

德国古教堂庭院内几何式绿化

5.2.1 规则式种植

在西方规则式园林中，植物常被用来组成或渲染加强规整图案。这种规则式的种植形式，源自古希腊的自然审美哲学，认为对称、几何、规则是美的，自然是粗野不羁的，应该以人为法则接受匀称的审美造型。古罗马时期盛行的灌木修剪艺术就使规则式的种植设计成为建筑设计的一部分。在规则式种植设计中，刻意追求形体统一、错综复杂的图案装饰效果的规则式种植方式，乔木成行成列地排列，还刻意修剪成各种几何形体，甚至动物或人的形象；灌木等距直线种植，或修剪成绿篱饰边，或修剪成规整的图案作为大面积平坦地的构图要素；平坦的草坪以及黄杨等慢生灌木修剪成复杂、精美的图案。

5.2.2　自然式种植

中国古代园林里种植设计一直是要求自然式的，进而发展成为"写意自然式"的。18世纪英国景观设计师受到中国古典园林"写意山水园"启发，创造形成了"自然式风景园"，这与法国和意大利规则式古典园林风格迥异。园林中的树木种植很简单，只是以几种树木组成疏林草坪，或者落叶乔木林带，也偶尔采用雪松和橡树等常绿树。有的地方园林中设计的树群常常仅由桦木、栎类或松类等一二种树种组成。后来到19世纪初，英国的许多植物园从北美引进了冷杉、松树和云杉等常绿树种，改变了以往冬季单调萧条的景象；而落叶树具有四季缤纷的景观变化，依然占主导数量。而这种自然形式的种植结合以自然缓坡起伏的地形、辽阔的水面和自然弯曲的溪流。

19世纪后期生态学的创建带来新的科学理念，进而为种植设计奠定了科学的基础。生态学把自然中植物划分成多种类型，科学地将植物组成多个群体种类。以生态科学方法代替以往单纯从视觉出发的设计方法，以各种生态群落布局植物景观。这与将植物作为装饰或雕塑手段为主的规则式种植方法有很大的差别。19世纪英国对于有些贵族大庄园景观规划以自然群落结构和视觉效果为依据，采用野生草花和自然林木进行地理群落式的种植设计。而在美国以自然的生态方法，运用乡土植物，有些景观设计中展示出中西部草原自然风景的模式。这种思想方法很快传遍德国、法国、瑞典等欧洲国家和北美国家。

生态学理念注重植物本身的自然特性，注重植物与环境生态关系的和谐，提倡用种群多样、结构复杂和竞争自由的植被类型。以生态学原理方法进行种植设计，就是将所选择的乡土树种幼苗按自然群落结构密植于近似天然森林土壤的种植带上，利用种间的自然竞争，保留优势种。二三年内可郁闭，10年后便可成林，这种种植方式管理粗放，形成的植物群落具有一定的稳定性。以生态学基本思想的景观种植设计，取代人工唯美构图的种植设计，创造融合自然的景观园林。

5.2.3　抽象图案式种植

抽象图案式种植不是以自然生态理念，而是源自现代立体主义绘画、抽象艺术和波普艺术色彩，在小尺度范围内追求纯粹图案和色彩形态。各种植物作为设计要素组织到抽象的平面图案之中，形成了不同的艺术造型风格。注重绘画造型和视觉效果，设计手法偏重构图，将植物作为一种绿色的雕塑材料组织到整体构图之中，有时还单纯从构图的角度出发，用植物材料创造一种临时性的景观。甚至有的设计还用风格迥异的种植形式用来烘托和诠释现代主义设计。种植设计从现代绘画中寻找新的构思也反映出艺术和建筑对园林设计有着深远的影响。

5.3　园林植物形态分类

园林植物常依其外部形态分为乔木、灌木、藤本、竹类、花卉和草地六类。

5.3.1　乔木

体形高大，主干明显，树龄寿命相对较长。叶片脱落状况又可分为常绿乔木和落叶乔木两类：常绿乔木分为阔叶常绿乔木和针叶常绿乔木，落叶乔木分为落叶阔叶乔木和落叶针叶乔木。

乔木是园林中的骨干植物，功能上，或是艺术处理上，都能起到主导作用，对园林布局影响很大。

乔木是种植设计中的基础和主体。若树木选择和配置得合理就能形成整个园景的植物景观框架。大乔木遮阴效果好，落叶乔木冬季能透射阳光。大乔木能屏蔽建筑物等大面积不良视线。中小乔木宜作背景和屏障，也可用来划分空间、框景，它尺度适中，适合作主景或点缀之用。

单纯林是由单一树种组成的树林；混交林是由多种树种组成的树林。

5.3.2　灌木

没有明显主干，多呈丛生状态，或自基部分枝。大多数灌木高度在 1m 多，也有 2m 高大灌木，也有 0.5m 以下小灌木。灌木也有常绿灌木与落叶灌木之分，主要作下木、植篱或基础种植，开花灌木是园林绿化重要素材。

灌木作为低矮的障碍物，可用来屏蔽视线、防止人为跨越、强调道路的线型和转折点、引导人流、作为低视点的平面构图要素、作较小前景的背景、与中小乔木一起加强空间的围合等。灌木的植株多处于人们的常视域内，尺度较亲切。生长缓慢、耐修剪的灌木还可作为绿篱。灌木不仅可用作点缀和装饰，还可以大面积种植形成群体植物景观。若使用灌木作为阻挡和划分的手段就应该使用有刺的、小枝稠密的种类，常绿的更好。如果为了不阻挡视

（左下）德国慕尼黑公园自然风格景观

（右下）德国吉森 Giessen 居住区绿化

线,则应选择耐修剪的以控制高度、增加密度。但是避免过多地使用整形修剪,养护管理相对昂贵;而且过多也显得机械呆板。

5.3.3　藤本

藤本植物有常绿藤本与落叶藤本之分,主体不能自立,必须依靠其特殊器官吸盘或卷须,而依附于其他植物体。藤本生长往往成蔓延状态,如地锦、葡萄、紫藤、凌霄等。藤本有常绿藤本与落叶藤本之分。

藤本可以攀缘墙面,常用于垂直绿化,如花架、篱栅、岩石和墙壁上面的攀附物。杨绘的《凌霄花》勾画的形象:"直饶枝干凌霄去,犹有根源与地平。不道花依他树发,强攀红日斗妍明"。以凌霄攀附自然习性比喻社会与人的形态。

《诗经》有优美诗句歌颂藤本植物:"葛之覃兮,施于中谷,维叶萋萋。黄鸟于飞,集于灌木,其鸣喈喈。"意思是:葛藤长又长啊,漫山遍野都生长,嫩绿叶子水汪汪。黄雀小鸟展翅飞来,纷纷停落灌木上,唧唧啾啾在歌唱。

5.3.4　竹类

属于禾本科的常绿乔木或灌木,竹类形态和色彩有其特点,在风景观赏中具有重要的价值,也具有重要经济价值,竹子主干有节、叶片潇洒,形体优美。花不常见,开花后全株死亡。竹类在浙江省风景区中几乎随处可见。最常见的有毛竹;还有相竹、金镶碧玉竹、青皮竹、巴鸡竹、苦竹、寿星竹、湘妃竹、箬竹、山竹、石竹等。也有紫竹,呈方形的方竹、罗汉竹等。

文人园林大都种植有竹子,以竹子来歌咏园主人的清高。日出有清阴,月照有清影,风吹有清声,雨打有清韵。在庭院前后,水池边旁,山石之间布置,景观清幽,意态潇洒。苏州拙政园有"倚玉轩",沧浪亭有"翠玲珑",扬州"个园"的"个"是半个竹字,这都是"众人皆浊我独清"的孤芳自赏的园林意境。

5.3.5　草本花卉

具有草质茎干的花卉,具有丰富多样的形态和色彩,还具有香馥气味。花卉是自然界存在最广、色彩最为鲜艳、形态最为娇丽的植物,也是自然界中最引人注目的物质。从人类文明开始,人们就已经开始注意到自然界中五颜六色的花朵。

一年生花卉,是指春天播种,当年开花,如鸡冠花、万寿菊、一串红。

二年生花卉,是指秋季播种,次年春季开花,然后结实,如金盏菊、七里黄。

多年生花卉是指一次栽植多年存活并开花的草本花卉,有耐旱、耐湿、耐阴、耐瘠薄等习性,如萱草、芍药。

球根花卉是指球状大块根生于地下的草木花卉，如唐菖蒲、美人蕉、百合。

水生花卉是指生长于水中的草本花卉，如荷花、浮萍。

园林常用的花木类型有：观花类、观果类、观叶类、庭荫类、攀缘类及竹类六大类型。

观花类花木以花的姿容、香气、色彩作为主要欣赏对象。其中，单花欣赏花木有：牡丹、芍药、菊花、月季、山茶、荷花、睡莲、子午莲等；群花欣赏花木有：梅、杏、桃、梨、海棠、樱花、杜鹃、紫薇、榆叶梅、迎春、连翘、紫藤、木香、蔷薇、秋海棠、萱草、百合、二月兰、蝴蝶花、凤仙花、鸡冠花等；以香花作为欣赏内容的花木有：桂花、玉兰、蜡梅、茉莉、米兰、玉簪、兰花、金银花等。大多数花木是姿、色、香兼而有之的。

观果类花木以秋、冬美丽的果实为主要欣赏对象。如枇杷、橘子、文旦、佛手、南天竹、枸骨、石榴、火棘、木瓜、柿子、枸杞、山茱萸、野鸦椿、万年青等。

观叶类花木多为色叶树或叶形奇特的花木。如鸡爪械、红枫、乌桕、银杏、黄连木、无患子、马褂木、红叶李、山麻杆、瓜子黄杨、桃叶珊瑚、八角金盘、丝兰、棕榈、芭蕉、书带草、芦苇、水菖蒲、虎耳草等。

庭荫类花木是用来构成山林气氛和庭荫的。主要有黑松、马尾松、白皮松、罗汉松、桧柏、柳杉、金钱松、香樟、广玉兰、七叶树、梧桐、榔榆、朴树、榉树、国槐、枫杨、臭椿、合欢等。

攀缘类花木指依附于棚架、墙壁、山石的木本或草本花木。木本有紫藤、葡萄、凌霄、蔷薇、木香、络石、金银花、爬墙虎、常春藤、子午莲、薜荔等；草木有牵牛花、茑萝、葫芦、瓜蒌、丝瓜、山药等。

欧美人赏花重外表，满足于花朵的大、鲜、奇、艳，他们从中国丰富的花卉资源中拿走了大花，例如：牡丹、月季、玉兰、菊花、杜鹃、山茶，而却未能拿走最能代表中国民族文化特质的小花，例如：淡雅清香而又韵味无穷的梅花、蜡梅、桂花、兰、米兰、珠兰、瑞香等，这些是中国花卉资源中独特的财

德国居民住宅前花坛

富。梅花虽然花朵很小，但有韵味、有香味，观赏梅花是使其花簇与盘曲的枝干作为整体来看待的，有其天然的姿态和意境，王冕咏梅："不要人夸颜色好，只留清气满乾坤！"晁补之咏梅："香非在蕊，香非在萼，骨中香彻！"

　　这些中国传统特色的赏花韵味，外国人并不懂，所以外国人没有把中国的小花、香花拿走。中国的小花、香花强调花的内在品质，注重韵味、香味，讲究情感趣味和人生体验。这就像人的外在美和内在美一样。外国人取走花大而鲜的外在美，而忽视了小而香的内在美。兰花透出高雅的香韵，且陷而不显，碧绿修长的叶子，洁白的花朵，是中国水墨画中极好的表现题材，特别要求在看似简单的三两笔中体现出深厚的艺术构图功力。在江南传统住宅中，家家有个小天井，天井的日照半阴半阳，有适宜的湿度，幽静的庭院，安排几盆兰花，早春有春兰，长夏有夏兰，入秋有秋兰，清香乍闻，沁人心脾。

鸡爪槭为落叶小乔木，枝展水平延伸，树冠成片片云层景观

中国古代庭院种植芭蕉、海棠和梅花

拙政园有个"雪香云蔚亭"，亭外遍植梅花，标志着文人孤傲不群的情怀。而宋词人陆游《卜算子·咏梅》词句表达了这种感情"……无意苦争春，一任群芳妒。零落成泥碾作尘，只有香如故。"

在诗人眼中，每种植物的特有花期也是其性格的表露。"曾陪桃李开时雨，仍伴梧桐落叶风"是月季花期持续较久的写照。月季花期4～10月，尤以春、秋两季开花最多最好，成为蓬勃向上、风采永驻的象征。陆游曾赞美菊花："蒲柳如懦夫，望秋已凋黄。菊花如志士，过时有余香。"李梦阳也赞到："细开宜避世，独立每含情。"菊花花期秋季，被咏喻为不肯随波逐流的傲骨人物或是遗世独立的隐逸之士。黄巢的《不第后赋菊》所展现的却是另一番景象："待到秋来九月八，我花开后百花杀。冲天香阵透长安，满城尽带黄金甲。"在这里菊花是寒霜之中霸气的勇士，洋溢着浪漫的英雄主义气息。

中国古代文人园林花木配植从景观的艺术构成出发，既讲究景因境异也考虑到园址的环境、地形、阴阳向背和各种花木的生物学特性，以及线条、姿态、体形、色彩、香味等特点，使之各得其所，并以不整形、不对称、不成行列的自然式配植为主要方式。注重花木与山水、建筑等造园要素的配合，把山水、植物等自然风光与建筑空间融为一体，做到树无行次、石无位置，山有宾主朝揖之势，水有迂回萦带之情，情景交融，匠心独运。中国文人写意山水园林遵循自然之"道"的设计原则，对大自然的品位，在世界文明历史上独树一帜。

5.3.6 草地植物

自然界的各种野草是极佳的观赏植物。《诗经》有："于以采蘩？于沼于沚。

（左下）西方私人花园中种植大而艳丽花卉
（右下）中国绘画中的写意兰花

于以用之？公侯之事."译文是：我到什么地方可以采白蒿，在那湖泽之畔和沙洲。采来白蒿作什么用，公侯之家祭我们的祖宗。

园林中种植低矮草本植物用以覆盖地面，并作为体育活动用地，有时为游人露天活动休息而提供面积较大而略带起伏地形的自然草地。

草地可以覆盖裸露地面。有利于防止水土流失，保护环境和改善小气候，也是游人露天活动和休息的理想场地，柔软如茵的大面积草地不仅给人以愉快的美感，同时也给园中的花草树木以及山石建筑以美的衬托。

5.4　园林植物组成元素

植物是由根、干、枝、叶、花和果实组成的。其叶容、花貌、色彩、芳香及其树干姿态等形象有各自不同的形态、色彩与风韵之美。而且能随季节年龄的变化而有所姿态变化。

5.4.1　树冠

树冠由主干上部枝叶组成，形成有优美轮廓造型，在树木自身占据体积最大，观赏也最显著。树冠形态有：尖塔形（雪松、南洋杉）、圆锥形（云杉、落羽松）、椭圆形（龙柏）、圆球形（七叶树、樱花）、垂枝形（垂柳、龙爪槐）、匍匐形（铺地柏）等。

在自然界中树冠的形态千姿百态，而且是随树龄的增长不断地改变着它们自己的形态和体积。而且同样年龄的同样树种也常因立地环境条件不同而有很大的差异。

松树幼年时候树冠整齐，而增长年龄时候树冠逐渐展开；早幼年时期，梢

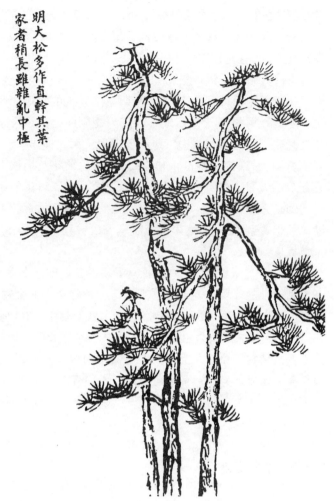

中国绘画中的写意松枝

德国汉堡公园大树景观

端生长，树冠呈圆锥形；中年以后，向上生长逐渐衰弱，而呈两侧生长；老年古朴，逐渐古雅幽美。

5.4.2 树叶

多种树叶其轮廓、色彩和质感都含有各自不同的自然界信息，银杏、棕榈、广玉兰、荷叶、芭蕉、龟背竹、马褂木等，都具有较高的观赏价值。

春季嫩绿色，夏季深绿色，秋季黄绿色或者就变成黄色，但是到了深秋很多落叶树的叶就会变成不同深度的橙红色、紫红色、棕黄色和柠檬黄色等。例如枫香叶春季黄绿微红，夏季深绿，到了深秋就变为深浅不同的红色。"霜叶红于二月花"的诗句就是赞扬枫叶变红时美丽景色的。北京的西山、长沙的岳麓山、南京的紫金山南坡，深秋季节层林尽染，色彩缤纷，红叶飘落在游览小路上，充满无限诗意。

《诗经》有描写柳树长枝形态风景的："昔我往矣，杨柳依依；今我来思，雨雪霏霏。"遥想当年我来到这里啊，杨柳树垂挂飘逸；而今我来到啊，已经风雪交加。

5.4.3 花卉

花是植物的有性繁殖器官表现出艳丽多彩和浓馥香味。春季有牡丹、芍药盛开，夏季有荷花映水，秋季有桂花飘香，冬季有梅花傲雪，牡丹盛春怒放，朵大色艳，气息豪放；夏季石榴红似火；深秋桂花浓香馥郁；隆冬蜡梅飘香吐艳。

梅花具有姿容、色彩、香味三者。"疏影横斜水清浅，暗香浮动月黄昏"则是对梅花神韵的写实，歌咏梅花的香味与月光相结合的景色欣赏。

玉兰一树千花，亭亭玉立，植于庭前，高雅而又含蓄。

荷花高洁丽质，香而不浓，出淤泥而不染。

在中国传统美学发展过程中，道家的"天人合一"和"清静无为"非功利性哲学思想推进了对纯粹美形式的发现与理解。花卉文化领域中的影响则是将花卉的观赏价值与实用价值分离开来，更加注重其美的形式，即从侧面促进了花卉品种的丰富发展。

5.4.4 树枝

树枝是由主干自然分化而形成的多丛形态，是树冠轮廓的基本骨骼。由于树种的不同，树枝延伸的角度，分布疏密的状况，显现刚柔的质感，造就了树冠千姿百态的丰富景观。在冬季，树叶凋零褪去，各种树枝清晰显示出自然延伸的骨架结构。在春季，幼嫩花叶从枝头萌发，显示出丰富的生命景观即将由此展示。

油松树侧枝呈水平状态延伸，主干与侧枝配合下显得姿态端正，老年松树苍劲有力。垂柳树枝质地柔软，形态下垂，显示出清扬飘逸的姿态。垂柳种植水边，在春风吹拂下摇曳，相映水波倒影，有成语以此景比喻人"水性杨花"。白杨树侧枝向上丛生，造就了树冠长圆柱形态，显示出青春昂扬，朝气蓬勃的景象。曾经有散文《白杨礼赞》就是歌咏白杨树这种树干、树枝和树冠的形态，进而比喻在艰苦卓绝的环境之中依然进取的新生力量。

5.4.5 果实

花开之后的成就是结出果实。植物果实大小形态差异很大，而色彩也有深红色、橘红色、黄色、紫色等。在树冠浓绿或者淡绿的背景下，秋季果实点缀其中，显得成熟美丽，甚至还有果实散发出香味。成语有"春华秋实""成果累累"比喻果实景观。

苹果、梨、桃、橘子、葡萄、香蕉等果实具有经济价值，罗汉果、金山葵、桂花果等果实具有药用价值，八角、木兰等果实具有香料价值。这些果实的具有实用的经济价值，也有观赏美学价值。

唐朝王维有诗句："红豆生南国，春来发几枝？愿君多采撷，此物最相思。"以红豆设问寄语，因物起兴，意味深长地寄托相思。南方的红豆果在文学语汇中称为"相思子"，红豆果实成为相思情物。

5.4.6 树干

干的基本机能是支撑树的上部。银杏、香樟、珊瑚朴、银桦等树干通直，气势轩昂，亭亭玉立，伟岸而又优雅，是很好的行道树种。白皮松，青针白干，树形秀丽，也是优美的观赏树种。松树树干剥落而为龟壳状，杉树为纤维状态，梧桐皮绿干直，紫薇细腻光滑，藤萝蜿蜒扭曲，还有大腹便便的佛肚竹，布满奇节的龙鳞竹，紫色干皮的紫竹，红色干皮的红瑞木和白色干皮的白桦等，千姿百态，形态奇异，都具有较高的观赏价值。

中国绘画中藤花景观

法国画家柯罗的风中大树景观

5.4.7 树根

树根往往埋藏在土壤之中，观赏价值不大，只有某些根系特别发达的树种，根部往往高高隆起，突出地面，盘根错节，具有观赏价值。树根着生于自然大地之间，以示生活安定及其生命有所寄托。

有的树根高出地面，呈现臃肿之状态，以示老干之甚；有的生于坡面的，呈现盘曲之状态，以示倒卧而坚持。

也有些植物的根系，因负有特殊的机能可不在土壤中生长，其形态上自然也有所改变。例如榕树类盘根错节、树枝布满气生根垂倒挂下来，当落至地又可生长成粗大树干，奇特异常，能给人以奇异的感受。

5.5　种植设计

5.5.1　孤植表现植物个体美

孤立植树，主要是表现植物的个体形态美。孤植树的构图位置应该十分鲜明，常布置在宽阔的大草坪，或林中空地的构图重心上，或者植于视线的焦点处，或者水岸旁。四周要空旷，要留出一定的视距供游人欣赏。

孤植树作为构图艺术上的独立焦点，或者作为植物群落构图呼应相结合的配角，或者也是树丛、树群、草坪的过渡树种。在古典园林中的假山巨石旁边，常布置姿态盘曲苍古的松树，特别吸引游人观赏。黄山风景区有著名的"迎客松"，还有"梦笔生花"。

孤植中常选用独特的姿态，或者具有高大雄伟体形，或者繁茂的树冠特征的树木个体，体形要特别巨大，树冠轮廓要富于变化，树姿要优美，开花要繁茂，香味要浓郁或叶色具有丰富季相变化的树种。例如银杏、红枫、雪松、香樟、榕树、珊瑚朴、黄果树、白皮松等。

孤植树为了突出孤植树的特征，应安排相应的衬托呼应环境。空旷地之外还有山石、树群。也可以布置在开朗的水边以及可以眺望辽阔远景的高地上。在自然式园路或河岸溪流的转弯处，也常要布置姿态、线条、色彩特别突出的孤植树，以吸引游人继续前进观赏。

5.5.2　对植表现构图对称

在构图轴线两侧以相互呼应对称栽植乔灌木的称对植。经常应用在规则式种植构图中，在道路或建筑物进出口两旁，例如街道两侧的行道树。对植的最简单形式是用两棵单株乔、灌木分布在构图中轴线两侧。对称种植必须采用树种相同，体型大小相同，与对称轴线的垂直距离相等。

也有非对称种植，在自然式园林中，非对称种植树种也应统一，但体型大小和姿态可以有所差异。与中轴线的垂直距离大者要近，小者要远，才能取得左右均衡，彼此之间要有呼应，顾盼有情，才能求得动势集中。也可以在一侧

孤立大树景观　　　　　　　　　　　　　丛植树景观

种大树而另侧种植同种的两株小树。或者分别在左右两侧种植组合成为近似的
两个树丛或树群。

5.5.3　丛植群体与多株配合

树丛的组合主要考虑群体美，也要考虑到统一构图中表现出单株的个体美。
树丛的组成有乔木，或者乔灌木，通常有二株到十几株乔木灌木。选择单株植
物形态有对比呼应。

树丛在功能比起孤植树更多些，但其观赏效果比孤植树另有特色。公
园游歇庇荫设计树丛，选择树种相同，树冠开展的高大乔木，一般不与灌
木配合。树丛下面还可以放置自然山石，或安置座椅供游人休息之用。园
路不能穿越树丛，避免破坏其整体性。作为纯观赏性树丛，可以用两种以
上的乔木搭配栽植，可同山石花卉相结合，或乔灌木混合配置，构图上也
显得突出。

三树设计

三株树以相同树种，姿态大小有差异，以不等边三角形栽植，栽植时忌三
株在同一直线上或成等边三角形。两株一丛与独立一株之间彼此应有所呼应，使
构图整体变化又有统一。

四树设计

四株树可以以相同树种，也可以不同树种，姿态大小有差异，分为两组丛，
三树一丛另加一棵，其基本平面形式为不等边四边形或不等边三角形，忌讳成
为正方形。

五树设计

可以是一个树种或两个树种，分成二株三株个树丛组团，但是两组之间距

离不能太远，彼此之间也要有所呼应和均衡。忌讳形成对称五角星形态。

五树以上的设计

以三株、五株为树丛，几个基本形式相互组合。如果九株树丛，可以分成大丛六株，小丛三株，高低错落呼应。

树丛群体景观

5.5.4 树群

20～30株数量乔木或灌木混合栽植的称树群。树群主要是表现群体美，树群具有多层群落结构，空间郁闭潮湿。选择对单株要求并不严格，树种不宜过多，多则容易引起杂乱。

单纯树群：由一种树木组成，景观单一纯净。

混交树群：多种树木组成，有灌木和宿根花卉作为地被植物，有季节变化。树群有群落生态要求，高大的常绿乔木居中央，小乔木、灌木在外缘。从观赏角度来讲，立面林冠线有起伏错落，水平轮廓有曲折变化，树丛栽植的距离要有疏有密，有虚有实，密集与疏落，留有余地。配植的灌木花卉都要成丛错综而有断续。景观空间具有适宜的旷奥度，进而形成的景观对比。

树群作为整体也不宜有园路穿越。栽植标高，要高出四周的草坪或道路，呈缓坡状利于排水。

德国卡塞尔 kassel 山坡大乔木群落,《白雪公主与七个小矮人》故事就诞生于此地

19世纪俄罗斯绘画中
的森林景观

德国明斯特Munster
城市郊区森林

5.5.5 森林

　　森林数量多，面积大，是大量树木的总体。具有一定的密度和群落外貌，对周围环境有明显的影响。在城市郊区建立森林公园对于整体城市环境有重要生态意义。

　　风景林与一般所说的森林概念有所不同，因为这些林地从数量到规模，一般不能与森林相比，而且还要考虑艺术布局来满足游人的需要，所以较恰当地说是风景林。风景林可粗略地概括为密林和疏林两种。

　　密林，郁闭度在 0.7～1.0 之间，阳光很少透入林下，林下湿度很大，不便游人活动。

　　单纯密林，由一个树种组成的。它没有垂直郁闭景观和丰富的季相变化。景观特点是简洁壮阔。

　　混交密林，由多种植物乔木、灌木、草地相互依存，多层结构的植物群落组成。季相变化比较丰富，景观特点是华丽多彩。林缘垂直结构多样，具有幽邃深远之美。从生态学进度看，混交密林比单纯密林群落稳定。

　　密林种植要注意植物对生态因子的要求。常绿与落叶、乔木与灌木科学配合比例。可采用片状混交或者点状混交，不用带状混交。密林内部可以有自然园路通过，但沿路两旁垂直郁闭度不可太大。游人深入林地，沿途断续留出不同的空旷草坪，如有林间溪流，种植水生花卉，再设计简单构筑物以供休息或躲避风雨，更有自然文化寓意。

　　疏林，郁闭度在 0.4～0.6 之间，常与草地相结合，故又称草地疏林。

　　草地疏林具较高的观赏和游憩价值，景观别具风味，是园林景观应用最多的形式。树木种植要三五成群疏密相间，树冠应开展，树荫要疏朗，花和叶的色彩要丰富，树干要强健，常绿树与落叶树搭配要合适。由于有相当的空间，游人可以聚集游乐活动。

5.5.6 植篱

　　植篱是以园林植物成行列式紧密种植，以篱笆、树墙或栅栏形式组成边界。有时候还具有组织空间，作为绿色屏障隐蔽作用。

树木种植要三五成群、有断有续、错落有致

德国沿街树篱，自然生
趣，不修剪成几何形态

规则式园林中常用整形绿篱，选用生长缓慢，分枝点低，结构紧密，耐修剪的常绿灌木。例如黄杨类、海桐、侧柏类、桃叶珊瑚、女贞类等，修剪成简单的几何形体。

自然式园林中植篱，一般不加修剪，任其自然成长。选用体积大，枝叶浓密，分枝点低的开花灌木，例如木槿、枸骨、枸桔、溲疏等。

5.5.7 花坛

花坛是在几何轮廓的植床内，以种植观花植物构成鲜艳华丽图案：

独立花坛，布置在主体建筑或者广场的中央，成为景观构图的主体。运用一、二年生花卉，花朵小而密集，植株高矮一致，组成华丽图案。

花坛组群，在城市的大型建筑广场上，其构图中心有多组花坛构成图案，整体结合喷泉、水池、雕像或纪念性构筑物景观。

中国自然式园林中的花坛，多用自然山石依墙面筑，好似裸露基岩。位于后院、跨院或书斋前后。内边自然地种植着参差不齐，错落有致的观赏植物，常用有牡丹、山茶、杜鹃、五针松、梅花、腊梅、红枫、南天竹等。粉墙做衬，犹如画在墙上的一幅花鸟画。

5.5.8 花境

花境是自然式构图轮廓，植物组合以自然群落布置。花境植床一般也应稍稍高出地面，内以种植多年生宿根花卉和开花灌木为主，常用绿木本或草木矮生植物，如马蔺、麦冬、葱兰、绣墩草、瓜子黄杨等镶边。

德国吉森城市公园

5.5.9　草坪

草坪有重要观赏价值，同时还有重要的文化娱乐价值和生态价值。

草坪规划要充分利用自然地形，变化起伏，草坪边缘的树木应点缀一些树丛、树群，造成具有开敞或闭锁的原野草地风光。不加修剪的高草坪或自然嵌花草坪，景观更富于野生植物群落的自然面貌，尤其是布置在水滨岸边的草坪更显得景色滋润。

大型公园里，都辟有活动草坪，定期修剪，进行体育运动，可作为足球运动场。

纪念广场采用规则式草坪，在外形上具有整齐的几何轮廓，衬托布置在雕像、纪念碑或建筑物的周围。

德国城市花境设计

草坪，北方常用羊胡子草、野牛草，南方常用结缕草或假俭草。近些年有城市用"高羊茅"，是引自美国西南部农场牧草。该草坪绿色期长，在冬天严寒风雪中仍保持常绿，缺点是在夏日暴晒下会枯黄。

5.6 植物景观的主调和基调

风景观赏序列空间有开合转呈，还有起伏、曲折、断续、反复等节奏变化。连续布局中主调必须自始至终贯穿整个布局，配调则可有一定变化，其景物陪衬和烘托主调，也彼始至终贯穿整个布局，这是连续风景的一个重要问题。就像是音乐中的伴奏或和声，而主调则是音乐中的主题。

以植物为主的景点设计，往往有主景、配景，还有背景。其中主景鲜明突出，配景则从调和方面来陪衬，背景则烘托陪衬。而景点变成为线状景观带，则是景观连续序列布局。

在景观序列整个布局中，主调连续而且突出，基调和配调在布局中对主调起到烘云托月，相得而益彰的作用。应该是 2~3 个主题植物，主题艺术构图显得鲜明而又丰富，配以多样性花卉和灌木，背景是大面积森林，或者山峦，或者农田。

玄武湖两岸的林带，以香樟，垂柳，海棠，树种组成的树丛为基本单元，把这个基本单元不断地进行拟态反复连续出现，另外植有鸡爪槭，山楂，白玉兰、紫薇、紫丁香等小乔木，迎春、连翘、海桐等灌木，以大小变化群落形态作为配景，湖面和远处钟山山峦作为背景。

在带状的花境和花坛设计中，如果以鸢尾为整个花境主调，则鸢尾始终贯穿于整个花境中，作为配调的滨菊、石竹等，则间隔变化。黄杨绿篱作为花境基调的背景，也是贯穿始终。

绿化景观主调在连续展示过程中，也会有变化的。

西方私人花园一角设计

由于植物季相变换，主调也就随着变换。秋季主调可能是枫香红叶，冬季主调可能转为松柏。

主调在连续空间布局中，当构图演进到一定阶段，出现新的段落空间的时候，原来的主调就可以逐渐收缩，转入另一新的主调。

在种植上，每一个空间，都可以有不同的主调，作为主调的树种和基调的树种，可以始终不变，但作为配调的树种，可以根据河流空间的一开一合来转调。每一个空间，可以有不同的配调，因为两个不同空间，游人虽可以连续前进，但二个空间，在视线上不能全部透视，使二个对比强烈而有不同的景区，不能在同一视域内同时看，到因而不能产生因过分的对立而不调和的现象，陆游诗："山重水复疑无路，柳暗花明又一村"。就是这种急转调的连续风景。

直线式的种植设计，在道路转折或交叉处来急转调和变换树种，而不可用缓转调的办法更换树种。

自然式的种植设计，用缓转调的办法逐渐变换树种，顺应自然地形，不能突然更换树种。

5.7 植物更替与序列景观

植物设计展示的连续空间，景观构图不可以平铺直叙。在线性轴向延伸过程中，连续构图的结构上要有节奏和间歇，各个景观阶段构图，要体现风景艺术的开始，发展和结束的序列特征。

就像是交响曲的连续乐章，或者戏剧的连续幕场，对整个乐曲或者剧本，各章节相互之间有联系有呼应，主脉显示有序列"起景、转折、高潮和结束"。

在植物景观的季相交替变化中，园林构图设计以使用功能要求与景观艺术节奏结合，建成园林缤纷季相的序列演替景观。

植物季相变化规划，对于各个地区园林植物的物候季相，应该有详细的记录。

例如在我国华北地区，花卉季相变化的记录是：三月下旬有开花黄色花的腊梅与迎春，四月上旬有开花粉红花的山桃，还有金黄色的连翘，四月中旬开花的有榆叶梅、杏、毛樱桃、玉兰、海棠等，四月下旬开花的有紫荆、丁香、海棠、樱桃、碧桃、梨、苹果、李、紫藤等，五月下旬开花的有牡丹、黄刺梅、文冠果、江南槐、丁香、紫藤等，五月下旬六月上旬开花的有山楂、太平花、白玉堂、玫瑰、月季、洋槐、江南槐等，六月中旬开花的花木，就逐渐稀少，有珍珠梅，紫薇，七月至九月份有木槿，合欢，凌霄。至 10 月份以后，就没有艳丽花木了，而转向为缤纷秋叶。

树木的叶色季相变化也有序列，四月上旬最早发叶的乔木为柳树，青杨、山桃等，这些树发叶早，但形成树冠较晚。五月上旬才发叶的乔木有：合欢、洋槐、桑、黄连木、板栗等，这些树发叶晚而落叶最早。在十月下旬就开始落叶的乔木有：白腊、枣、臭椿、小叶杨、胡桃、柿、栗、合欢等等。最迟到 11 月下旬才落叶的乔木有七叶树、毛白杨、皂荚、柳树、朴树、苹果等。其中发叶早，落叶晚的有柳树、苹果、杨树等，发叶晚落叶早的乔木有：合欢、枣、柿、臭椿、白腊、君迁子、板栗、胡桃、桑等。

在树木树叶的颜色有细微差异，也有强烈对比差异。仅是绿色就有嫩绿、翠绿、草绿、碧绿、墨绿等多样差异。春天，柳树的新绿是鹅黄色的，青杨的新叶是嫩绿色的，黄连木的新叶是嫩红色的，栓皮栎的新叶是土黄色的；至盛夏钻天杨、加拿大杨的叶色是墨绿色的，毛白杨、银白杨、桂香柳的叶色是粉绿色的，杨柳、合欢、洋槐、的叶色是草绿色的；至秋季，从十月中、下旬起，银杏、白腊、钻天杨的叶色变为金黄色，平基槭、黄栌、野漆、柿子、山楂、大果榆、梨、黄连木、小蘖、地锦等叶色变暗红或橙色，槲树、板栗、栓皮栎等叶色变为灰褐色。

果实色彩变化序列，五月中下旬有红樱桃，八月中旬有紫葡萄，八月下旬有橙红色海棠果，九月中下旬有红苹果和紫红山楂，九月下旬十月上旬还有深橙色的柿子。

在具体的植物搭配上，早春黄连木的嫩木新叶与嫩绿的青杨搭配起来，白色的珍珠花与大红的贴梗海棠搭配起来，金黄的连翘与红色的榆叶梅搭配起来，五月间黄色的棣棠、黄刺梅与紫色的丁香搭配起来，可以得到季相的华丽对比，在一片多样树种的混交密林，要把此起彼落的色彩交替规划设计，形成了一系列城市内植物景观变化。

在风景名胜区或者森林公园，规划要有大面积树木植被或者四季花卉，显示其壮阔而又丰富变化的自然色彩景观。在大面积安静休息的地区，可以与专类花园结合起来，规划许多具有特色的专类景区，使园林的构图中心，随着季节的推移而轮换。例如杭州西湖边大草坪有设计的牡丹园。

在公园主出入口，或者公园景观构图中心，或者公共建筑附近，设计要求花草树木，有四季落英缤纷。

春季可以有牡丹园、芍药园、玫瑰园，例如杭州西湖"花港观鱼"以暮春的牡丹为主，"苏堤春晓"以早春的桃花为主。还有春季观赏水果的主题花园，例如苹果园、海棠园、梨园等。

夏季有以荷花为主题的专类园林，显示荷花品质清幽而高雅，例如西湖风景区的"曲院风荷"。

秋季可以观赏红叶黄叶,例如北京香山、南京钟山、西湖"雷峰夕照"景区,都是晚秋的红叶为主;还有闻香主题,例如杭州"满觉陇"秋季桂花园的飘香;还有观果,例如乌桕园,柿子园,银杏园,山楂板栗园。

　　冬季有常绿的松柏园、香樟园,还有腊梅园,杭州西湖的孤山和南京钟山的梅花山以梅花为主景观,每当冬末初春季节,暗香浮动而名闻天下。

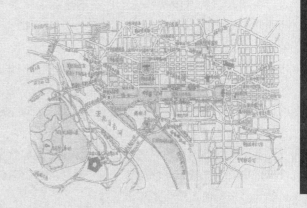

景观意境及绿地规划设计

6.1　城市面临的问题

　　城市不仅是人们的生存空间，还应该是愉快健康生活的环境，人们需要接触自然界的花草树木。这个环境需要人们认识、体验自然界山岗、河流和绿化景观。

　　这 20 多年来，我们的城市生活环境不断恶化。我们的许多城市以至郊区，在十几年前还是溪水清澈，小鸟飞鸣，保留有闲适又恬静的生活环境。在南京过去凡是晴天，随时都可从远处眺望紫金山。现在汽车多了，楼房多了，同时清溪变成了污水沟，不是在大雨之后是看不清紫金山的。

　　城市人口的激增和热能消耗量的急剧增长，发展经济而忽视生活基础。还有单纯追求局部成效而不考虑总体，对于社会生活缺乏统筹安排和全面考虑。尽管有庞大的社会资本积累，现代城市依旧变得愈来愈难以居住。在一定的城市空间里，可能容纳的人口和生产设施是有极限的。如果超过这个极限，无论怎样实行自然保护和整顿环境设施，环境也必然要日趋恶化。所以关键是把人口和生产设施等合理地安排在城市空间的容量极限之内，才能取得成效。

　　我国大城市的生活环境，已经远远突破了这个容量极限；尽管如此，仍然执拗地追求生产效率上的成绩，整个社会的缺陷已经开始明显表现出来，不能单纯用经济价值评价生活环境质量。

　　城市环境的容量极限究竟应如何决定？影响这种容量极限的主要因素都有哪些种类？这些主要因素究竟成了什么样的体系？今天的城市环境容量极限，主要是根据维护生活环境的物质水平的观点来考虑的，这和城市的正常规模主要应该考虑经济的、社会的容量极限略有不同。

　　城市环境的容量极限大概是根据以下几个条件来决定的：该城市的地形、水质、水量、日照、气温、通风、林荫、草地等自然条件；居民的收入水平、风俗习惯、对于生活的思维方式；生产设施、交通设施的种类和工作劳动情况等。特别是在考虑我国大城市的环境问题时，如果注意到地震、火灾、噪声、交通事故、大气污染等情况，则开放空间的保存量将成为容量极限的主要因素。

　　在欧洲，只要有人在那里居住，城市的自然环境就远比从前美丽而多彩。这说明自然环境可以因为人类的居住而得到实质性的改善，其容纳能力是可以增大的。中国现在情况则与此相反，当人们开始居住后，自然环境就被糟蹋得不堪入目，以致失掉容纳能力。

　　1898 年英国人 Ebenezer Howard 提出"田园城市"理论，当时英国城市发展的背景：①工业社会条件下，大城市环境恶化，自然与人居环境日益隔离。②城市土地投机造成城市无限发展。③城市人口恶性膨胀，形成社会、环境等严重的隐患。

　　"田园城市"提出的规划模式：

　　(1) 田园城市由 3 万人口组成，4km² 面积，城市外围有 20km² 永久绿地。

(2) 由一系列同心圆组成，6 条放射性大道。

(3) 中心是 20hm² 的公园，2 条环城绿化带。

(4) 外围依次是市政厅、图书馆等公共建筑，居民住宅以及学校等。

(5) 最外层是 100 多米宽的绿化带。

(6) 城市边缘有快速路、高速路或者铁路与大城市相连接。

6.2 McHarg 的绿地规划理念

McHarg 在著作《Design with Nature》中，把综合研究自然与风景规划结合，发展了生态规划设计方法，从此把风景和公园的概念扩大到更广阔的领域，使整个区域内的自然资源保护、土地利用规划与风景规划结合为一体。建成区域性绿色生态网络，连接孤立状态的绿地，维持生物栖息地的连接性和生物群体的多样性。

McHarg 提出应用生态学观点进行环境设计，在城市区域景观规划中，不仅要知道城市的位置，而且要理解城市的自然形态和特征，用地理和生态学理论研究城市自然系统和有关区域土地的自然状况。以自然地理和生态角度分析城市景观、乡村景观以及大尺度区域性景观的规划，把城市景观规划学从建筑空间划分领域扩展出来，形成多学科交叉的、用于资源管理和土地利用规划的有力工具。例如保护肥沃土地，不得在侵蚀的山坡、有价值的沼泽或淹没区构筑建筑，这种规划能把土地侵蚀、水灾降到最小，从而保护水源，提高社会价值。

德国吉森 Giessen 郊区
乡村景观

一切自然因素和生物存在的形式，都是顺应自然过程和适应环境的结果。它们是一个无限相互联系的网，改变其中某个部分都会影响部分甚至整个网络。风景是由生态确定的，风景园林规划必须按生态原则进行。合理的规划实质是研究任何有效地使用资源问题。例如在城市区域景观规划中，不仅要知道城市的位置，而且要理解城市的自然形态和特征，用生态学理论研究城市生态系统和有关区域土地的自然状况，从而确定土地的最佳利用方式。

6.2.1　地理生态因子调查

任何合理的土地利用，不论是风景区建设，还是新社区的开发都是从研究陆地及其自然过程开始的，也就是首先获得规划区内的有关土地的各种信息。有关土地的信息包括两部分：原始信息和派生信息。前者直接在规划区内获得，后者从前者产生。原始信息的搜集就成为生态地理规划的前提和基础，明确生态决定因素（Ecodeterminates），也是一切科学土地规划的基础。自然地理因素调查内容包括自然地形、自然力和自然过程。文化因素调查内容包括社会、政策、法律和经济因素。

例如，用生态规划进行公路选线时包括三方面：①一般工程要求的因素，包括坡度、基岩、土壤基础、土壤排水、侵蚀敏感性；②对生命和财产产生威胁的区域，包括飓风袭击时易遭水淹地区；③自然和社会过程评价因素，包括历史、水源、森林野生动物生境、景观娱乐、居住、风俗、土地价值等因素。

6.2.2　图层的建立与重叠

"生态地理因素"调查收集后，进入分析与综合阶段。首先根据具体情况把各因素分级别。例如：植被可分为森林、灌丛、草丛三级等。并以同样比例尺用不同色块表示在图上，即成为单因素图层（Overlays），例如坡度图、植被类型图、土壤类型图、娱乐价值图、野生动物生境分布图等。它们是进行分析与综合的基本元素，即使现在使用计算机，它们也是必要的。根据具体项目要求，把单因素图层用重叠技术（Overlay Technique）进行叠加，就可得到各级综合图（Composites）。

6.2.3　地理生态规划

调查记录是理解自然过程的前提和基础，图层分析是手段，土地适宜性分区则是结果。由单因素图层重叠产生的各级综合图逐步地揭示出具有不同生态意义的区域，每一个区域都具有最佳土地利用的基础。有的生态上极为敏感，景观独特，宜保持原貌而为保存区（Preservation）；有的敏感性稍低，景观较好，宜在指导下作有限的利用，称为保护区（Conservation）；还有一些生态敏感性较低，自然地形及植被意义不大，适于开发而成为开发区（Development）。在这三类中，可再进一步划分，这要根据具体情况而定。所得的分区结果就是土地固有适宜性图，它们揭示了规划区最佳的土地利用方式。

森林群落有单优种、共优种、亚优种的共生现象，研究人员提出土地利用集合（Land Use Communities）概念，也就是共存的土地利用或多重利用方式。例如森林区除了林木生产外，可用于水资源管理控制土壤侵蚀，也可成为野生动物栖息地，或作为狩猎娱乐的场所。土地的多重利用分析是在一个矩阵表上完成的，分析时形成相容检验表，相容从该表就可确定优势的、共优的和亚优的土地利用方式，最后绘在现存和未来的土地利用图上，成为生态规划最终的成果图。

总体规划之后，进一步制定场地规划原则，为详细的生态规划与设计明确要求，在建立自然循环系统和保护林地环境的前提下，确定居住区道路、开放空间等特定土地利用的固有适宜区域。

6.3 新城市主义生态规划思想

新城市主义认为限定城市规模的最重要的因素是自然生态环境，城镇的发展要有一定的边界，这一边界是由自然环境容量所限定的，人们不能模糊和消除这一边界的存在。从生态学角度看，确认城市的发展存在着生态极限。城市人为活动必须限制在一定的生态极限之内，取代目前浪费的、生态上不健康的城市蔓延形式。

城市应该发展一种紧凑的模式，即以新城和城市更新代替郊区蔓延。为了阻止中心城区的无序蔓延，确定中心城市的边界和确定地区的绿色空间边界。城市生长应以无破坏重要的不可再生的自然资源为原则。对城市生长界限内的土地要做好远期城市规划，以保证城市健康发展。

城市的生长演替：

新城市主义的设计思想强调城市的生长性与演替特征，这与生态系统的本质特征具有内在的一致性。在一定地理区域环境内，生态系统由一个群落转变为另一个类型群落，并逐步向稳定群落顺序发展。由于生物与环境的相互作用导致群落环境不断地改变，使群落内的生物组成发生相应的变化，直接影响到生态系统结构与功能变化。人们只有掌握了群落演替的规律，才能科学持久地开拓自然界。

城市永远不断地在变化，为人们提供着各种各样实验和探索的机会和场地，但其变化应有一条健康的主线。应当把一个城市的文脉、历史、文化、建筑、邻里和社区的物质形式当做一个活的生命体系来对待，要根据它的生命历史和生存状态来维护、保持、发展和更新。新城市主义规划设计的美国滨海城，应用关于城市的生长演替的理念。评论认为：滨海城与那些快速建设起来的人工环境不同，它的总体平面强调逐渐自然变化与增长。这种变化与增长不是由一两个设计师设计规划的，而是在城镇的建设过程中由许多设计师和其他人士从各方面对其发展作出贡献。该城的公共建筑的数目和规模是变化的；城市中每个新建筑师在进行建筑设计时，也都有重新解释法规的可能；对法规的每个微小的不同的解释都造成了一种变化，这在一定程度上实现了城市的自然变化和生长的要求。

6.4　城市绿化景观基本原则

《城市绿地分类标准》提出"对城市生态环境质量、居民休闲生活、城市景观和生物多样性保护有直接影响的绿地包括风景名胜区、水源保护区、郊野公园、森林公园、自然保护区、风景林地、城市绿化隔离带、野生动植物园、湿地、垃圾填埋场恢复绿地等。"该标准的条文说明中进一步指出："其他绿地是指位于城市建设用地以外生态、景观、旅游、娱乐条件较好或亟须改善的区域"。

城市绿地生态原则。

(1) 尊重大自然的面貌，在设计中尽量不改变自然地形和环境，极力体现自然的美，尊重一切生命形式所具有的基本特征。

(2) 公园以自然景观为特征，即是以绿化植物造景为主。不可过多地施加人工设施。

(3) 城市公园应该形成系统，发挥出城市的生态环境效应。

(4) 国家公园、城市公园的建立，是自然保护和维护人类生存的必需，而不是现代社会的奢侈。公园的建设是促进城市的经济和社会改良的重要手段。

城市绿化设计原则：

(1) 绿化设计要考虑生产、生活、交通、卫生等基本使用功能。

(2) 绿地选址比面积更重要，要考虑城市绿地系统平衡。

(3) 尽可能地保留已经成林的大树，古树已经具有地方文物价值。

有时为了保护现存的古树和大树，需改变道路走向或建筑物的布局。

在有古树名木的地段建立公园。例如云南省靠近缅甸边境的打洛镇有一个很有特色的小公园，园内只有一棵形态奇异的特大榕树，公园名称是"独木成林"，也很有特色。历史老城市和村落存在着古树名木，是珍贵的城市景观。

保存城市郊区大块连续绿地，其目的与公园不同，要提供能散步、能让孩子们接触自然的场所，所以要把鸟兽、树木、草坪等野生的自然物保留下来。城市郊区的村落和宅地，最好能够尽量保存其原有的自然特色风貌，使它能保持情趣。

绿地系统包括自然的特殊性、历史传统特点和娱乐性，不能用建筑基地和街路基地选剩下的土地充数。并且，所有的绿地都应该作为全体规划的一部分来考虑。自然景观因素多的绿地要适应自然与基地的情况而予以变化，最好使绿地与绿地之间联系起来，达到能散步的程度。

公园尽量适应一切年龄段人的要求。在城市老人有增加的趋势，还要设置能够进行小规模活动的比较安静的比赛场地。为老人设置消遣设施、读书研究的肃静场所。

在城市的公园绿地中，最好设一个依托自然地形的简易运动场地。

不是急需建设的城市旷地，可建临时公园。

设计全家参加的社会活动设施和公共游憩中心，可加强家庭生活的团聚。

演出、体育运动与市民要求的游憩设施是有区别的，不要在居住区内设置，防止喧嚣和粗俗的行为影响居住环境的宁静。

尽量利用城市的自然地形、河湖水系，例如，青岛市沿海滨建立鲁迅公园，杭州市沿西湖建立滨湖公园。南京位于长江之滨原先只有一个面积很小呈点状的燕子矶公园，现在建带状的江滨公园，濒临长江的幕府山已被开山采石削去整半个山。新建绿地景观应顺应自然形态，不可以破坏原有自然地形。

在历史古迹遗址地点，其遗址地区不宜再建工厂或居民楼，为了保护历史古迹以及相应的整体空间，应该建立公园。

不宜用作城市建设工程的地段，例如某些地质层断裂带，或河滩沙质地，不宜作为建筑用地，只能作为公园绿化用地。例如杭州"太子湾公园"就是利用整治西湖的淤泥堆积地，并获得优秀园林设计奖。

规划建立环绕城市，或者环绕社区，富有情趣的绿地步行者专用道路。例如南京顺延明朝城墙的绿化带。

美国华盛顿市城市绿地系统

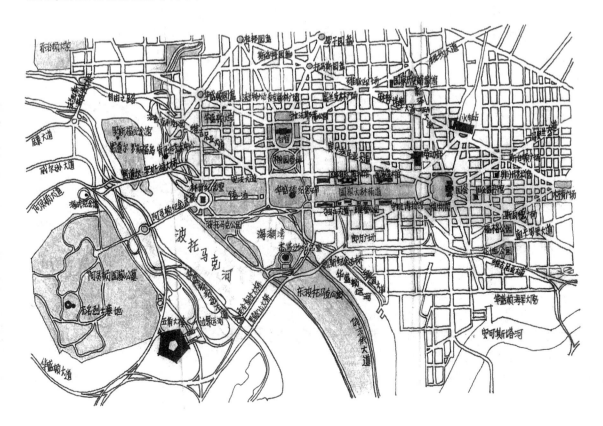

建设城市与郊区、工业新区绿化带，有效地利用绿地分隔与连接景观。

抵制自然灾害，建立防风防沙林带。

还要考虑到损害树根的道路及地下设施；步行者和公共汽车对植物生长的妨碍；以及儿童攀折树枝造成的危害等。

6.5 城市用地与艺术"空白"

在中国绘画创作中有"空白"艺术手法，为了更充分地表现主题而有意识地留出各种空间，求其空灵舒展，虚实相交，形神兼备，给人以启迪和意蕴深长美的享受。在中国写意山水绘画中"留白"是重要的艺术表现手法，是写意画的意境所在。

潘天寿说过："画事，无虚不能显实，无实不能存虚，无疏不能成密，无密不能见虚，是以虚实相生，疏密相间，绘画乃成。"老子曰："知其白，守其黑，为天下式。"（《老子·二十八章》）虚实与阴阳一样是自然宇宙空间的两个方面，相辅相成，相互对比，不可缺少。

空白成为最妙境，画家在绘画时十分重视运用"留白空间"。元朝画家倪瓒《江岸望山图》，画面正上方高山巍然耸立，中腰下平远的山峦和岛屿横断其面，中间留出一条白带，好似云雾缥缈，空白之下又间以几座若隐若现的屋宇，以山路衬之，使高山更高；以屋宇垫之，令低峦更低。加之左下方留有大片的虚白，水中泛一小舟，两隐士端坐其间，使画面更呈现出空灵静谧又富于动感的意蕴之美。

黄宾虹所言："作画如下棋，要善于做活眼……所谓活眼，即画中之虚也"。篆刻有原则"分朱布白""留有余地"。李成鱼《中国画论·神韵说》中："诗在有字句处，诗之妙在无字句处"。司徒空《诗品》中论文学："不着一字，尽得风流"。在艺术创造表现中"空白"是无言之美。

中国古典戏曲在舞台美术是通过景随人现的写意性表演，舞台的空白来实现演员表演的自由：同一场面上，时而门内门外，时而楼上楼下；几个舞步，就表示骑马、坐船；一个圆场，便是万里行程。山川湖海、楼宇广厦都通过演员的唱、念、做、打呈现在观众的意念之中。

城市规划应该有广场、绿地、公园，保存有自然河流湖泊，自然山岗，自然树林，甚至郊区空旷地；给城市空间留有"空白"。城市显得有灵韵气度，有空灵的品格，生动的气韵。而且进一步这些空地组织形成景观体系，形成相互概念的呼应空间，甚至文化序列。

绿地系统作为城市景观的重要元素，是城市中唯一具有自然生命的生态系统，对于城市区域生态环境，保持人民健康有重要意义。在城市美学景观方面有着独特而又丰富深远的巨大作用。

6.6 城市绿地系统的类型

绿地系统是由于人们追求美好的生态环境而规划的。最理想的绿地系统类型是环状绿地与放射状绿地相结合，其特点在于：

(1) 将城市郊区自然风光引进城市。

(2) 整体生态效应较好。

(3) 整体美学效应较好。

(4) 人们可以最便捷达到附近的绿地。

(5) 沿着主要道路交通系统建立绿化带。

(6) 便于防止自然灾害。

(7) 便于形成整体系统。

(8) 对城市发展提供秩序和弹性。

这样的绿地系统模式还要根据各城市地理环境、历史背景以及其空间功能确定。

1. 城市历史的发展过程

每个城市都是经过长期的建设、培育、发展而成长起来的，它也适应辩证规律，有历史过程中发展起来的资源。城市规模愈是扩大，对放射环状的绿地需要也愈多，历史资源和自然资源共同构成了城市的重要资产。例如，欧洲的巴黎、维也纳，历史上周围建设城堡，中央设立广场这些城堡就形成了环境绿地的最好资产。

2. 绿地资源的天然状况

绿地系统以其机能特性来说，大多依存于天然的自然资源状况。特别是优美的林地和河川的形状形成的绿地的基础。

澳大利亚墨尔本有马利比伦、塞拉、梅利河、加吉那河、蒙那邦德河等河川和水道都流入市区，城市的放射状绿地就是利用河川完成绿地系统规划布局的。还有美国的弗吉尼亚（Virginia）州的里士满（Richmand），英国伦敦的泰晤士河沿岸，日本的广岛市等也是利用河川形成绿地的最好例子。

3. 城市机能复杂多样

城市是一个错综复杂的多功能的综合体，城市结构组成有工业、居住以及历史古迹等等。城市工业区要重视安全和防止污染，绿化设计要考虑厂区位置和污染类型。城市居住区要重视生态环境和生活情调，绿化设计要考虑遮阴和观赏。城市历史区要重视文化空间氛围营造，绿化设计要考虑文物保护控制区。

城市这些复杂多样的功能要求，使得绿地类型丰富多样。

城市各个区域对于绿地的面积要求并非一成不变，以往的城市规划要求绿地覆盖率在30%，现在城市新区的绿化面积和绿化覆盖率标准都有增加在35%以上。

随着城市中产生的问题和为解决这些问题需要的绿地类别增加，绿地系统的类型也更丰富。

城市各种机能与绿地的关系

城市机能	绿地规划的主题	绿地的种类
住宅区	美化环境，接触自然，户外游戏活动，防风，防火，防止污染	游憩绿地，小区综合公园，儿童公园，老年人活动广场，防灾绿地
高层建筑办公区	美化环境，保持通风，保持日照，防止污染	小型公园，小型广场，步行者休息绿地
商业区	亮丽缤纷色彩，保持通风，保持日照	活动广场绿地，步行者街道绿地
工厂	防止粉尘、烟雾等各类型污染，隔离生活区，美化环境	生态林，安全防护绿带，专类树种绿地
道路交通	防止汽车污染，减低交通事故，自然保护，美化环境	缓冲绿地，道路分离带步行道绿化带，停车广场隔离绿地
飞机场，高速铁路港湾	防止污染，减低交通事故，自然保护，美化环境	缓冲绿地，活动广场绿地，停车广场隔离绿地
历史古迹地	文物保护控制区，文化氛围营造，防止污染，交通集会场	纪念广场，风景绿地，交通隔离区，文化教育活动园地
游憩活动	户外游憩活动场地，美化环境	平地、坡地、水面活动绿化空间，风景林

确定城市绿地面积标准的方法：第一，决定于占市区用地的一定比例；第二，根据人口的密度而定；第三，根据全体居住人口，每人平均应占多少面积而定。

研究绿地面积占市街地 30% 这个标准与人口之间的密度关系，就会发现，在人口密度低的地方则过多，在人口密度高的地方则过少。郊外人口密度低的住宅区，较之接近市中心人口密度高的地区，绿地平均面积应该少些。人口密度高的地区需要多的公园绿地，占有的绿地面积反而比郊外住宅区少。

作为一般的面积标准，英国认为每 1000 人平均 7 英亩（约 28m²／人）是合适的。像大伦敦规划、普利茅斯 (Plymouth)、曼彻斯特 (Manchester)、利物浦 (Livepool) 等规划，都采用了这个标准。但是在高密度市区，1000 人 7 英亩，并不切合实际。因此，1960 年在伦敦开发规划报告书中，对高密度市区的标准最后改为 1000 人 4 英亩（每人平均 16m²），暂定标准每人为 2.5 英亩（每人平均 10m²），对低密度市区，追加 3 英亩。最后标准：每人平均 28m²，暂定标准：每人平均 22m²。

澳大利亚的悉尼市，1965 年采用 1000 人 4.8 英亩（19.2m²／人）的标准；南澳大利亚的阿德雷德 (Adelaid)，1962 年采用了 1000 人为 5 英亩（20m²／人）的标准。

城市园林绿地系统作为城市建设规划的重要组成部分，绿地系统与城市建筑空间同等重要，绿化景观限制城市无休止的蔓延，同时提升城市生态和文化内涵，体现城市存在的价值。绿化景观与城市实体建设相互构成共轭关系。

城市绿地的主要形式有：

1）景观绿地环绕式

规划景观绿化带环绕城市边缘，同心圆形式围绕城市环路或者郊区环带,绿带的设置对城市发展产生了重大影响,限制中心城市区域的扩展蔓延。在绿带以外形成功能相对独立、完善的卫星城镇,周边的卫星城镇与核心城市保持一定的距离。设置环城绿化带成为控制中心城区、发展分散新城的规划模式。

2)景观绿地嵌合式

规划景观绿地以楔形、带形、环形、片状等形式在空间上相互穿插进入城市区域,或者进入城镇群体。这种形式往往以自然地理河流和山脉为基础。

3)景观绿地核心式

在城市中心不是商贸区建筑群,而是大面积的园林绿化景观,构成城市的"绿心",城市建筑和道路群体围绕大面积绿心发展。还要设绿色缓冲地带以保护绿心。城市的多种职能,不是集中在一个单一的城市中,而是分散在几个相对较小的城市中。

4)景观绿地带形相接式

规划绿地景观在城市轴线的侧面与城市相接,使城市群体保持侧向的开敞,景观绿地能发挥较大的效能并具有良好的可达性。例如在城市面对的河流一侧,或者山麓一侧建立宽阔的绿化景观带,在城市边缘形成平行景观带。这些景观带为城市用地未来发展保留空地,也为城市居民提供便捷的休憩场所。

6.7 城市绿化廊道研究

城市绿化廊道沿城市道路和河流布局,形成线形景观结构框架,对于城市交通、保护资源和美学等方面发挥了重要作用。廊道通常具有栖息地(Habitat)、过滤(Filter)或隔离(Barrier)、通道(Conduit)、源(Source)和汇(Sink)五大功能。

城市中绿色廊道的首要功能是它的生态功能,它形成了城市中的自然系统,而且对维持生物多样性、为野生动植物的迁移提供了保障。其次是廊道的游憩审美功能,尤其是沿着小径、河流或以水为背景的绿色廊道,形成优美风景,提供高质量居住环境。第三是绿色廊道为大都市的景观结构优化提供了新的布局方式,绿化廊道的效应表现为限制城市无节制发展,有利于缓解城市污染,使土地利用集约以及高效化。

按照城市绿地系统中绿色廊道的结构和功能的差别,廊道类型可分为:

绿带(Green Belt):是人工廊道,以交通干线绿化带、绕城人工绿化带为主。其位置多处于城市边缘,或城市各城区之间。它的直接功能大多是隔离作用,控制城市形态,提高城市抵御自然灾害的能力。规划形成较为自然、稳定的植物群落。

绿道(Green Way):是自然廊道,以河流、山脉、原生植被带等自然景观为主。包括河道、河漫滩、河岸和山脊高地等区域。滨河廊道对于河岸线构成自然优

美的景观，以及控制水土流失、保护分水地域、为居民提供游憩休闲场所有重要意义。廊道主要有以下三种类型，第一种是沿着河流、海岸线以及山脊线或者铁路、人工运河和其他人工廊道而形成的具有重要的生态意义的自然系统或者人工廊道；第二种是沿着河流、风景道路等具有休闲娱乐功能的绿道；第三种是连接重要的历史文化遗产和文化价值地区的绿道。

生态廊道是以恢复和保护生物多样性为主要目的的，规划设计以建立稳定的生物群落、提高生物多样性为基本原则。

游憩观光廊道是以满足城市居民休闲游憩为主要目的的，规划设计以形成优美的植物景观为出发点。城市中廊道大多兼有生态环保、游憩观赏、文化教育的功能，其中生态游览放在功能首位。

遗产廊道是顺延河流或者山脉分布有历史古迹遗址的带状区域，蕴涵有区域历史文化和自然景观资源的廊道。保护遗产廊道意味着保存地方历史传统，与其相关联的生态区域一起被通过连续的廊道连接和保护起来，本来呈破碎状态的湿地、河流和其他生态重要的区域同乡土文化景观进行整体性的规划，意味着游憩、生态和文化保护等多目标的结合。

构成遗产廊道系统的主要因素有两个方面：一是历史古迹实物，秦淮河及沿岸的明城墙均属此类。二是潜在的连接这些遗产而形成廊道的景观元素，包括历史上形成的具有文化意义的线性景观，一些具有游憩价值的景观元素如林地、水体等，以及那些目前并不具备休闲价值，仅仅因为其空间关系而适宜成为遗产廊道组成部分的景观元素。遗产廊道已经成为美国国土保护地的重要组成部分。

绿色廊道设置遵循的原则是：①生态性原则：绿色廊道的规划首先必须在自然地理环境的基础上进行，以城市山脉和水系作为基本网络骨架，提高城市自然属性是生态性原则的重要体现。②文化历史性原则：城市文脉最初起源于自然地理环境，自然要素和历史文化要素相互融合的结果。城市绿色廊道应该成为构筑历史文化氛围的桥梁和展示城市文脉的风景线，对于保护城市历史景观地带、构造城市景观特色、营建纪念性场所有着极为重要的作用。③环境保护性原则：由于大型城市污染较严重，环境质量较差，绿色廊道的规划必须与控制和治理环境污染相结合，发挥廊道的生态防护功能。④游憩观赏性原则：为城市居民的游憩观赏，接触自然，并且形成城市优美的景观面貌。⑤整体性原则：从城市的整体出发，通过绿色廊道的设置将建成区、郊区和农村有机地联系在一起，将城乡自然景观融为一体。

绿色廊道结构主要在于植物群落的配置方式和类型，大面积成片的绿化是最重要的问题。无论是道路绿带还是河岸植被带，都要把生态环境保护放在首要位置，园林景观小品只起点缀功能。植物配置应以乡土树种为主，以地带性植被类型为设计依据，配置生态性强、群落稳定、景色优美的植被。在其内部要建立起绿色容积率高的以乔木为主的植物群落。

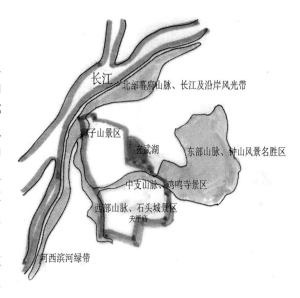

南京绿地景观空间规划分析图

在研究廊道的规划设计原则时，涉及廊道的规模宽度、数量、结构和设计模式等。以生态环境质量的要求为主要参考标准。

线状和带状廊道的宽度对廊道的功能有着重要的制约作用，河岸和分水岭廊道能满足动物迁移，宽度为 1000m 左右，较宽的廊道还为生物提供具有连续性的生境。在 3 ～ 12m 之间，廊道宽度与物种多样性之间相关性接近于零，河流绿道植被的宽度 30m 以上时，就能控制水土流失、河床沉积和有效地过滤污染物等基本生态环境方面的要求。道路廊道 60m 宽以上，可满足动植物迁移和传播以及生物多样性保护的功能。绿带廊道宽 600 ～ 1200m，能创造自然化的物种丰富的景观结构。各种类型的廊道宽度和组成廊道的植物群落的结构密切相关。

6.8 欧洲两个城市绿地系统比较

6.8.1 柏林勃兰登堡绿带与兰斯塔德绿化

城市绿化景观的问题存在两种截然不同的观点：一种观点认为绿化景观是城市和乡村的隔离因素。根据这种观点，绿带的设计是用来保护紧凑的城市格局的。另一种观点认为绿化景观是城市区域的连接因素，将各个部分连接成一个区域性的城市；根据这种观点，景观被视为一个绿心。

欧洲城市区域两个相互对比的规划案例，代表了城市与绿化景观完全相反的两种关系：柏林—勃兰登堡区域公园，形成了围绕德国首都柏林的绿带。而荷兰的兰斯塔德（Randstad）则形成了城市区域的绿心。比较两个案例得出以下结论：绿化景观对于城市空间影响是多元的，可能是融合，也可能是限制，还可能是两者都有。

欧洲城市区域中的城市和景观分布的理想形态，一直是重要研究课题。凯文·林奇（K.Lynch）曾经提出大都市区的五种基本形态：蔓延式城市，带状城市，紧凑型城市，星形城市和环状城市。每种形态均有理论模型和实际应用。

勒·柯布西埃（Le Corbusier）的"光辉城市"和弗兰克·赖特（Frank Lloyd）的"广亩城市"代表了在大城市范围内聚集和分散的两个极端。在可行性的讨论中，"紧凑型城市"已经成为一个新的，但并非唯一的主导模型。根据这一观点，景观规划者通常建议使用绿带来实现可持续的城市形态。

后现代主义地理学者和规划学者也指出了传统的"紧凑型城市"的不足，提出从城市中心到郊区的同心圆模式将被舍弃。相反，在现在的城市地区城市形态经常被描述为"组团结构"、分解和分裂。洛杉矶大都市区就是这种后现代主义的城市景观原型。至于超前的"景观城市化"（"Urbanization of Landscapes"）和"城市景观化"（"Landscaping of Cities"），有些规划学者将这种城市与景观的融合定义为"半自然景观"（"Middle Landscape"）或"城市景观"（"City Landscape"）。《"中间城市"的方法》（Zwischenstadt）（Sieverts，1997），探讨了城市未来空间消费的合理性及城市蔓延这一事实的可接受性。这种方法在某种程度上仍在延续着"绿心"的传统观念，即认为景观是"中间城市"的重要连接因素。

景观扮演什么样的角色？是将城市区域中的不同组块连接成一个区域性城市，还是将城市和乡村隔离开来？两种不同的规划方法，它们代表了城市与景观完全相反的关系：柏林—勃兰登堡区域公园，形成一条绿带，把柏林从与它的邻近区域分离出来；而荷兰的兰斯塔德的城市绿心，则使多中心的城市地区朝着区域性城市的方向发展。两个案例的共同点就是，绿带和绿心的区别并非来自景观本身，而是被动地来自城市发展政策：正如没有卫星城发展战略，就没有伦敦的绿带那样，绿心也代表了一种城市的发展模式。

6.8.2 绿带景观的分隔作用

景观作为城市用地分隔因素的观点起源于中世纪城市与乡村的矛盾。随着城墙、城门、城市法律和城市关税的兴起，几个世纪以来欧洲大多数城市与乡村之间产生了鲜明对照。城市与乡村的二元性影响深远，即使在城墙被毁掉两个世纪之后，欧洲的城市和景观规划者心中仍有这种文化意向。将乡村作为休闲和食物供应之地，而使城市融合到乡村中只是最近区域规划的理念。

1. 绿带规划的历史渊源

自 18 世纪和 19 世纪大多数欧洲城市的城墙被毁坏以来，城市和乡村之间的绿带作为一种规划理念就被提出来了。这一时期，从前城墙的绿化区域就成为市民休闲、散步的去处。19 世纪末，霍华德用它影响深远的"田园城市"模型将中世纪同心圆模式的城市转变为成长中的工业城市区域。田园城市被绿带包围着以严格限制其扩展。绿带的观念基于农业供应的区域划分。这一观念的应用在整个 20 世纪起伏不定。但是因为实施起来比较简单，所以也受到一些国家和地区的欢迎。绿带在 20 世纪英国是地方规划的重要组成部分。自大伦敦规划开始，英国的好几个大都市连绵区都建立了绿带。在欧洲的其他城市，比如维也纳、巴塞罗那、布达佩斯和柏林，绿带也是一种流行的城市和区域规划方法。

起初绿带的功能是限制城市增长，避免城市之间的相互融合，区分城市与乡村。随着 20 世纪 70 年代环境问题的出现，绿带又增加了生态功能。通过控制建设用地的发展来实现绿带的自然保护和城市再生功能。关于绿带和城市增长之间的关系，从来没有一致的看法。保守派的观点坚持认为绿带是城市增长的瓶颈，比较开明的观点认为它只是将城市居住地划分成几部分。田园城市更倾向于第二种观点，因为它将中心城市和周边地区合为一体，并且非常灵活：一个田园城市的居民可以利用快速的交通工具，几分钟就可以到达另外一个田园城市，因为这两个城市的居民实际上生活在一个社区里。

　　柏林—勃兰登堡区域公园：形态和功能

　　关于空间形态，柏林—勃兰登堡地区高密度的都市居住区（340 万人口，人口密度 3909 人 /km²）和附近低密度的乡村地区形成鲜明的对比。与欧洲其他大都市区比，这里乡村地区 175 人 /km² 的人口密度异乎寻常的低。这种紧凑的城市形态是柏林墙的产物，冷战期间柏林墙耸立城市西部（1961 ～ 1989 年）。

　　自 1989 年德国统一以来，郊区化成为城市区域发展的主流。在郊区化进程中，产生了一种新的郊区用地结构，包括居住区和商业区、购物和交通中心、高速路和大规模的地下基础设施。郊区的城市化区域正逐渐改变其原有的乡村和小城镇化特征。在愈演愈烈的大都市区域化背景下，城市和乡村之间的差异越来越小。

　　1990 年代以来，"柏林—勃兰登堡空间结合规划部"（the Joint Spatial Planning Department）一直计划围绕德国首都柏林建设一系列的区域公园。总面积达 2800km² 的八个不同公园，组成了一条绿带。至于形态设计，区域公园继承了 P·J·林内（P.J.Lenné）的"柏林住区装饰和分界法"（1840）及 H·杰森（H.Jansen）的"森林草原带"（1908）的思想。1998 年以来，"柏林—勃兰登堡空间结合规划部"正式划定了区域公园范围。规划八个区域公园，每个区域覆盖了数百平方公里。

　　区域公园之间城市化程度有差异，因此，区域公园是相互独立的单元，不应该按统一的标准来设计。它们的尺度决定了它们不可能作为公共园林来发展。作为一种新的开放空间，区域公园既不同于城市公园，也不同于自然保护区和国家公园。相反，它们被认为是一种人造景观。这种定义包括大范围的土地利用和明确的聚落发展。"柏林—勃兰登堡空间结合规划部"将区域公园景观构想成一幅和谐美丽的画面，具有乡村特征，自然受到保护，休闲舒适，可持续地利用土地和森林资源。

　　2. 分隔政策与整合政策的冲突

　　在外围地区保持一种紧凑的城市形态表明了城市与乡村的一种政治上的对立。在大多数乡村居民看来，单方面地将绿地看做一种开放景观是不可接受的。就柏林—勃兰登堡区域公园而言，尽管规划方法本身得到了八个地区的支持，但是绿带的设想几乎没有得到政治上的支持，甚至被勃兰登堡地区大多数的执政者拒绝了。当地居民不愿成为中心城市的生态补偿区或社会休闲区，而想成为独立的自治区。这种态度在那些很难有资格作为休闲和自然保护区的区域公园地区特别突出。

在这种情况下，就出现了将城市与乡村分隔还是整合的矛盾。首先，区域公园的规划方法没有将郊区仅仅局限为聚落中心；因为这样做必须采用其他的手段，比如制定人口增长界限等。但是，那些自以为是的联邦和区域规划者，用合作、综合、景观限制、区域活动和网络这样的术语创立了一种新的规划方法。其次，区域公园不是强制性的任务，而是保护和维持区域发展的一项建议。与之相反，作为封闭的空间模式，绿带的实施要求中心城市与郊区之间有很强的等级关系。因此，这种封闭的城市发展模式要求采取强硬的规划手段，比如禁止建筑、获取土地及财政补偿等。温和的非正式的手段几乎不可能实现分等级的、单中心的居住结构，而且在郊区增长和城区内部竞争的压力下，无法保护空地不被侵占。

郊区增长和城区内部竞争共同关注私人住房和公司的安置、区域食物供应不足和绝大多数公共规划的限制，以此来控制私有土地。土地私有化是环欧洲城市绿带无法实现的主要原因。尽管有更多的政治因素，但是绿带规划者不得不考虑这样一个简单的事实：把一个大城市与绿带融为一体，完全只是他们头脑中的美好愿望，从郊区景观的生态学或美学角度来看，是很难实现的。因此，绿带模式并不符合景观与土地利用的实际情况，只是一种抽象的美好的城市形态。

3．绿心：景观作为区域城市的中心

(1)"绿心"规划的历史渊源

霍华德的田园城市中央是一个圆形的中心公园。在他看来，社区的中心应该是开敞空间。通过这种方式，霍华德摒弃了城市原来的市场和交易功能。并且，绿心拒绝"有机规划"这样的字眼，"有机规划"最初由美国城市理论家 L·芒福德（L.Mumford）在 20 世纪 30 年代提出来的。"有机"城市规划在 1950 年代的德国和其他西欧国家也流行一时。这一时期，城市被看做与自然界的生命一样，也是由血管（道路）、肺（绿地）、细胞（居住区）和心脏（行政和经济中心）组成的有机体。

绿心规划学说的中心思想是用开敞空间将各个地区连接为一个空间整体。数年前，荷兰的大都市兰斯塔德就被看做是一个区域城市。正如"绿心城市"所定义的那样，兰斯塔德的空间实体就是由中心的开敞空间——绿心组成的。谈到这个实例，核心问题就是：开敞空间能承担起有卫星城的大城市中心地的功能么？

(2)兰斯塔德的绿心：形式和功能

兰斯塔德是荷兰西部大都市连绵区多中心规划的典范，将阿姆斯特丹、鹿特丹、海牙、乌德勒支四个主要城市连为一体。兰斯塔德围绕中心的开敞空间形成马蹄状的城市区域，中心地在 1956 年首次被称为"绿心"。

现在，有众多卫星城的兰斯塔德覆盖了大约 6000km² 的地域，拥有 600 多万人口。其中有 400 多万在居住圈内定居，居住圈又分为南翼和北翼两部分。绿心覆盖了卫星城中心大约 1500km² 的范围，以防止个别城市内聚为一个独立的城市化地区。在绿心内部，有 70 多个自治州，其中 43 个完全在绿心的界限以内。绿心大部分由农业用地组成，主要用于放牧。乳产品基地随着需求的增加，规模增长了数倍。绿心内的部分地区和湿地地势很低，有些湖泊被用作娱乐场所。

兰斯塔德概念最初是 1930 年代荷兰皇家航线和 Schiphol 机场的创始人提出来的，他认为机场应该建在城市区域的中央。20 世纪 50 年代，这一概念得到了国家委员会、区域和地方代表的认同，以此来表示阿姆斯特丹、鹿特丹、海牙和乌德勒支四个城市的相互聚集。当时，兰斯塔德仅仅用以表示城市链，没有考虑城市之间的开敞空间。到了 1960 年代，"绿心都市"就用来表示有中心绿地的多中心卫星城市兰斯塔德。这一时期，绿心仅仅就是耕地，保护绿心就是保护农业生产。1966 年，国家空间规划的第二次报告明确了兰斯塔德的三项功能：平衡人口分布；保护绿心，因为开敞空间作为整个兰斯塔德地区的游憩中心，所以应该严格控制人口增长；建立合理的居住中心以疏解兰斯塔德南部和北部人口密集区。

但是绿心人口密度日渐高于国家平均水平，郊区社区化、城市化趋势越来越明显。20 世纪 70 年代，居住地逐渐失去了其乡村特性，城乡结合体逐渐形成。

1988 年政府住房、自然规划和环境保护部门作的空间规划报告，已经将战略中心由控制物质增长转向鼓励经济增长。作为景观，绿心仍然起着隔离城市与郊区、居住地与开敞空间的作用。因此，绿心的边界划定得非常精确。1998 年，绿心正式成为荷兰的"国家景观"。

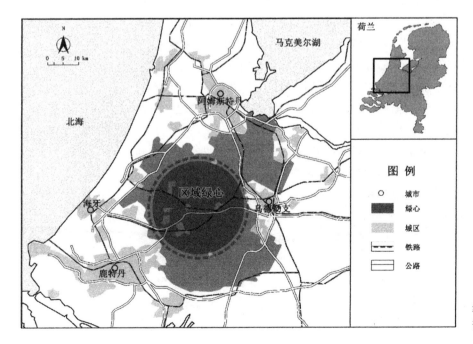

绿心作为荷兰兰斯塔德的中心

(3) 分隔政策与整合政策的冲突

经济增长和绿心保护之间的关系越来越紧张。荷兰地理研究所分析了概念实施的有关问题：过去十年里，绿心一直受到城市郊区化侵袭；绿心也受到新公路和铁路建设的威胁。这些基础设施的建设是为了适应人口流动的增长；为了适应地方发展的需求，在政策上作了一些让步；兰斯塔德内部和周围用于休闲娱乐的开敞空间不足。除湖泊外，绿心其余的部分很少用于休闲娱乐。

绿心作为区域的开敞空间就面临着两难的境地：是作为城市与乡村的分隔者呢，还是作为"绿心区域"城市的整合者？这种矛盾包含着一个更基本的问题：兰斯塔德是一个真正的区域结合体呢，还是仅仅作为规划和政治的构造物？将绿心视为景观功能实体的理由是什么？

绿心内用于休闲和自然保护的区域是十分有限的，地区"田园风光"的想象多于事实。绿心景观无法承担兰斯塔德中心地的全部功能。经济萧条时期保护农业用地和防止环境污染对限制郊区发展对于当地农民无足轻重。绿心缺乏保护的主要原因是，绿心空间模式的缘起不是来自人们对景观质量的主观要求，而是城市发展的被动的产物。

绿带和绿心方法适用于不同的居住类型。绿带适用于四周环绕着乡村的单中心城市，而绿心则适用于多中心地区。显而易见，单中心地区和多中心地区没有什么可比性。居住类型不同，景观就起着不同的作用。第一个案例中，景观是城市的外围地带，绕城市形成一条绿带。第二个案例中，景观是城市的内部区域，形成城市区域的中心。研究表明，尽管绿带、绿心的空间模式数十年不变，但景观的功能已经有了很大的变化。它们同样基于"美好城市形态"的设想。

绿带和绿心在实施中产生的问题，表明开敞空间在城市区域建设中有双重作用：空间单元的整合者和分隔者。城市区域景观的矛盾很难通过城市和景观规划反映出来。绿心方法将景观设想为区域城市新空间形态的联系者。但是荷兰"绿心城市带"的案例表明，对景观这种联系功能的期望值明显过高。反过来，传统的绿带方法将景观作为中心城市和郊区、城市和乡村的分隔带，这种想法也很僵化。不管绿带还是绿心，将城市和乡村隔离的规划方法都仅仅用静态的方法解决居住区的空间形态问题。它们没有考虑到各种力和流的动态性，可以促使城乡间的差异朝城乡一体化的方向发展。

在两个案例中，城市绿带和绿心的景观功能都是被动地源自城市形态的要求。但是成功的区域规划必须在人们需要和理解的基础上，赋予景观主动的功能。很明显，以绿心和绿带的形式来保护开敞空间忽视了对它们起因深度理解。绿带和绿心只是区域规划者抽象的概念，根本没有真正的物质和社会实体。城市区域范围内成功的景观保护方法必须慎重考虑当地的条件和需求，这是区域规划的基础。

6.8.3 南京城市绿地的研究

历史上南京城市以绿化环境优雅而著称，绿化以自然山水脉络作为骨架布局于城市各处。自然山水脉络的破坏也严重地影响着整体绿化的布局。现代的南京城市绿化规划首先应该考虑自然山水脉络修复与治理，并且以此作为基本背景进行绿化布局。

规划设想以主城区为核心，以都市圈绿色生态防护网为基础，以古城墙和护城河绿带为内环，以主城区外环路绿带为中环，以土城头和秦淮河绿带为外环，以及由主城区向外辐射的道路绿化带为网架形成相贯通体系，使整个绿地系统形成一个成环、成网的环状网络式绿化体系，并通过众多的绿化景点使其环环相抱，层层相接，形成有机整体。

放射性道路绿带主要是主城区向外延伸的通道，同时也是由外地进入主城区的城市风貌走廊。绿带主要以道路绿化为主，着重在道路两侧以自然绿化形态，形成几条通长的绿色长廊，并在市区东南方向将夏季海洋性季风引入主城区。这些绿色长廊与明城、绕城公路、环城公路三个绿化环贯穿相接，从而形成了具有环状网络结构的绿化体系。

规划指标：参照国际通常采用的绿地指标并结合南京的实际情况，南京市园林局提出 2015 年力争达到人均公共绿地 15m^2，绿化覆盖率 50%，绿地率达 45%，人均绿地 60m^2。

规划布局结构：依顺南京城市内外山脉和水系骨架结构，以 3 条自然山脉、长江以及两条支流作为绿化景观廊道，依托现有的园林绿地基础，确定南京市绿地系统以主城区绿地系统为核心，以都市圈大环境绿地为生态绿地圈，以明城墙、绕城道路、环城道路 3 个绿环及 8 条对外快速国道绿廊为生态绿地网架，以 4 片楔形绿地、5 组自然保护区和 30 片主要风景林地为城市生态绿地板块，形成"心、轴、圈为主体，环、廊、网为基础，楔、区、片相交融"的生态园林绿地系统。

主城绿地系统核心：以钟山风景区为主体，以雨花、石城、燕子矶—幕府山风景区为依托，以明城墙风光带和秦淮风光带为纽带，以绿化道路为骨架，以纵横分布的道路、河滨和外围环抱的长江绿轴和绕城公路为网络，网络内的公共绿地、附属绿地、各种绿色空间合理布置，点、带、网、片互相关联组成城市绿地系统。主城绿地系统规划着重突出山、水、城、林交融一体有历史文化内涵的特色，以与居民接近的量多面广的中小公园、街头绿地以及居住区绿地、专用绿地为基本点，以纵横分布的滨河滨江绿地、道路绿化、防护林带为纽带，形成主城高水平的点线面结合的绿化系统。

自然地理格局系统是历史文化名城的基本背景。以连绵丘岗山系、河流城壕为骨干，保持山体轮廓的连续性、河流水网的完整性。顺应山脉和河流脉络规划出连续的自然景观廊道和历史古迹保护廊道，以自然山水地形为纽带贯通各自相对独立的历史遗迹，形成地理景观系统的基础格局。

保持南京城市地理格局系统的三条山脉和两条河流景观。山脉是：北部幕府山至狮子山脉络，中部紫金山至北极阁脉络，南部牛首山至祖堂山脉络。河流是：秦淮河和金川河，保持这五条脉络的连续完整性，以及其自然的品质。

现状占据这五条自然脉络的各单位建筑，今后逐步拆除，建立自然绿化带系统。

风貌规划：充分发挥山脉、河流、城墙、绿化交融一体的城市空间特色，从整体上按照城市地理格局、城市历史区域和文物古迹三个层次，以明城墙、人工城壕、自然的山林、自然水系和现代林荫大道为骨干，连接各个片、区、点，形成保护网络。

八卦洲位于江北化工区、主城和六合瓜埠新化工区之间，因其特殊的位置和大面积完整的自然植被和农田条件，是保护主城环境质量的重要缓冲地带和净化空间，规划以保持其完整的绿色空间为主，不再进行大规模城市建设。

环城绿化环带：绕城公路绿化环带，城市二环路绿化环带，明城墙以及护城河环带，形成环抱主城的绿色围圈系统。

外环绿带，沿土城头墙基两侧50m范围绿带，并包括尧栖和幕府山两大林带，呈环状拱卫着主城区，开发建设要点：以土城墙基两侧内的路堤、抛荒地、河滩地及部分闲置农地为基础，作为风景林、经济林、防护林和小游园建设，并将其中乡镇、村庄的房前屋后及道路两旁、河岸两侧植树造林，与林带交融，形成一个较为完整的绿带。将绿带中局部地域较宽的姚坊、仙鹤、太平山及老虎山等丘陵山地，因地制宜开发建设成具有山林野趣的山地公园，以防护林、风景林、经济林、外环小游园、外环公园，从而组成环抱主城区的宽阔连续绿带。

中环绿带，主城区外环路两侧30m范围内，宽度控制在200m，建立绕城公路绿化带。沿道路形成生态群落的群体绿化带，组成主城区的第二层绿带。开发建设要点：道路两侧以自然式树群为主，形成绿色通风走廊。在沿路主要桥梁和交叉路口，人流较大的地段，合理设置小游园等休息地，以保证交通安全。

内环绿带，明城墙内侧15m和护城河外侧15m作为景观保护地带，以滨河路为界。建设要点：结合城墙周围的山坡地，以历史城墙为主景观，结合明城墙保护和改善城市生态环境的要求，以林带为主体，在人文景观较为集中的地段，设置行人游园或环城公园，形成开阔的观赏空间环境，忌讳几何造型的现代商业建筑。结合名胜古迹、地形地貌，发展明城垣环城公园，沿明城墙外侧至护城河形成环抱主城区的第一层绿带。

与环城绿带相关的广场及道路交叉口，应根据其不同类型，以不同的风格体现严整、开阔、简洁等气氛，形成各具特色的绿色景观。环城绿带中沿街居住区和单位的绿化，尽可能采用开敞透露的手法，内外渗透绿带景观。

南京沿城墙绿地廊道景观规划

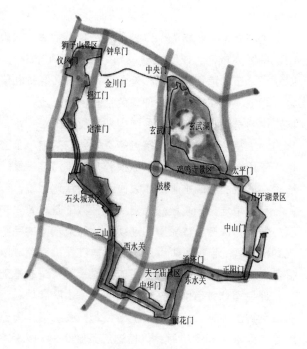

南京沿秦淮河的石头
城遗址景观

南京钟山风景区灵谷寺
景观

七个自然保护区：石臼湖、云台山、大连山、青龙山、东庐山、马头山、横山自然保护区，逐步建立和完善生物多样性资源保护规划，为南京绿化生态可持续发展建立基础。

八条绿化走廊：宁沪、宁合、宁杭、宁芜四条高速和104、205、312、328四条国道绿廊，形成进入南京的重要绿色走廊。这些绿带内接主城、都市圈，外连六合金牛风景区、溧水天生桥、无想寺风景区及高淳老街、固城湖风景区。道路、绿带的建设按其作用分三级考虑。国道、高速公路、机场专用路、绕城公路、二环公路等汽车专用道及明城外郭两侧各80m范围，建立稳定的绿化带；省道两侧和地方公路两侧30m范围，建防护林；县道及其他地方性道路两侧各预留15m防护林，沿河、沿长江视其功能需要，设立水源、历史文化及景观保护性绿带。

绿网：都市圈生态防护网，由植被层、水体及开敞空间构成都市圈的绿色生态网。规划将城镇之间的山林、农田、水体、人工防护林带作为生态主骨架，以主城为核心的对外放射交通走廊、河道绿化带为楔形连接体。在客观上形成对主城及外围城镇、城市化新区不同尺度的绿色包围圈，并以楔形方式将城镇外围的生态主骨架与城镇内部的生态次骨架相衔接，形成完整的生态防护网架。

防护林：中央门外工业区、西善桥工业区、大厂、板桥、龙潭等大工业区建立工业防护林；在城市西南郊沿防洪堤、西善桥—集合村公路、绕城路，植造防护林带；在长江南岸建设烈山段、夹江段、燕子矶段、西渡段水源保护绿地，长江北岸建设桥林段、浦口棉毛仓库段、扬子取水口段、黄天荡段、八卦洲段水源保护绿地。

完善城市公园体系：老城旧区改造，在原先建筑密集街区，为拓宽绿地和防灾需要留出绿化空间，道路、河道的节点开辟绿地，形成网状节点小型公共绿地体系。在新城区充分利用自然山水，开辟大面积的绿化公园，形成块状城市公园分布格局。在都市圈中结合风景区和大面积山林地建立多功能生态保护绿化体系，组成南京市完整的绿化公园体系。

南京城市具有丰富的景观资源，城市规划12片风景区：

城市内部5片：

钟山风景区，以紫金山玄武湖作为主景观，历史遗址比较多，自然山水景观比较完整。

石头城风景带，以石头城清凉山作为主景观，历史内涵深厚，主题山脉被交通干线切割破碎。

秦淮河风景带，以秦淮河夫子庙为景观核心区，两岸有众多的人文遗址和历史建筑，近些年商业化趋势明显。

沿江风景区，有燕子矶、幕府山、狮子山等序列山脉景观，但是山脉被切割严重，下关区域有众多工厂企业混杂布局，环境比较混乱。

雨花台风景区，有雨花台、菊花台、花神庙等自然丘陵景观，现在城市交通干线穿越切割，山头各自孤立。

城市郊区 7 片：

栖霞山风景区，以古寺庙、秋季枫林为主景观。

汤山风景区，以阳山碑材、古猿人洞为主景观。

牛首山风景区，以明朝古塔、郑和墓、南唐二陵为主要景观。

老山森林风景区，以古寺庙、珍珠泉、自然山林作为主景观。

六合金牛湖，以轮廓水面、丘陵山地作为主要景观。

胭脂河天生桥，以明朝人工开凿的河渠为主景观。

石臼湖风景区，以辽阔水面以及沿岸生态湿地为主景观。

6.9　城市绿地分类与规划内容

绿地作为城市用地的组成部分，其类型划分，须同城市规划用地分类的系列相协调。作为城市总体规划的一专项系统规划，其内容要有科学性与可操作性。便于城市用地的建设与管理，并有助于推进城市的生态环境建设和城市的可持续发展战略的实施。

城市绿地包括城市建设用地范围内的各种绿化用地和在城市规划区范围内的绿化地域。前者如公园绿地等；后者是指对城市生态、景观环境和休闲活动等具有积极作用的绿化地域。

城市绿地的分类因用地的功能和有关绿地建设与管理的体制不同，尚未有国际上统一的分类方法。如美国的园林绿地基本上分为三级：国家公园系统、州立公园系统和城市公园；日本园林绿地也分为三种：自然公园、国营公园和城市公园。

我国曾对城市绿地的分类有过不同的划分方法，较为长期沿用的是将城市绿地分为：公共绿地、专用绿地、居住区绿地、生产绿地、防护绿地和风景游览绿地六类。

（1）公共绿地：是指城市园林绿化部门管理，为公众使用的绿地。

（2）生产绿地：是指生产花木的苗圃和为城市绿化服务的生产、科研的实验绿地。

（3）防护绿地：指对城市环境、灾害等具有防护、减灾作用的林带等绿地。

（4）居住绿地：是指居住用地内的绿地，如居住小区游园、组团绿地、宅旁绿地、配套公建绿地等。

（5）专用绿地：或称"单位附属绿地"。是指包含在其他城市建设用地中的绿地，如道路、市政、公共设施、工业、仓储等用地内部辟作绿化的用地。

（6）生态景观绿地：是指位于城市建设用地以外，对城市生态环境质量、城市景观与生物多样性保护可有直接影响的区域。

公共绿地乃是城市绿地中的主体，它使用频率较高，直接为市民提供游憩与观赏等的活动环境。公园绿地的规划设计与园艺水平往往是体现城市文明和城市面貌的重要表征。对于第 (2) 到第 (5) 大类的绿地，由于它们对城市环境保护和美化市容等方面的作用，同样要讲究规划设计质量和环境效果。

城市绿地规划内容

(1) 调查城市绿地现状，现有公园、绿地，当地适合树种、花卉，自然地理条件等。调查城市绿地分布，面积等数据。

(2) 分析、研究现状问题和发展条件。分析城市地理景观状况，用地布局状况以及人口分布。

(3) 依据城市经济社会发展规划和总体规划要求，确定绿化规划指导思想和原则。

(4) 研究确定城市绿化发展的目标和主要指标，住房和城乡建设部规定公共绿地 6 ~ 8m²/ 人。新区要求高于这个指标，老城区可略低于这个指标。

(5) 研究城市布局，确定绿化用地规划。

(6) 确定公共绿地、生产绿地、防护绿地、风景名胜地等位置、范围、性质和功能。做到绿地分布均衡。

(7) 划定保护和保留的城市郊区绿地范围。

(8) 确定建设步骤和近期设施项目。以确保与城市开发建设协调同步，确保投资有效。

(9) 提出实施管理意见。以保证规划得以实施。

景观意境及绿地规划设计

7　城市公园景观规划

7.1　城市公园属性

　　世界古代园林三大体系包括古希腊园林、古巴比伦园林、中国园林，它们最初起源历史都是为帝王贵族等极少数个人使用服务。在当时社会条件下，园林绝对是私人拥有的产物，绝大多数平民百姓一辈子也没有见过园林是什么样子的。

　　"皇家园林"是皇帝个人的私有财产，决不允许公众享用，也不允许亲信大臣共同享用；颐和园、圆明园、避暑山庄为清朝帝王个人所拥有，南京的玄武湖曾经为南朝帝王个人所拥有，是绝对不允许普通民众进入的。苏州留园、拙政园、网师园，扬州个园为官僚富商个人拥有，也是私有财产，公众是不能享受的，但其规模和面积比帝王园林小得多。

　　在文人园林之中，建筑空间是非常狭小的。其中的亭廊只能供一两人游览使用。景观的设计也是静态的，只能是个别人细细地品味其中的韵味。其根本不属于大众游览的景观场地，是绝对的私人场地空间。只有寺庙园林和自然风景名胜是公共园林，是任何人都可以参观、欣赏和游玩的。

　　与此古代"私家园林"相对应的是现代的"公共园林"，这是公众人人皆可以进入的园林，即我们今天称呼的"公园"。中国长期处于封建社会，几千年封闭思想和社会机制，使中国传统园林在绝少受到外来影响的情况下渐进发展，它的变化是缓慢的。

　　现代公共园林理论和实践诞生在美国。1858年奥姆斯特德F.L.Olmsted设计的第一个城市公园在美国纽约城市中心，名为"Central Park"。这是现代

1858年奥姆斯特德和他设计的纽约中央公园

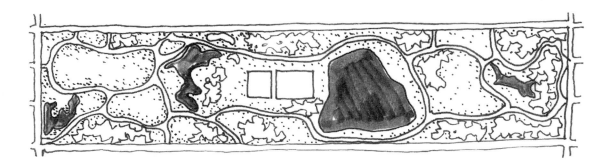

美国纽约中央公园平面图

工业社会物质文明和精神文明发展的产物，体现资本主义的"博爱、平等、自由"的思想，现代的公共园林在政治上体现出现代社会的文明和进步。这个公园与人类历史上各个时期的公园完全不同，它有两个特点：公共的和生态的。在一切都是商品化的资本主义社会中，公共园林却没有围墙隔离，从来不售门票，从来不是追求商业利润的地方。园林用地的意义不应该仅仅局限于其本地块利益，园林用地更广泛的意义是改善整体城市生态环境，陶冶民众情操，培养社会精神文明的休闲娱乐场地，园林绿地是社会公众福利事业，所以在国外园林用地都是公共绿地。

在十多年前中国公园内造景设计考虑是"挣钱"，围墙分隔了城市与公园绿化景观，买门票入园才能欣赏被围墙封闭的园林绿化景观，而园林中还另有围墙设立"园中园"，每欣赏一景都要买一次门票。围墙再次分隔园林相互景观。公园的围墙和门票制度，是"以园养园"的政策下的必然结果，随着中国与世界经济的日渐接轨，文化的交流日益密切，中国公园的景观设计也与世界现代文化同步，中国的城市公园成为与城市景观融合的景观，而不是围墙隔离的"独立园"，更不在园林用地上追逐商业利润，园林完全开放成为城市的公共空间。

现代城市环境面临重要的问题，城市建筑高度密集，居民生活在钢筋混凝土丛林之中，城市的空气、水体、土壤都受到污染。在视觉景观上，都横平竖直几何式的布局和方块形的几何体排列。在听觉上，也受到工业和交通的噪声污染。这是全世界大城市共同面临的问题。居住在城市的居民最向往的是大自然的蓬勃生趣和返璞归真的美，因此必须建立富有自然情趣的风景园林。

现代园林的另一个重要特征是生态效应，强调改善人们的生态环境。19 世纪随着人们大面积开垦地球上剩余的原始景观地域，以及特大城市迅速发展，出现了研究人与自然和谐关系的"生态学"、限制开发的"保护自然运动"，以及"花园城市"理论。在现代化大城市城区内建立的园林是改善整个城市生态环境的重要场地。这是古代历史上的园林从来没有的服务功能。在众多人口聚集、楼房林立、交通纵横的城市环境中，人们深感需要有能够接触大自然的树林鲜花的地方，坐在室内躺椅的休息是不能够取代林荫下的漫步的。

近年一些论文提出建立城市"生态园林"，其实这是对园林本质概念的含糊理解，近现代的园林都是生态式的，以绿化景观作为总体面貌，建筑只是点缀，这是无需争辩的问题。现代中国以园林用地作为商业赢利场地，大兴土木，充斥着混乱的商业气息，因此严重破坏了绿化景观，也扭曲了园林本身应该具有的生态本质。

公共园林第三个特点是文化娱乐，这与传统园林本质是一致的。古时候园林是纯粹的消遣娱乐，新型公共园林依然保持这一特点。

古代园林的最初设计是从景观意境出发的，其中没有商业目的。现代美国纽约的中央公园是不售门票的，世界绝大多数国家公园也都是不售门票的，人人可以自由出入。城市与公园景观融合为一体，园林绿地是公众社会福利事业。

在此暂时只讨论园林设计最佳理想境界，不讨论经济效益。因为全社会的财富分配问题完全超出"园林绿化效果"的范围。各个行业都有"财富如何分配才合理"的问题。

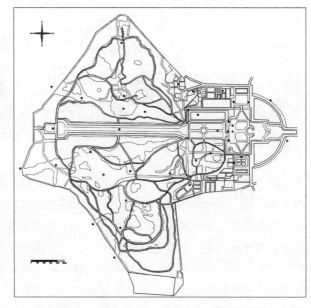

德国慕尼黑市内17世纪建成的 Nanfenburg 皇家园林平面图

7.2 城市公园景观规划

城市公园一般布局分区为：文化娱乐区，体育活动区，安静休息区，园务管理区。

1）文化娱乐区规划：

（1）该区是公园最热闹的区域，人群的聚集地点，该区安放在靠近公园大门或主要道路附近，交通方便，利于游人集聚。

（2）主要游览娱乐建筑往往设在这个区，时常包括文艺娱乐活动区、体育活动区、儿童游乐场、游戏场等，因为这是城市公众聚会的园林场地，因此必须满足众人不同的爱好，有俱乐部、游戏场、技艺表演场、露天影剧院、舞厅、旱冰场、音乐厅、展览馆。建筑造型明快，色彩鲜艳活泼。但不宜搞高层大型建筑。

（3）各种娱乐活动建筑要保持一定距离，以区别于城市景观。用树木、山石、土丘等隔离，避免活动互相干扰。这里虽然是一个热闹的场地，但却仍然是一个公园中的场地，在整个园林区域中建筑密度相对较高，但与城市其他用地相比，建筑密度依然很低；建筑应该在绿化环抱之中，绝不应该是城市中的商业购物区连绵不断的建筑群景观。

2）公园内的体育活动区规划：公园内的体育建筑与城市内的体育建筑是有区别的，公园内不宜搞大型万人体育馆，不宜搞大面积硬质活动场地，体育活动应该具有自然情趣特点，例如开展草地足球、越野长跑、露天游泳、自然垂钓等。

3）观景休息区规划：观景休息区，或者称绿化景观区，应该占公园面积最大，专供游人安静休息、散步、游览、欣赏自然风景，即使开展娱乐活动，也只是钓鱼等静态活动，这是公园最精华的地方。有成片的疏林草地，是散步，甚至是沉思的好地方。在这个区内要有大片的风景林，多个专类花园，有较多的地形变化，有水面，有平地，有起伏坡地，也有山石，是公园内风景最优美的地段。结合公园原有天然景观，形成瀑布、泉水、弯曲的林中小路，使四季有花，色叶缤纷，园林景观具有较高的艺术性。

园林植物景观设计，是根据使用功能、艺术构图和生物特性的要求，体现自然界植物个体和群体美。

（左） 德国慕尼黑"英国园" English Garden 景观，完全自然风格。
（下左） 德国明斯特公园景观平淡、自然、朴实
（下右） 加拿大温哥华公园景观

（上左）德国吉森 Giessen 城郊公园
（上右）瑞典 Oland 乡村公园

在园林景观设计中孤立单株植树主要是表现植物的个体形态美。孤植树的构图位置应该十分突出，四周要空旷，要留出一定的视距供游人欣赏。也可以布置在开朗的水边以及可以眺望辽阔远景的高地上。

孤植树体形要特别巨大，树冠轮廓要富于变化，树姿要优美，开花要繁茂，香味要浓郁或叶色具有丰富季相变化，例如榕树、黄果树、白皮松、银杏、红枫、雪松、香樟、广玉兰等。在自然式园路或河岸溪流的转弯处，也常要布置姿态、线条、色彩特别突出的孤植树，以吸引游人继续前进，所以又叫诱导树。在古典园林中的假山悬崖上、巨石旁边、磴道口处常布置特别吸引游人的孤植树，但是孤植树在此多作配景。而且姿态要盘曲苍古，才能与透露生奇的山石相协调。

树丛的组合主要考虑群体美，乔灌木混合配置，亦可同山石花卉相结合。以绿树、花卉结合水面、山石为造景布局。整体设计手法流畅、自然，不要有矫揉造作的姿态。树丛下面还可以放置自然山石，或安置座椅供游人休息之用。但是园路不能穿越树丛，避免破坏其整体性。栽植标高，要高出四周的草坪或道路，呈缓坡状利于排水，同时构图上也显得突出。

点缀在该区的建筑是艺术精品，是风景构图中的画龙点睛之笔。该区内建筑设置只是"点缀"，绝不可以"成片"。

水体的观赏要结合堤、岸、岛、桥的综合景观规划，以及一些水生植物点缀。无论在公园中开展多少娱乐活动，都一定要保留部分水面作为静态观赏，不要泛滥成灾地到处搞划艇、碰碰船等水上游戏。

该区远离主要出入口，游人密度较小，要求大于 200m^2／人。

4）园务管理区规划：作为公园管理专用地区，不作为游览用，有办公、仓库、花圃、生活服务等建筑设施。该区最好有专用出入口，不与游人的进入混杂。周围有绿化带隔离，有主干道通达，便于消防和运输。该区要遮蔽，不要暴露在游览视线上。

城市公园景观理解：城市公园里一定要有绿荫环抱的安静休息场地，绿化景观所体现的氛围似乎是平平淡淡的，但是对于长期生活在城市中的居民来说其价值是巨大的，意义是深刻的。这种场地美学层次较高，体现出的美学境界意韵深远，回味无穷。绿化景观是人们生活必不可少的，是每天都需要感受的环境。

中国古代哲学家庄子说过："水静尤明，而况精神。"环境之中"静"的价值极高，尤其在喧闹的城市中，这是极为难得的。这本应该是公园最精华、最珍贵、最本质所在，为此，现代风景园林高品质的规划，应采用自然地形地貌、自然植物群落和以自然布局为主的手法。景区中的主要景观建筑要与大自然流畅质朴的情趣相协调。但是我们目睹中国的大量现代园林正在抛弃这个精华而追求庸俗和肤浅的"热闹"，现代中国许多大城市的公共园林正在演变为"综合人造景观园"。

英国伦敦市政公园

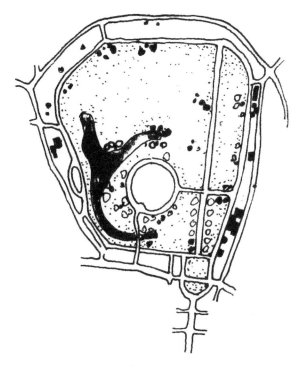

在国外，公园以绿化景观为主，草坪上三五成丛的树丛和灌木，表面看起来似乎比中国的公园设计简单，但这并不是我们深刻的原因，而是我们对"现代园林"的错误理解。

现代游乐设施的问题：现代城市居民在每天紧张的工作之后，希望在绿荫环抱的环境中散步、休息、欣赏，"天旋地转"等娱乐活动确实有时更令人刺激兴奋，但我们不可能每天工作下班后都到钢架娱乐设施中去旋

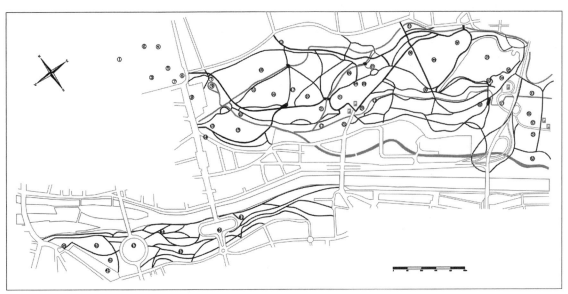

德国慕尼黑市区内的"英国园"English Garden 景观平面

转玩耍。公园切忌金碧辉煌，琼楼玉宇，或大面积的玻璃幕墙。切忌把风景园林景区建成杂耍场，或大吃大喝，或电动妖魔鬼怪，特别要反对风景园林"城市化"的开发建设。因此，不能把城市公园当做一处游乐场或娱乐场所来规划。

一个真正的公园可以没有各种娱乐设施，但是不能没有绿色植被。没有绿色植被就不能称为"公园"。现代中国许多大城市的公共园林人工做作痕迹越来越重，自然风貌越来越少，观景休息区没有了。这种现象是令人忧虑的。

公园空间与意境设计：城市公园设计应该建立的三个境界：生态境界，绘画境界，诗意境界。

生态境界，是以自然界的花草树木为景观元素，以自然界植被群落形态作为仿照蓝本。公园绝大部分空间是绿化景观，而非建筑和广场。绿化形式不宜整形行列，而是自然群落生态景观。

绘画境界，是以绘画构图作为设计原理，创造美学形态的景观。公园入门之处就有自然林木的意趣，高低错落，疏密有致。公园内造景顺因地理山水形态，地形地势有高洼，有曲直，有深浅，有缓坡草地和平坦的林地，自成天然的幽趣。山体高处修筑亭台以增加其气势，河塘低凹处建亭榭以增加深幽。临水建筑平台虚挑似架在水口之上，成为水景构图焦点。

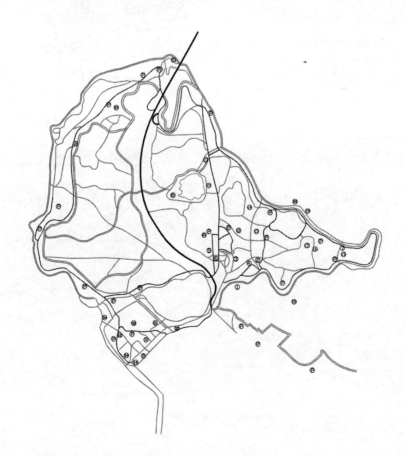

加拿大温哥华的斯坦利 Stanly 公园，位于海滨半岛位置

诗意境界，是以人生的感情和美妙的理想作为景观目标，造就的景观可以使人联想升华。落叶铺满小径，石阶爬上苔藓，花木掩映院门，景点之处精心点缀松竹梅等几支花木，石刻题字点意，几分诱露哲理名言，可感知人生境界与无限春色诗情。如果获取远处的胜景，只要有一线空间相通就可以借景，造就境界深远辽阔。

7.3 公园地形地貌的处理

原始地形起伏错落，在规划设计过程中，按景观美学原则布局，土方就地平衡，而最好不要再运进或者运出土方，造成不必要的工程消耗。掌握自然山水形成的地理规律，才能创造出符合各种功能要求的自然环境。中国造园传统的特点，是以自然山水为骨干，利用改造地形，创造出美丽的风景。《园冶》中谈到"虽由人作，宛自天开"。

地形改造中还应结合各分区的要求，如文娱体育活动区，不宜山地崎岖，而可以有较开朗的水面作为水上冰上活动之用，而安静休息区宜有溪流蜿蜒的小水面，两岸山峰回旋，则可以利用山水分隔空间造成局部幽静的环境，颐和园的后湖、北海公园中的濠濮间等，都是利用改造地形，创造宁静气氛的小空间的绝妙的例子。

除了创造美丽的风景以外，也应满足其他工程上的要求，如解决园地积水和排水，以及为了不同生态条件要求的植物，创造各种适宜的地形条件等。

乡土树种选择：

乡土树种是构成地方特色植物景观的主角，也是反映地区性自然生态特征的基调树种。因地制宜地发展生态园林，保护乡土树种及区域性稳定植物群落组成，进而有节制地引种。

城市公园最重要的是建立宁静的休息观赏空间，而非游乐场

(1) 应首先考虑地域植物的风土性、固有性，建立适合当地植物群落的结构。

(2) 建立具有丰富的生物间相互作用网络的植物生态，确保物种的遗传变异。

(3) 充分考虑植物与其他生物间的相互作用。

公园与城市规划的关系：

首先要确保城市绿地规划所要求的面积实现，公园的用地范围不得被任何非公园设施占用或变相占用，缩小用地范围。其次要明确公园的性质、服务范围：即为全市、区域居住区范围服务；服务对象：市外旅游者、本市居民或居民中的儿童、老人、盲人等。然后确定公园的内容，做到符合整体需要，满足居民各种爱好和不同闲暇时间的游憩要求。

为方便广大城市居民使用和城市景观互相融合，公园应沿城市主、次干路或支路的红线设置，尽量不可以建筑或封闭高墙阻隔公园绿化景观，使公园与城市成为分隔的两个独立体。

用工程措施处理好公园与城市道路规划标高的关系，避免因有不适当的高差而造成地表径流污染或影响城市道路和公园的景观。

市、区级公园各个方向出入口的游人流量与附近公交车站点位置、附近人口密度及城市道路的客流量密切相关，所以公园出入口位置的确定需要考虑这些条件。主要出入口前设置集散广场，是为了避免大股游人出入时影响城市道路交通，并确保游人安全。

公园内沿城市道路或水系部分的土山高度及形状，植物配置，园林建筑，围墙或栏杆、园门等的高度、体量、色彩等都应与所在地段城市风貌协调。

7.4 目前我国城市公园的问题

亭台楼阁式，我国古典园林形式被歪曲理解，肆意滥用，文人写意园林是私有产物，是完全被个人享用，而且是住宅大院的一部分，它的形式完全是"居住场所"的一部分，所以它有深深的院墙，曲折的长廊，建筑密度很大。这对于公共园林完全不适宜，公共园林应该有大面积草坪，大面积水面，大面积树林。给游人的是大自然景色，而不是"庭院深深的楼台亭阁"。

在几百、几千甚至几万人同时拥挤进入的私人庭院中，诗情画意是根本不存在的。

在有些湖光山色交触的自然风景区，当地规划部门要大兴土木，在这广大湖畔建成亭台楼阁鳞次栉比的"住宅式园林"。

商业街区式，为了公园广大职工的生活福利，公园内大搞商业建筑，以至在著名的古迹游览地建立大型商业街或商业镇。"公园"向游人展示的不是大自然绿色景观，而是由园林局所管理的商业街。我国许多著名的古迹遗址地门前都是相当繁华的"商业街区"。

江苏苏北有些县城规划的河滨公园，耗费巨资，搬迁原有居民和工厂单位，继而建公园设商业建筑，最终仍没有建成真正的公共园林。

游乐场式，错误理解〝公园〞的休息和娱乐活动内容，认为在公园中增加小火车、飞轮转盘、过山车等设施就是使公园景观现代化。

1955 年在美国洛杉矶建成世界第一个大型的游乐场〝迪士尼乐园〞该园以现代化的电子、激光等设施展开刺激的、惊心动魄的活动，但是美国规划师清楚地认识到：公园与游乐场完全是两回事。

游乐场不是园林，更不能把游乐场在城市总体规划时涂成绿色块，游乐场根本不是改变城市生态环境的绿地。我国近年出现的许多〝民俗文化村〞、〝世界之窗〞、〝唐城〞、〝宋城〞、〝西游记宫〞、〝三国城〞、〝海底世界〞是与文化馆、展览馆等文化设施相一致的，根本不能列入城市园林绿地范围。

南京玄武湖公园的规划建设过去一直在国内受到赞扬，其优点在于对自然地形的保护和植被规划，近些年逐渐把六朝皇家园林历史表现出来，设置记述这段历史的碑刻表明玄武湖不是普通的绿化公园。只是把玄武湖作玄武湖公园属于钟山风景名胜区的东部组成部分，公园内最佳景观是从其南面长堤向东边望去：巍巍紫金山伫立在湖畔，山水相映。曾经一座环绕整个玄武湖的钢架铁轨桥分割了观赏视线，大大破坏了湖光山色的自然风景。此外还有几座大型游乐建筑在玄武湖内及周围建成，这都是在破坏玄武湖精华的〝本色风貌〞行为。

玄武湖公园外大型建筑在逐年增加，玄武湖公园内大型建筑也在逐年增加，玄武湖正在丧失其赋有诗情画意的自然景观，转而也成为〝城市综合人造景观园〞。

南京城市总体规划的〝名城风貌保护〞篇章中写道：玄武湖中各洲建筑宜少，不得安排与景区无关的建筑……玄武湖周围需保持山、城为背景的特色。1998 年在玄武湖举办国际园林花卉博览会，南京市政府已经拆除钢架铁轨桥。

住房和城乡建设部规定的公园规划指标：综合性公园活动内容较多，各种设施会占去较大的园地面积，为确保公园有良好的自然环境，公园规模不宜小于 10hm²。这类公园的文化娱乐设施用地约需 1.5hm²，其占地面积不应超过公园面积的 5%，按近期公共指标为 3 ~ 5m²/ 人，一个 10 万人的小城市就有 30 ~ 50hm² 的公共绿地面积。

我国的城市公共绿地每个游人占有公园面积 60m² 是比较符合游园舒适度要求的。一般市、区级公园的可进入活动面积约占 1/3，其余 2/3 为不可进入或容量极小的水面、陡坡山地、树林、花坛等，仅观赏作用。对小型公园降为每个游人 30m² 的标准，因为小型公园的道路铺装场地面积比重较大，相对来说单位面积上可容游人多些，又因为内容简单，游人活动时间短，可降低一些标准。

当公园内只能作为观赏面积的水面、陡坡山地、密林等占地超过 50% 时，游人可利用的活动面积很小，为保持游人在园中的一定舒适度和安全，应加大游人占有公园面积的指标。

7.5 园林道路规划

园林道路是构成园林景色的重要因素，更是景观区的骨架和脉络，联系各景点的纽带。组织空间、构成景色，它的线型和铺装，可与园林植物、建筑、山水等构成各种富于变化的美景。

主要园路，与城市道路相联系，从园林入口通向全园各景区中心，起集散人流、车流的作用，连接各主要广场、主要建筑、主要景点及管理区。它是园林内大量游人所要行进的路线，道路两旁应充分绿化。宽度 4 ~ 6m，一般不超过 6m。

次要园路，是主要园路的辅助道路。分散在各区范围内，连接各景区内的景点，通向各主要建筑。路面宽度常为 2 ~ 4m，要求能通行小型服务用车辆。

游息小路，主要供散步休息、引导游人更深入地到达园林各个角落，如山上、水边、疏林中，多曲折自由布置。考虑两人行走，一般宽 1.2 ~ 2m，小径也可为 1m。

汀步、步石路，是在水中设石墩，游人可步石凌水而过，原本是农村乡间为跨越小河、溪流而设置的简朴路形式；现在被应用于园林游览，特别具有自然艺术情趣。汀步适用于窄而浅的水面，如溪、涧、滩等。这种贴近水面的"路"应考虑游人安全，石墩间距不宜过远。

台阶，是步行道路遇地形的高低差而建设的，在园林景观中具有其特殊美感效应。登山拾级而上，寓意境界升高，再上一层楼。临水沿阶而下，寓意境界幽深，问泉清如许。台阶材料有混凝土的，也有石砌的、木质的、砖砌的。

加拿大温哥华郊区
Victoria 森林散步道

在坡状地形、假山、湖岸、溪流边缘，依顺自然地形高低，设计弯曲自如的台阶。台阶边缘有配有书带草或者山石，以增添自然情趣。为了安全考虑，室外台阶尺度一般比建筑内部踏步坡略小。

园林路网密度是单位公园陆地面积上园路的路长。园林内部以步行道路为主，因此在散步区域，树木分隔景观空间，路网密度可以相对高些。道路的比重可大致控制在公园总面积的 15% 左右。

景观道路不同于一般城市交通道路设计标准，其交通功能从属于游览要求。景观道路设计以保护风景、观赏风景为第一目标，交通快捷为第二目标。不要求达到横平竖直的交通网络。

景观道路系统主次脉络需要清晰分明，场景要有助于人们对方向的识别。在空间方面形成风格多样的风景画面。车行或者步行，景观辽阔的或者幽深的，引人入胜，兴趣盎然。

整体上道路网形成环状体系，不可以机械的网格状形态，也不可以出现使游人走回头路的"死胡同"。园林道路因山就势起伏，依水蜿蜒而转，不要做成城市交通的笔直单一，应该自然曲折延伸，融合在丰富的风景之中。

园林道路的曲折迂回可以增加景观空间层次感觉，视觉上形成幽远的韵味。但是这必须是与周围植物、山石、河流等要素配合完成。必须防止矫揉造作，"三步一弯，五步一转"会杂乱琐碎，要弯曲的有自然规律。

园林道路面层设计应该有其景观特

德国慕尼黑居住区景点

色。青石板铺面游步道，鹅卵石镶嵌图案，块石以不规则拼砌，还有木质架空林中路，等等，路面色彩与质感与周围风景融合，自然粗犷而又丰富多彩。例如，山地道路设计以石块拼砌登山小径，对映外露基岩，岩石和石质纹理，沿途岩缝有书带草和蕨类植物，浑然山林野趣。

7.6 园林广场

纪念广场，往往以雕塑或者纪念碑为中心，纪念某个历史人物或者重大事件，景观设计庄重严肃，对称均衡。设置在城市中心、道路顶端、交叉口，或者政府大楼、博物馆对面。

景观广场，以花卉、水池、观赏石峰作为中心，景观设计活泼自然，有可供游人游览休息散步的空间，周围有风景优美的草坪。设置在河流、湖泊或者公园边，形态活泼自然，不一定是规则形式。

交通集散广场，主要起组织人流、分散人流的作用，不希望游人长久停留休息。例如园林的出入口广场，要求布置在场地开阔、阳光充足地段。

游息广场，主要供游人娱乐、体育活动等用。可以是草坪、疏林或各种铺装地。有儿童游戏场地。

生产管理场地，主要供园务管理、生产需要、专用停车场等用。生产管理场地应与园务管理专用出入口、苗圃等有方便的联系。

7.7 城市公园规划编制内容

7.7.1 现状分析

对公园用地的情况进行调查研究和分析评定。为公园规划设计提供基础资料。

(1) 公园在城市中的位置,附近公共建筑及停车场地情况,游人的主要方向;

(2) 当地多年积累的气象资料;

(3) 用地的历史沿革和现在的使用情况;

(4) 公园规划范围界线,周围红线及标高;

(5) 现有园林植物、现有建筑物、现有地上地下管线;

(6) 现有水面及水系、现有山峦地貌、地形标高坡度。

7.7.2 全园规划

(1) 公园的范围,用地面积和游人量;

(2) 确定出入口位置,汽车停车场;

(3) 功能分区,活动设施的布局;

(4) 景观分区,按各种景色构成境界来进行分区;

(5) 河湖水系的规划;

(6) 公园道路系统、广场的布局及组织导游线;

(7) 景点、组织风景视线和景观空间;

(8) 地形竖向规划;

(9) 雨水排水、污水排水、电力线、照明线、广播通信线等管网规划;

(10) 植物群落种植规划。

7.7.3 编制说明书

对各阶段布置内容的设计意图、经济技术指标、工程的安排等用图表及文字形式说明。

(1) 公园活动设施及场地的项目容量表;

(2) 公园分期建设计划;

(3) 公园在城市园林绿地系统中的地位;

(4) 公园规划设计的原则;

(5) 公园各个功能分区及景色分区的设计说明;

(6) 公园的经济技术指标;

(7) 公园施工建设程序;

(8) 公园规划设计中要说明的其他问题。

案例分析:玄武湖公园景观规划

曾经在某个国外景观设计公司做的《玄武湖详细规划》公众论证会议后,受到广大市民和新闻媒体的质疑。这个景观规划基本原则有两个严重问题:①景观规划中并没有美国设计理念,完全是台湾理念。这样的景观规划在美国是不可能被采用的。②该规划在开篇提出〝保护玄武湖的原生态环境〞的规划基本原则,但是规划内容却是〝城市化〞、〝商业化〞、〝娱乐化〞的,其确定的原则与内容是表里不一的。

其中 4 个印象比较深的项目:

（1）公园北部建立"金粉水乡"，内容是各种商业酒吧。

（2）在明朝城墙之上多处建立跨越天桥，形成"城墙渡"，大大增加进入玄武湖的入口。

（3）在最为开阔的东部湖面新建岛屿堤桥，加强 5 个岛屿之间快速便捷的交通。

（4）大大增加现代化的照明灯光，使得玄武湖的夜晚"亮化"。

关于第一个项目问题，本书认为"金粉水乡"名称很是庸俗低级的，至于在现状"情侣园"一带大量开发现有五洲岛屿建设商业餐饮设施，在经济效益上，成功的可能性也很小。玄武湖曾经建设环湖小火车、高尔夫球场、水上乐园三大商业娱乐项目，结果游客寥寥，在斥巨资拆除之后，背上沉重的经济包袱；而且玄武湖周围已经有许多商业设施。本书认为其最后效果，与该规划强调的"提升景观品位"恰恰相反。玄武湖在南京城市总体规划中已经明确其性质是：风景化的，而不是商业化的场地。

关于第二个项目问题，本书认为"城墙渡"是破坏文物景观空间的建设行为，必须禁止。玄武湖的特色在于山脉和城墙背景。这点与杭州西湖特色不一样，西湖面对城市敞开，历史的城墙早已经毁坏消失，但是，杭州古城墙如果存在的话，一定也会成为珍贵的文物，成为西湖之滨的重要景观带。如果比较西湖与玄武湖的景观特色，提出沿着玄武湖的明朝古城墙是城市景观交流的妨碍，是极为错误的认识。而且，交通组织与文物保护冲突时，保护文物是第一位的，交通开发是第二位的。如果建立"城墙渡"，我坚定相信早晚会再花巨资拆除。

关于第三个项目问题，本书认为此项工程使得湖面破碎化，玄武湖水面日益受到城市各种建设的挤压，已经很严重，不可以为造景填湖。本书认为城市交通要求快速便捷，但是居住小区要求"通而不畅"，公园风景区道路要求是游览观赏，特别是交通要求与风景保护冲突时，保护风景是第一位的，交通使用功能第二位。公园风景区内部的交通游览不可按城市环路通畅要求设计。

关于第四个项目问题，本书认为在公园和风景区中规划应该保持其自然的属性，在这里应该使得游客感受到夜晚，能够看到天空的星星，能够看到天空的月亮，能够观赏"平湖秋月"，能够"举头望明月"。加拿大、德国的公园的夜空都是自然的夜空，而非大量现代化照明。现代的中国城市霓虹灯已经使得我们看不见"银河"，看不见"牛郎织女"，看不见"北斗七星"，对于成年人这些自然的美丽夜空已经是在回忆中，对于现代儿童已经是个传说。大量的现代化灯光进入玄武湖也是庸俗的景观规划行为。

玄武湖景观规划还应该注意以下几点：

(1) 充分保持水域优势，紫金山北坡与玄武湖是相互映衬联系的整体山水空间，湖光山色景观是精华。

(2) 现在5个岛屿上的景观以物种多样化的绿化为主体，规划应该再注重各个岛屿的绿化景观特色。

(3) 建筑体量宜瘦宜稀，稀疏布置，不与周边山峦争高。不得安排与景区无关的建筑。

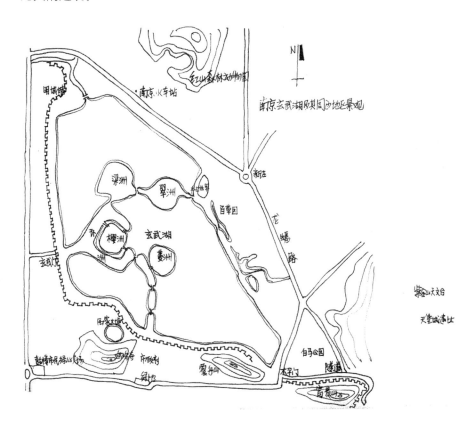

南京玄武湖公园以堤、岛、桥、湖和明城墙组成景观

（4）玄武湖周围需保持山、城为背景的特色。湖东展现连绵的山体轮廓线，湖西保持水平流畅的濒湖古城墙。

7.8　历史遗址公园

作为古迹遗址保护区域的园林，应体现宁静游赏，保护原有环境，不设儿童活动或者体育活动设施等喧闹场地。美国的华盛顿总统故居、葛底斯堡战场遗址，意大利的比萨斜塔，都是以保持历史原貌为主要景观特点的。

南京几乎所有公园都有历史古迹，玄武湖、莫愁湖、白鹭洲、鼓楼、清凉山、石头城公园、紫金山、太平公园、绣球公园、鸡鸣寺、覆舟山、栖霞山、阳山碑材等都有源远流长的历史文化，而上海的公园只是城市建筑群之中的一块绿地；这是南京城市景观得天独厚的文化资源。

南京的明孝陵是中国第一批国家级文物，整体环境幽静深远，历史美学价值极高，现在石象路周围建成两个大型建筑"南京国际会议中心"和"海底世界"，是对历史景观的严重破坏。

案例，南京西部山脉以及石头城景观规划

以石头城为景观核心，沿城墙诸山断断续续连绵。以秦淮河、明城墙作为串联整个景区的纽带，建立"石头城景观区"。其中石头城是南京作为都城的起源地，经历2500年的沧桑风雨，意蕴深远。

规划研究与设想：

（1）石头城是南京城市最重要的历史古迹景点，记录了南京城市的起源、城市的兴衰，历史文化意义深厚，景观古朴沧桑。她的观赏是安静、优雅，令人哲学沉思，深悟历史时代的兴衰沉沦，审美品位较高。这里不是商业杂耍场地，这个景点不可以建设成为喧闹游乐场，也不可以成为现代化包装下开发出来的旅游景点。

（2）关于石头城景点规划，基本依据是：国家文物保护法、风景名胜规划管理条例、世界文化遗产公约等文件，而不是随个人好恶感想建设。国内外关于古迹景观规划的基本原则是一致的，即：绝对保护古迹，也要保护古迹周围的相关环境；仅仅单独保护文物个体，其文物价值也大打折扣。

（3）石头城是该景观区域的核心，既有重要的历史价值，更有重要的地理价值。该区域景观规划最重要的是保护其独特的自然地貌，保护历史古迹，不可以在其周围增添任何人工辅助构筑物。以石头城公园、以石头城山、石头城下绿化带作为统一整体进行景观规划，并且统一进行景观管理。该区域景观规划应该是自然的、简单的，绿化以高大落叶乔木为骨干树种，以开敞的疏林草坪为主景观，展示衬托历史遗址，这样才是真正的、高雅有意蕴的历史景观。

（4）规划应该控制这一带景观空间，不宜修建高大建筑，最起码重要景点处应该保持景观视廊，保证山、城、河、湖之间景观视线通透。要保护现有的

（左上）德国波恩沿河
历史炮台景观
（右上）石头城遗址，
又称"鬼脸城"

虎踞路

石头城公园
保存自然山林景观原貌
不可以再建连接清凉山公园桥梁

明朝城墙

沿河自然疏林景观
青石板游览观赏路，不宜宽大水泥道路

秦淮河

鬼脸照镜子　　　清凉门

对岸最佳观赏点
建造桥梁将破坏遗址景观空间

南京石头城景点分析

山体地貌，加强山体绿化，不允许在山头上建与风景无关的建筑物。城墙内诸山，特别是虎踞路两侧山丘应加强绿化，保持自然山形；城墙与秦淮河之间除保留必要的码头堆场用地外，一律划为滨河绿地。

石头城景观问题分析：

（1）石头城景观包括鬼脸城、镜子湖、秦淮河，还有缓缓连绵的自然山体，还有周围开阔的自然空间。2002年，南京市政府花巨资拆除这里的居民区，就是为了达到展示石头城整体景观的目的。目前正对鬼脸城建设的桥梁是破坏石头城景观环境、与2002年巨资拆除目的违背的。

（2）即将对石头城遗址建设的跨越秦淮河的桥梁，目的是建立迅速的石

头城景点交通游览线。这是严重破坏景观的历史沧桑面貌以及安宁的氛围，使得景点包装"城市化"的行为。作为古迹或者风景规划，既要考虑景观保护，也要考虑游览交通通达，但是在这两个问题冲突矛盾时，保护古迹和风景是第一位的，交通是第二位的。这也是国内外关于古迹景观规划的基本原则。这与城市道路交通规划的基本原则是不一样的。石头城以及环境历史面貌，意义重大。

（3）观赏石头城的最佳观景点在其河对岸，其最佳景观就是隔岸遥望石头城逶迤起伏的自然形势，而非直接通达！有整体山林和自然山体的气势，走近只是能够看清楚鬼脸城。而且对于石头城遗址对岸龙江小区居民，希望看清楚鬼脸城的游客，完全可以从清凉门大桥和草场门大桥抵达。游客应该理解保护古迹景观的意义而略微多走几百米道路。

（4）退一步考虑，如果实在要建设游览桥，桥应该偏离石头城景点一段距离，不可以面对直达，这会使得石头城景观价值大大降低，是破坏古迹风景的建设行为！

（5）最近刚刚完成的景观建设，游览道路过分宽大，而且人工几何广场痕迹明显，很不自然大方。

（6）最新的石头城公园景观规划提出架设跨路桥梁，连接"清凉山"和"国防园"两个公园；本研究认为这是进一步破坏仅存2个自然山头的行为，这种钢铁大桥建设需要伐树，破开山体，而且根本属性不是历史上的自然山体连接，这种联系对景观空间也是破坏。

（7）清凉山公园现状绿化较好，树木参天，规划建设应该保持其幽静的本色。最近有一些商业项目、文化馆建筑陆续完成，侵占大面积绿地，破坏了原本高雅的审美环境，这些都是不理解自然与遗址审美品位的低俗行为，很是遗憾。

(8) 也反对在秦淮河沿岸建立三角形或者其他几何形态的码头。本文认为并不是复杂的景观规划方案意义深刻，更不是"世界一流"的景观规划，大量的建筑、道路、广场出现在历史景观区域，是虚假肤浅的行为。

7.9 古园林保护

有些古代西方规则式园林和中国自然写意式园林作为文物遗产保存，具有重要的历史价值和艺术价值。

古园林是作为历史文明与自然和谐的表征，作为适宜于沉思和休息的安逸场所，园林含有无穷的意味，它是世界的理想化形象，真正的人类理想的天堂场地，它是文化、风格、时代以及创造性艺术家的个性的见证。这些古园林包括：它的平面轮廓，自然地形，历史建筑，结构装饰以及与其组合的花草树木。还有其历史特有的城市或者乡村环境。

7.9.1 保护规划基本原则

古园林的保护必须遵循《威尼斯宪章》的原则，保护其历史的"真实性"。因为它是"有生命的古建筑"，它的保护又必须服从一些特殊的规则。在任何保养、保护、修复和重建古迹园林或它的局部的工作中，一定要同时处理它的外观的所有组成部分，把各种工作分开来做，将会破坏整体的统一。

7.9.2 保养和保护

古园林内的植物是有生命的，这意味它们的面貌反映着四季的轮换、自然界的繁荣和枯萎的反复再现。古园林内建筑和地形需要原址实物保护，而植物需要保养，选择要定期更换的乔木、灌木和花卉时，应该根据植物学和园艺学方面公认的经验，鉴定原有的品种并保存它们。

古园林必须保存在良好适当的环境中。基础设施的下水道、灌溉系统、道路、停车场、篱笆、监守设施和游览设施等的建设必须考虑生态环境。

7.9.3 修复和重建

修复工作必须事先作认真的科学研究。这研究要包括从现场发掘到收集关于这座园林和与它相似的园林的一切资料，需要有考古的准确性。凡完全替换的，必须标明日期。

重建工程必须尊重该花园发展过程中的各个阶段。原则上不允许偏重一个时期而轻视另外的，除非有很特殊的情况，如果一所园林的某一部分的破坏程度已很严重，以致只能根据残存的痕迹或确凿可靠的文献证据来重建。重建工作常常施于花园中建筑物周围的部分，目的在于表现出这些部位的设计意图。如果一座园林已经完全被毁灭，或者目前只有关于它的各个时期的一些推想出来的证据，现代任何的重建都不再具有考古价值。

7.9.4 观赏利用

开放游览古园林，了解文化遗产的真实价值，丰富关于它们的知识，增进公众对它们兴趣，推进科学研究、国际交流和信息流通。

古园林在历史时期是作为一个和平的场所，促进人们的交往、安宁和对自然的热爱。但是它又是只是为少数个别人观赏建造的，在现代开放古园林供人参观时，必须控制参观人数，以保护它的实体和文化信息。古园林不适合开展激烈而喧闹的娱乐活动。

保养和保护工作的内容和时间决定于季节，保护古迹园林的原貌应优先于公众使用的要求，向公众开放应服从于管理，以保证古园林的格调品味不受损害。

7.10 儿童公园

在德国，几乎每个居住小区都有儿童公园，景观风格朴实而又自然，为儿童创造户外活动的良好环境，供其进行游戏、娱乐、体育活动。

儿童公园设计的基本原则：

(1) 充分的安全考虑，在幼儿园及儿童游戏场忌用有毒、带刺、带尖，以及易引起过敏的植物，以免伤害儿童。如夹竹桃、凤尾兰、枸骨、漆树等。在运动活动场地不宜栽植大量飞毛、落果的树木。如杨、柳、悬铃木、构树等。不应该有危险的游乐设施。

(2) 考虑让儿童在活动中接触大自然，熟悉大自然。

(3) 接触科学、热爱科学。

(4) 锻炼身体，增长知识，培养优良的道德风尚。

(5) 建筑造型活泼、色彩艳丽。

功能分区要根据不同儿童对象的生理、心理特点和活动要求，一般可分：

(1) 幼儿区：属学龄前儿童活动的地方。

(2) 学龄儿童区：为学龄儿童游戏活动的地方。

(3) 体育活动区：是进行体育运动的场地，也可设障碍活动区。

(4) 少年科学活动区：要设置便于利用的，有足够开阔空间的公共运动场。建立青少年各种娱乐活动项目以及科普教育设施。

儿童游戏场所不仅是游戏室、柏油地、秋千、滑梯等，还要富有想象力的设计，使孩子们能够得到创造性乐趣的洞穴、树墩子、沙地、浅地等。

儿童公园既要有丰富的内容，又因儿童体力有限，面积不宜太大，设施布置必须紧凑，要有良好的自然环境。我国现状儿童公园面积都不大，一般都在5hm² 以下。

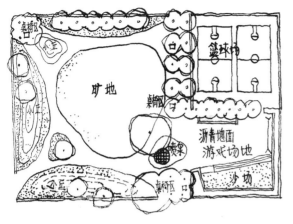

德国居住区内儿童游戏场

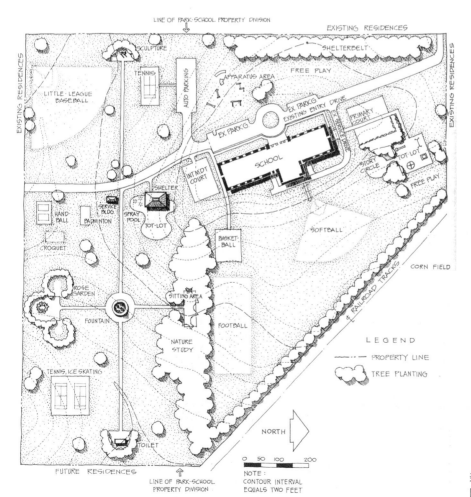

美国居住区内儿童游园规划

7.11 动物园

如果城市里没有动物园，我们绝大多数永远也不会亲眼见过狮、虎、狼、豹，更不可能看到非洲的长颈鹿、澳洲的袋鼠，甚至也看不见中国的大熊猫。

动物园可以普及动物科学知识，作为中小学生的直观教材和大专动物专业等学生的实习基地，了解自然界的物种进化科学知识。中国古代周文王"灵囿"养有鹿、兔、鸟等动物，现代具有科学意义的最早动物园是在英国伦敦。

动物园用地选择，应该选择地形有高低起伏，有水溪、山岗、平地等自然景观条件，生态环境良好的地区。因为动物来自世界各地，对于自然生态环境有各种不同的需要。

在环境方面，要防止城市污水的进入动物园，周围要有卫生防护地带，该地带内不应有住宅和公共福利设施、垃圾场、屠宰场、动物加工厂、畜牧场、埋葬地等。动物园不要临近工业和居住区。

在交通方面，动物园游客较多、货物运输量也较多，需要有较便捷交通联系。

在工程方面，良好的地基，便于建设动物笼舍要有大面积绿化和充分的水源，并有经济安全地供应水电的条件。

由于各类动物对于自然环境的要求，动物园最好选择在城市郊区生态环境较好区域内。

动物笼舍展览各组成部分和布局是：

以动物的自然进化顺序布局，由无脊椎动物、鱼类、两栖类、爬行类、鸟类、哺乳类。

德国城市亚琛 Aachen
动物园说明示意牌

以动物地理分布布局，如欧洲、亚洲、非洲、美洲、澳洲等。

以动物生态环境布局，如高山、疏林、水生、草原、沙漠、寒地等。

以动物珍贵程度布局，如大熊猫安排在入口附近主要地位。

喂养一只老虎，每日花费很大，而从深山老林中捕获一只老虎花费也很大，老虎属于国家一级保护动物，所以当老虎从笼子中逃脱时，不应该采取简单粗暴的方法，令众

德国亚琛 Aachen 动物园

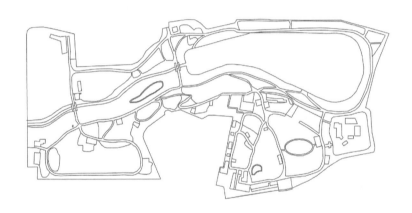

德国亚琛 Aachen 城市动物园平面图

德国沃尔夫斯堡(Wolfsburg) 城市郊区动物园，建成有 150 年历史

人围捕打死，而是应该尽可能活捉，放回动物园笼舍里。

还要有科普宣传区，介绍野生动物习性、动物生态科学知识以及世界地理景观。大多布置在出入口地段，交通方便，还有小规模游人集散广场。

动物园绿化设计，要解决异地动物生态环境的创造或模拟，仿造各种动物的自然生态环境，包括植物、气候、土壤、地形等。布局各种不同生态环境，视动物产地温带、热带、寒带而相应配置、叠山理水，以体现该种动物的气候环境。适当地联系过渡，形成统一完整的群体。

动物园绿化设计"专类园"，熊猫馆地段栽植多品种竹丛；大象长颈鹿地段栽植棕榈园、芭蕉园；猴山种植以桃树；孔雀地段栽植牡丹园；狮虎地段栽植松柏园；相思鸟地段栽植相思树；爬行动物地段栽植龟贝树等。

动物园中由于笼舍、动物活动场、游人参观场等占地较多，同时还需要有较大的绿化用地面积，才能满足卫生、完全防护隔离和创造优美环境的要求，所以动物园应有较大规模。综合性动物园宜大于 20hm²，专类动物园 5 ~ 20hm² 为宜。现有全国各大城市都有综合性动物园。

7.12　植物园

植物园具有科研和自然观赏双重价值。科学研究以实验场地，引种、驯化、栽培自然界野生植物资源，培育和引进国内外优良品种，进而以绿化景观功能为本地区城市居民服务。

植物园需要有多种生态环境，需要比较大的绿化面积，创造各种地形和水体，以便为多种多样的植物提供适宜的环境。配置的植物要丰富多彩，风景要像公园一样优美。应为市民提供游览休息的地方。

植物园的科普展览区，向人民普及自然界植物科学知识，应依当地实际情况而规划设置。南京中山植物园在钟山南坡，设有亚热带观赏树木园，西湖风景区杭州植物园，辟有观赏植物区、山水园林区；庐山植物园在高山上，壁有岩石园；广东植物园位于亚热带，所以设有棕榈区等。

植物园选址，要有方便的交通，离市区不能太远，游人易于到达，应该远离工厂区或水源污染区。同时园址应该要有充足的水源，具有较为复杂的地形、地貌和不同的小气候条件。另外园址最好具有丰富的天然植被，供建园时利用。

广东植物园规划面积为 4500 亩，庐山植物园为 4400 亩，杭州植物园 3700 亩，上海植物园 1080 亩，昆明植物园 585 亩，但重点布置区都很有限。从国内的实践经验来看，一般综合性植物园的面积（不包括水面）在 800 ~ 1500 亩的范围内比较合宜。在植物园内，一般展览区用地可占全园总面积的 3/5，苗圃及实验区用地占 1/3，其他用地约占 1/3。

1. 植物进化系统区

规划布局以自然界植物由低到高级的进化过程，以及植物进化系统分目、分科、分属，使参观者对于植物进化系统，以及对植物的分类、各种属特征也有个概括了解。以植物分类系统为基础，按照生态习性原则和景观规划构图艺术效果，形成科学而又优美的景观区。

2. 水生植物区

规划水生植物景观区，在不同深浅的水体里，展示水生植物，在山石涧溪之中，展示湿生、沼泽生植物。植物园水景观以观赏为主，不要再划船、嬉水，甚至游艇水上运动。

3. 岩石植物区

以利用自然裸露岩石或人工布置山石形成特别景观，多设在地形起伏的山坡地上，造成岩石园，配以耐干旱植物和高山植物。岩石园主要是以植物的鲜艳色彩取胜，用地面积不大，却能给人留下深刻的印象。我国传统的假山园主要是表现山石形态艺术美，可以结合岩石园规划设计。

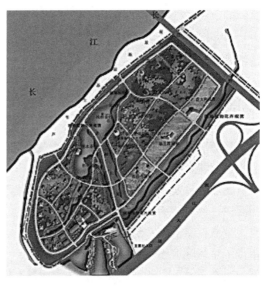

南京长江三桥边湿地公园规划

4. 经济植物区

具有医药、农业、林业价值的植物，经过科学栽培试验，确属有用的经济植物。结合经济生产提供参观标本，并加以推广。例如芳香植物、油料植物、橡胶植物、药用植物、纤维植物、含糖植物等。

5. 树木区

在本地能够露地生长和引进的主要乔灌木树种。树木品种多，规划要求占地面积较大，地形、小气候条件、土壤类型和厚度都要求多些，以适应各种类型植物的生态要求。植物的布置，按世界地理原产地分布栽植；或者按植物分类系统布置，以了解植物的进化线索。

6. 抗污染植物区

植物树种能吸收工业污染气体，必须进行观察、分析、研究、试验，培育出对大气污染物质有较强抗性和吸收能力的树种，按其抗毒物质的类型、强弱分组展览，为城市绿化选择树种提供可靠的科学依据。

7. 专类植物区

有些植物具有悠久的栽培历史，丰富的变种品种，很高的观赏价值，专门集中栽植形成专类。如玫瑰园、梅花园、牡丹园、芍药园、荷花园、菊花园、蔷薇园、月季园、棕榈园、仙人掌园等。或者由几种植物根据生态习性要求类似、观赏效果等加以综合配置，也是一种专类园，具有独特的艺术效果。例如杭州植物园中的槭树杜鹃园，形成独特生态群落景观。

8. 温室区

有些热带植物不能在本地区露地越冬，建造温室空间培育，保证其正常生长发育。因此，温室内植物更多有奇花异树。为了适应体形较大的植物生长和游人观赏的需要，温室的体量也比较大。

9. 苗圃及试验区

是专供科学研究和结合生产用地，仅供专业人员参观学习。培育国内外新植物品种，驯化栽培野生资源。为了避免干扰，一般不对游人开放。

7.13　生态园林

伴随城市开发、土地开发、高速公路建设、修筑大坝等工程，原有的特色生态环境和自然植被会遭到破坏，乡土树种和地带性植物群落也会消失，恢复区域性自然生态系统，是生态园林绿化建设的一个目标。生态园林设计，需要关注物种生存环境，如鸟类的生态与生息环境设计，需要区分森林性鸟类、草原性鸟类、水边性鸟类；昆虫类的生态与生息环境设计，还有爬虫类、鱼类的生息环境设计等。

生态园林不是普通的城市公园，而是有特殊生态景观现象的绿地，例如，湿地、稀有物种栖息地、特别植物群落地等，目的是自然观察，自然科普教育。在生态公园中设有自然生境或保护原有自然生境的自然观察路、自然观察角、鸟类观察园、昆虫观察园等。

日本福井县的"中池见湿地"，面积 $25hm^2$，约有 1500 种动植物生息、繁育，生物多样性非常丰富。京都的"梅小路公园"内，有个名为"生命的森"的生态园，是以自然生态环境观察、修复为研究目的而设置的，$0.6hm^2$ 的面积内，植物就达到 382 种。日本还有生态公园"萤火虫故里"、"蜻蜓的池"、"水鸟的池"等，以进行野生生物的生息繁殖保护。

生态公园的基本理念：①引入水生、湿生植物的群落；②保护原有水生生物的生息地；③陆地绿化以恢复乡土树木群落为目标；④引入地方野生草花自然群落。

加拿大温哥华城郊
Benaby 湿地公园

区域性生态园林建设的原则：

城市、郊区的自然生态绿地系统。在城市及市郊范围内建立人与自然共存的良性循环的生态空间，保护和修复区域性生态系统，从而建立合理的、复合的人工植物群落，保护生物多样性，建立人类、动物、植物和谐共生的城市生态环境。

加拿大温哥华城郊湿地公园

生态园林的主题是保护本地区的生物多样性。包括原有生物生息环境的保护和新的生物生息环境的创造。因此，区域性生物多样性的调查、分类、监测、评估等很重要，包括陆地、河川、湖泊、湿地等，这些是发展生态园林，保护生物多样性绿地环境和可持续利用的基础情报。

保护城市中具有地带性特征的植物群落，含有丰富乡土植物和野生动植物栖息的荒废地、湿地、自然河川、低洼地、盐碱地、沙地等生态脆弱地带。这些地带在恢复和重建城市自然生态环境和保护生物多样性方面有很大的潜力。

河流是生物群集最多姿多彩的推移带，是陆、空、水的无机自然界与动植物的生物界及人类文化圈之间相互关联的平衡的生态系统。湿地为水域、陆域、空域三界交接场所，广阔的连续的开放空间，多样化植生与动物群集残存的场所。保护湿地生态系统遵循 8 个目标：

(1) 维护长期形成的生物社会；

(2) 保护生物的生息场所；

(3) 维护特定物种的个体数量；

(4) 低湿牧场景观的保护；

(5) 生存力薄弱的生物社会的再生；

(6) 特定构造的生态场所的修复；

(7) 物种的相互关系的解决；

(8) 特定的生态过程的恢复。

自然生态园场地规划类型：

(1) 运动场地：草坪、林地、自然活动区。

(2) 自然观察场地：浅滩、溪流、岛屿等，是体验自然、观察自然、接近自然的空间。

(3) 自然遗留场地：自然生态系统及遗传因子保护，野生动物生息空间，现代人只是周围观察，而禁止进入的区域。

7.14 草地景观

现代公园绿化中提倡野生花草的种植，欧洲自 20 世纪 80 年代初便开始了野生草花引入的基础研究，在公园和居住区绿地中自然恢复的基地也越来越多。

从 1990 年代初开始了追寻野生草花的时尚。

在发展人工草地的同时，保护野生草花景观区域。欧洲自古是牧野之国，有"天国花园"的美称。然而现代农业生产的集约化、效率化，农业机械的大型化，土地改良，农药化肥的使用，使得生态土地的破坏日益严重。过去与作物伴生的野生草花逐渐消失，有的成了稀有种。

现代欧洲，野生杂草以及生态环境保护开始日益受到重视。例如德国有"耕地植物保护区"；奥地利设立了"杂草保护区域"；荷兰南部的石灰岩地区，为原有的杂草设立了保护区。

针对自然地域的生态贫瘠化，包括野生草花在内的耕地杂草衰退与消减，自然景观的破坏而引起的危机意识，在欧洲城市郊区日益兴起建立野生草花为主的"原始风景"的绿地活动。1981 年，英国政府的自然保护委员会（Nature Conservancy Council）出版了《用本地种建立富有魅力的草地》手册，相关的基础研究中心也随之成立。

草坪是现代园林绿地中不可缺少的要素，它除了具有多种改善环境的功能外，在园林绿地中还具有独特的艺术功能。它不仅可以独立成景，而且还可以将园林中不同色彩的植物、山石、水体、建筑等多个要素统一于以其为底色的园林景观之中，使园林更具艺术效果。

草坪植物本身具有统一而协调的色彩和季相变化。以我国南方种植的暖季型草坪草为例，通常 2 月份的叶片颜色为浅黄色，随着气温的升高，逐渐变为嫩黄色，继而加深为黄绿色，至初冬遇到霜冻后又变为枯黄色。不过，草坪草一年中大部分时间均为绿色。又如北方地区种植的野牛草草坪，冬季叶片为枯黄色，春季为黄绿色，夏季浓绿，至秋季又逐渐变黄。同时，草坪周围或草坪上配置的树木、地被等植物，多以绿色为底色，随着植物展叶、开花、结果、落叶等季节变化，构成色彩丰富的季相特色景观。

我国大部分草坪草为禾本科草，占90%以上，少量属于其他科，如苔草属莎草科、三叶草属豆科、马蹄金属旋花科等。根据草坪草对气候温度条件的要求，一般将草坪草分为暖季性（暖地型、夏绿型）和冷季型（冷地型、冬绿型）两类。冷季型草坪草有早熟禾类、羊茅类、翦股颖类和黑麦草类等，主要特点是耐寒性好，绿期长，长江中下游地区可带绿越冬，但耐热性较差，夏季需要较好的养护。暖季型草坪草主要有马尼拉、狗牙根等，它们耐热性好，适应性广，但冬季地上部枯黄，以根茎或匍匐茎越冬，绿色期相对较短。

草地早熟禾：为多年生草本，生长年限长，具有叶片质地细密、叶色较深、草坪密度高、草坪质量好等特点，广泛种植于气候冷凉地区，适用于运动场草坪、观赏草坪、庭院草坪等。耐寒性极强，但耐旱性较差，在干旱地区如进行灌溉，也能生长良好。不耐热，在酷热的夏季，即使灌溉，生长仍不良好，需很好养护才能越夏。喜排水良好、质地疏松的壤土，在含石灰质较多的土壤上生长更盛。早熟禾类草坪草因其叶色为蓝绿色，故又称蓝草，品种还有加拿大早熟禾、普通早熟禾等。

高羊茅：羊茅类草坪草中适宜长江中下游地区栽培的是高羊茅。该草种叶片较宽，属于丛生性草种，草坪较粗糙，但叶片坚韧、根系强健，耐践踏，常用于运动场或人流量大的地方。高羊茅成坪速度快，极耐粗放管理。对土壤要求不严格，在水泛地、排水不良的土壤上也能生长，并能适应酸性与碱性土壤，具有一定的耐盐能力。耐寒，也具有较强的耐热性，在长江中下游地区能较好地越夏，应用范围广，适应性强，是目前草坪生产上广泛使用的草种。

多年生黑麦草：叶色深绿，质地细密。喜温凉湿润气候，适宜在夏季凉爽、冬季不太寒冷的地区种植。再生性强，发芽快，生长迅速，成坪快，常用作先锋草种或受损草坪的修补材料。黑麦草耐热性差，存在越夏困难，但夏末秋初恢复快，冬季复播于暖季型草坪上可使草坪冬季保持绿色，提高草坪质量。黑麦草抗二氧化硫能力强，可作环保草种。

匍匐翦股颖：叶色较淡，质地柔软细腻，匍匐性好，耐低剪，不耐旱，耐热性与草地早熟禾相似。但枯草层较厚，在高水平养护条件下，可形成极具吸引力的草坪，常用作高尔夫球场果领区草坪。

狗牙根：性喜温热湿润气候，日平均温度24℃以上地区生长最好，耐寒性较差，一经轻霜叶即转黄，在−3℃左右地上部枯死。能生长于各种土壤，在肥沃土壤上生长最佳，土壤排水不良则影响其生长。耐干旱，耐较长时期的水淹，耐阴性较差。在轻度盐碱地上也能生长。黄河以南地区广泛种植，用于运动场、学校操场绿化和公路、堤岸护坡等。普通狗牙根与非洲狗牙根杂交而得杂交狗牙根，俗称天堂草，具有叶丛密集、低矮、叶色嫩绿、茎短而细弱等优点，耐频繁剪割，践踏后易复苏。与普通狗牙根相比，它耐寒性强，病虫害少，而且耐一定的干旱。

结缕草：适应性较强，喜温暖气候，喜阳光，耐高温，抗干旱，不耐阴，与杂草的竞争能力强，利用它的匍匐枝优势，容易形成单一成片的群落及纯草层。它适宜在深厚、肥沃、排水良好的壤土和沙质壤土上生长，在微碱性的土壤上也能生长良好，耐瘠薄。它草脚厚，耐踩踏，具有一定的韧度和弹性。除了春秋季生长茂盛外，炎热的夏季也能保持优美的绿色草层，冬季休眠越冬。常见的有天鹅绒、马尼拉等品种。马尼拉草可广泛用于铺建庭院绿地、公共绿地和运动场草坪，也是良好的固土护坡材料。

马蹄金：喜光喜温暖湿润气候，耐阴能力很强。对土壤要求不严，但在肥沃的土壤上生长茂盛。缺肥叶色黄绿，覆盖度下降。耐一定的低温，华东地区栽培，冬季最冷时叶色褪淡，草层上部的部分叶片表面变褐色，但仍能安全越冬。能安全越夏，基本常绿。耐干旱，不耐践踏，应种植在人流量小的地方。主要用于观赏草坪和公路安全草坪。

8.1 城市街道绿化

公园是城市点块状态的绿地，与居民日常生活还有一些距离，居民只有节假日才有机会去游览。道路作为城市骨架网络延伸入城市所有的角落，所以绿化也随道路伸入城市每块空间。与城市居民生活和工作时刻相关的是城市道路绿化。林奇概括城市景观五个要素，其中道路景观是城市景观中最重要的要素，而行道树又是道路景观中重要的组成部分。据说中国最早出现行道树是在秦始皇时代，《汉书·贾山传》曰："秦为驰道于天下，东穷燕、齐，南极吴、楚，江湖之上，海滨之观毕至，道广五十步，三丈而树，厚筑其外，隐以金椎，树以青松。"

8.1.1 行道树的种植方式

行道树在道路的两侧按一定方式种植，形成绿化景观效果。行道树生长环境必需的自然条件是光、温度、空气、风、土壤、水分，同时，城市环境有其特殊性：密集建筑物、地上地下管线、人群、汽车交通、烟尘多。因而行道树生长必须适应城市自然条件环境。

树带式，在人行道与车行道之间留出一条绿化种植带，不加铺装，这种种植带宽度一般不小于1.5m，可植1行或多行乔灌木绿篱草坪，同时在适当的距离要留出铺装过道，以便人行通过或汽车停站。一般行人较少的路段，采用此形式。

树池式，在人行交通量大、人行道又狭窄的街道上，宜采用树池的方式。一般树池以正方形为好，以1.5m×1.5m较合适，长方形以1.2m×2m为宜，圆形树池直径不小于1.5m。行道树宜栽植于几何形中心。

为防止树池被行人踏实，影响水分渗透及空气流通，使树池边缘高出人行道8～10cm。如果树池稍低于路面，在上面加有透空的池盖与路面同高，增加了人行道宽度，又避免了践踏，池盖用木条、金属或钢筋混凝土制成，两扇合成，以便松土或清除杂物时取出。

人行道上宜多种植大乔木，以方便行人树冠下穿行交通。在快慢车道之间隔离绿化岛上，考虑远距离观赏，可以种植低矮的花灌木。

行道树种的选择原则：

（1）要求能适应当地生长环境，移植时易成活，生长迅速而健壮的树种。最好选择采用本地乡土树种。

（2）要求管理粗放，对土壤、水分、肥料要求不高，耐修剪、病虫害少的抗性强的树种。

（3）要树干梃拔、树形端正、体形优美、树冠饱满幅大、枝叶茂密、遮阴效果好的树种。要花朵艳丽、芳香馥郁。

（4）要求树种为早发芽、展叶、晚落叶，而落叶期整齐的树种。叶色富于季相变化的树种为佳。

德国亚琛城市道路绿化，
多选择高大落叶乔木

(5) 要求树种为深根性的，无刺、花果无毒、无臭味、落果少、无飞毛少根。不招惹蚊蝇等害虫。落花落果不打伤行人，不污染衣服和路面。

(6) 要求树龄较长，苗木来源容易。

行道树干的高度规定：树干自根底部第一次分枝基点称为分枝点。行道树的主干分枝点一般要求高度在 3.5m 以上；以防汽车行驶时顶部发生碰撞。

南京的道路绿化曾经在国内受到广泛赞扬，其特点是：浓荫覆盖，功能显著，风格浑厚，朴实无华。这对于体现古城风貌是极好的衬托。在 20 世纪 90 年代以前，许多人对南京城市景观美好的印象是其连绵不断的、绿荫如盖的行道树。

《老南京》书中评论南京市的绿化："人们一提起南京，首先想到这个城市第一流的绿化，而绿化的突出标志，便是栽在中山大道两侧和街中绿岛上的法国梧桐。天知道南京一共有过多少棵法国梧桐树，很多地段都是以每排六棵树的队形，整齐地向前延伸，一出去就是十几里，遮天蔽日。"

这是国内任何城市都不曾有过的奢侈和豪华。……到了 20 世纪 90 年代的今天，虽然很多高大的法国梧桐树，被令人心痛地砍去了，但是瘦死的骆驼比马大，就算是砍了那么多的树，似乎还找不到几个城市的绿化能与南京相媲美。最大限度地保留树林，保留住古城特有的品质。如果是那样，南京城的绿化依旧，看上去既带有古典意味和浪漫情调，让人赏心悦目，让人仿佛置身于一座城市的绿岛上，又同时是一座现代化十分完善的城市，车水马龙，有条不紊，一点也见不到落后的痕迹。南京应该成为一个优美典雅的城市，这个城市以人的舒适和温馨为第一位，就像中山大道开始动工时，南京那位固执的市长说过的一样，这个城市已不是水泥森林，它将成为一件"艺术品"。

德国亚琛 Aachen 道路绿化景观，落叶大乔木，不种植常绿乔木

德国亚琛 Aachen 道路绿化景观，冬季阳光灿烂，夏季绿荫如盖

德国亚琛 Aachen 城市
行道树，落叶大乔木

北京四环路按东南西北四段，冠之以不同的景观特色。东四环段以秋色为特点，突出银杏秋色，配合以其他有秋季色彩变化的乔灌木和背景树，以毛白杨、洋槐、小叶白蜡为主，基调树以桧柏、油松、国槐、垂柳、栾树等为主。南四环路呈现春花烂漫的景观特色，以春季开花灌木连翘、榆叶梅、丰花月季、金银木、丁香等为主。西四环路则突出春花兼顾秋色，以国槐、油松、栾树、洋槐、垂柳为主体，以毛白杨、国槐为背景树。北四环路突出夏秋景观，以国槐、栾树、油松、桧柏、金枝垂柳为主体。

道路外侧绿化带设计，是四环路绿化的主体部分。设计形式以乔木为主，层次分明，统中有变，以气势取胜。落叶乔木占 60% 左右，以落叶乔木为背景，常绿树、花灌木组团为中前景，草坪地被为衬托。

8.1.2 现在的问题

城市要进行现代化建设，行道树景观如何"现代化"？自然界的树木从春秋战国直到现代 21 世纪，树冠姿态基本没有变化，是不是种植美国花卉树种就是道路绿化的"现代化"？这也是目前城镇景观一个大问题。笔者曾见巴黎城市街道两侧种植中国的国槐，维也纳和慕尼黑也有街道两侧种植中国的七叶树；外国朋友介绍这些树种在百年之前引自于中国。中国丰富的树木花卉自然资源在国外得到重视利用。但是，笔者在主持或参与城镇景观规划设计时，许多部门明确要求种植"洋气"的树种。对本地生长茁壮且已绿化成荫的国槐、悬铃木等树木要求伐掉。

香樟是常绿树种，树冠形态优美。但是其一年四季常绿，缺少季相变化，特别是在寒冷的冬季依旧浓荫蔽日，使得路上的行人得不到温暖的阳光照射。另外，香樟仅适于长江以南，江苏北部城镇气候环境不适宜其生长。所以香樟并不是理想的行道树。苏南城镇在 20 世纪 80 年代种植的香樟树，已经蔚然成林，城市空间明显感到过于郁闭。女贞、棕榈都是常绿小乔木，树干不高，树冠也较小，夏日不会形成宽大的绿荫，如果棕榈种植在人行道上，还会影响行人交通空间。广玉兰在一些植物园和庭院中树冠效果较好，但目前笔者所见许多道路两侧种植情况，冠叶凋零，枝桠裸露，景观效果较差。

以上这几种皆为常绿树，近年来被大量运用作为城镇行道树，景观效果甚差。江苏省许多城镇竟然认为此树种"洋气"，从而伐去现已成荫的大乔木国槐和悬铃木。

对树种选择，要根据立地条件和景观需要进行，在植物配置中，因地制宜，将乔、灌、花草结合，形成立体绿化带。沟渠、路旁选择水杉、柳树、水松等耐水湿、深根性，且具有景观特色的树种。山地丘陵选择桃、杏、柿、板栗、银杏、杜仲等水果、干果、药材等经济型树种，对现有单纯林宜改造为具有地带树种特征的针阔混交林；水网河滩地选择芦苇、水菖蒲、荷花等具有水乡特色的水生植物，组成水景专类园。许多城市为了美化而引进一些外地的植物，这些植物需要额外的维护，增大了费用，而且成活率低。

8.2　滨水游息绿化

滨水游息林荫路是在城市内或城市内有河流穿越，或者城市边缘有湖泊、海滨，沿水岸边布置绿化，形成游憩散步道路。首先规划要保证沿水滨留有足够的绿化宽度，形成观赏和游息的空间，而不可使混凝土车行道直抵水岸。其次这个滨水绿化带空间设计，要使得临水一侧通透开敞，临路一侧屏障隔离。

滨水游息绿化带宽度根据现场用地条件而确定，绿化宽度 3 ~ 10m 都有可能，游步道 1 ~ 2m。有些城市的滨河绿地空间宽阔，步行道甚至 5m 也可以，但是禁止车辆驶入。根据现状自然地形和城市用地需求，滨水绿地延伸也可能是宽窄变化的。

滨水游息绿化设计力求自然生态群落式，形成序列的疏林草地景观。变化距离的种植，变化间隔距离的树丛组团，常绿和落叶乔木、常绿和落叶灌木、草本花卉以及多样形态草地，有条件在沿岸一侧水中还可以培育水生植物，形

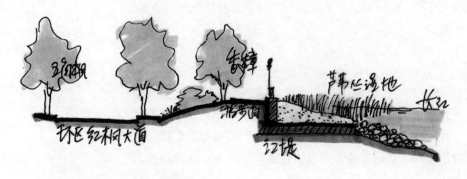

自然式布局的树丛

成湿地景观，组合形成丰富的水滨生态空间。不提倡城市行道树整齐行列间隔的机械种植法，也不提倡修剪几何式的绿篱造型。

近些年滨水游息绿化做的成绩显著的案例有：深圳大鹏湾绿道，南京沿江风光带，青岛海滨景观带。这几个滨水游息绿化带长度距离都超过30公里以上，景观各有其特色。

城市内穿越的河流往往都有一些历史事件和典故，选择滨水游息绿化带节点设立纪念雕塑，或者历史事件纪念碑，景观标志物，如果滨水空间有开阔地可设计小型广场、特色小游园。南京沿江游息绿地，在三叉河节点处建有渡江解放纪念广场。杭州西湖桥头建有苏小小纪念亭。

临水一侧保持开阔的视线观赏水面，不提倡连续的常绿乔木种植，隔离开敞空间，以至常年幽闭。选用落叶乔木和落叶花灌木，形成四季色叶变化的丰富景观，或者风景树群。设计枫叶路，银杏路，樱花路，海棠路，等等。传统滨水种植"桃红柳绿"依然是可赏景观。

青砖、青石路面，栏杆、路灯、台阶等以朴素自然为宜。整体上看起来，滨水游息路的景观风格是安静、优雅，不提倡华丽炫耀的灯彩。

德国历史名城海德堡沿奈卡河（Neckar）有著名的"哲学家小道"（Philosophenweg），旁边是600年历史的海德堡大学，学者们曾经在这条小路散步、思考。现在这条道路依然还是石子路面，沿途高低错落的落叶乔木和灌木，这样的景观几百年没有改变。

德国波恩沿河景观

8.3 道路绿化

8.3.1 高速公路绿化

高速公路两侧绿化是与其路面建设同样重要。高速公路两侧的绿化带有时候 30～100m 宽，既有风景美化效果，也有生态绿道景观作用，也有防止风雪侵袭作用。目前常用树种有，毛白杨，槐树，油松等。

对于长时间在高速公路行驶的驾驶员，沿途绿化风景可以降低其视觉疲劳，减少交通事故可能性。行道树种植应该富有变化，树群、树丛，还有鲜花草地，高低错落，四季变化，有利于形成驾驶员愉悦的心境。

公路绿化应尽可能结合乡村的农田防护林、护渠护堤林、郊区防护林，发挥绿化带的多重效果作用。

在交叉口或者转弯处，应该保持视线开阔，不可以种植广大乔木灌木遮挡视线。

1. 高速干道绿化

高速干道一般位于城市郊区，行车速度可以到达 200km/h。沿途绿化景观设计应该是自然粗放，追求整体大块面的景观效果，不求细节刻画。穿越自然区域时，尽量保存原自然景观风貌和原树木生态群落。

高速路两侧有 50m 宽树林绿化带，隔离噪音污染，也隔离空间，保持干道相对独立性。

在高速公路休息区，还要适当点缀风景树群、树丛以及多年生宿根花卉。

德国亚琛 Aachen 城市
郊区高速公路绿化

在下坡转弯路段的外侧种植风景树丛、树群，以诱导视线，增强驾驶人员的审美安全感。

德国高速公路绿化景观

沿途远处有山峦和河流之处，尽可能使得绿化树木留出观赏视线。可以眺望到的绵绵远山，蜿蜒的河流，或者古城墙、古寺庙等及其他景观浮现地段等。

高速干道路面包括车行道、中央分隔带、路肩、边坡和安全地带。中央分隔带不宜高大乔木或者高大灌木，设计低矮植物，或者只铺设草地，让驾驶员能够观察到道路左右情况。

2. 分隔带绿化

分隔带将人流与车流分开，机动车与非机动车分开，提高车速，保证安全。

分隔带上种植草皮及矮绿篱。机械排列成行的乔木，会使快速行驶的开车司机产生炫目感，易发事故。但城市内交通对此要求不是太高。快速公路、高速公路分隔带只能种植草皮或矮绿篱。

分隔带应100m一段，适当分段。

3. 交叉口绿化设计

交叉口是交通枢纽，各种车辆和行人在此交会通行，互相干扰，容易发生事故，为了改善道路的交通能力，必须采取一些措施，其中包括合理布置交叉口绿地。

交叉口绿地由道路转角处的行道树、交通岛以及装饰性的绿地组成。

交叉口首先是要保障行车安全、交通流畅，所以要保持有开阔视线，以保持能看见交通信号标牌、车辆行驶情况，安全视距30～35m范围内，不得有障碍视线的建筑、树木，只有草坪或0.7m高以下的灌木。

中心岛的主要功能是组织环形交通，提高交叉口的通行能力。

（1）中心岛内不能布置成供行人休息用的小游园，不要让人进入中心岛。人与车交叉通行宜造成交通事故。

（2）不宜过密种植乔木，不能用常绿树或常绿灌木充塞岛内，阻碍视线。

(3) 中心岛布置一般以草坪花卉组成图案,远距离动态观赏。与道路绿化形成不同的景观。

居住区内的交通岛,车少的道路可以布置供游人前往的小型花坛。

方向岛是指引行车方向的,以草坪花坛为主;面积稍大的,也有塔形常绿树。

安全岛作为行人过街避让车辆之用,以植草皮为主。

8.3.2 铁路绿化

铁路绿化有防风、防沙、防雪和保护路基免遭危害的作用,同时有利于行车安全。

铁路两侧乔木应离铁路外轨不少于10m,灌木不得小于6m。其种植形式一般是里灌外乔,在可眺望连绵远山、壮阔江河、名胜古迹,以及其他自然景色地段,应敞开不种树木,以免阻挡视线,但可种植花卉草皮、低矮灌木等。

笔者在乘坐火车从奥地利的萨尔斯堡至德国的慕尼黑途中,目睹沿途连绵不断的缓坡花卉草坪和簇簇丛林。以及点缀在绿化中的错落有致的小型坡顶建筑。德国南方的巴伐利亚州乡村,见不到农田庄稼,处处是美丽的花园,是世界上最美丽的铁路沿途景观。

在铁路与公路的平交道口附近,为保证行车安全,视距三角内不得种植树木,视距三角的边长最少是50m。在铁路转弯地点,曲线内侧有碍行车和眺望的地段内不种乔木,但可种植不影响视线的灌木。在线路一侧有讯号机的地点,

德国南部铁路沿线的巴伐利亚乡村景观

在讯号机前 1200m 距离内也不允许种植乔木。当铁路通过市区时，两旁应留有足够空地（30m），种植安全防护林带。

铁路站台绿化，在不妨碍交通、运输、人流疏散的情况下，可以布置花坛、水池和蔽荫树之类，供旅客休息。

8.3.3 广场绿化设计

广场绿化应配合广场的主要功能，使广场更好地发挥其作用。广场绿地布置和植物配置要考虑广场规模、空间尺度，使绿化利于游人活动和游息。有的广场是由大型建筑围合的，有的是依山的，有的是傍水的，广场绿化应该结合周边的自然和人造环境，保持风格的整体统一。

公共活动广场一般面积较大，周围种植高大乔木，能更好地衬托广场空间。

广场中成片的绿地，应该以开放式供人进入游息。采用疏朗通透式的植物配置，保持广场与绿地之间的空间渗透，扩大广场的视域空间，丰富景观层次。

火车站、长途汽车站、机场、客运码头是城市的大门。植物绿化选择要突出地方特色。

停车场间隔带中种植高大乔木，可以为停车场庇荫，有效地避免车辆爆胎。树木分枝点在 3.5m 以上。

纪念广场以绿化衬托主体纪念物，创造与主题纪念相应的气氛环境。

8.4 防护林绿化带

我国东南部城市防风林主要是防御海面来的台风，因此南方城市防风林设在东南部。西北部城市防风林主要是防御沙尘，因此北方城市防风林设在西北部。

防风林必须保证有足够宽度和长度，但不是单一树种与单一树林形态，林带树种应该多样性混合型，而且由多重林带结构组成，仅单纯一条防护林基本是没有防护能力的。必须由 3～5 条甚至更多林带组成结构，每条林带的宽度不小于 10m。林带位于城郊，在城市影响的有效范围内。有城郊实验证明，林带降低风速的有效距离为林带高度的 20 倍左右，所以林木需要种植高大乔木，林带与林带之间距离为 300～600m 之间。

郊区观赏游览的风景林与生态防护林带的林相结构是有区别的，林带群落结构形式直接影响防风功能，也影响着透风或者阻隔风力效应。透风林只有枝叶稀疏的乔木，不用灌木。半透风林在林带两侧种植灌木。不透风林是常绿与落叶乔木、灌木混合群落组成，能降低风速一半多，但是气流越过林带会产生涡流，并恢复原来的风速。

有些城市多年营造防风林，常绿乔木与落叶乔木混交已经形成美丽风景林，具有观赏审美价值，可以设置林中散步小路，但不可设立大型游乐设施，甚至伐木开辟游戏场地，破坏防护林基本科学功能。

8.4.1 卫生防护带

工厂企业污染城市空气，散发出大量煤烟粉尘和各种有毒气体，在工业企业区内种植一定规模的乔灌木能起到滤尘减少污染作用。

工业企业周围卫生防护林带的树种应选用抗毒强或能吸收有害气体的树种。在污染区内不宜种植水果蔬菜等作物，以免食用后引起慢性中毒，但可种植棉、麻及工业油料作物等。林带的总宽度可根据工业对空气污染程度和范围来定。

近些年高速公路、铁路大力发展，防噪声林也是城市绿地规划所要考虑的。防噪声林的树群结构用高中低树组成密林。

8.4.2 树林的防风作用

古代人们就知道森林有减弱风速、防止寒风灾害的效果。在关东一带的农业地带有围绕农户的杉树林等。北方海岸以黑松为主体的防风林，耐湿耐碱，生长茁壮，枝干挺拔。在温暖地带，栽植以罗汉松为主的防风墙，以确保农田收获。

风通过林带时，部分穿过林内，部分越过树林的上方刮去，树林对风起过滤性障碍物的作用，所以减少树林的上风及下风接近地表的风速。越过林带上方的风，逐渐向下风一侧下降和穿过林内的风相混合。因此随着与树林下风一侧的距离增加，风速逐渐增大，不久即恢复没有树林阻挡的风速。

当林带非常茂密几乎不通风，风大部分从树林上边越过时，林带的下风

以黑松为主体的海岸
防护林

一侧形成空气稀薄部分，因此，急剧下降的风引起旋流，这对农作物当然是有害的。

作为防风林最适宜的林带密度，从正面说枝、叶、干合计约为 60% 上下，反过来说，即应有 40% 左右的空隙为佳。

由于林带的存在，地面 1m 附近有风速减慢的现象，当树林与风向成直角时，影响程度最大。在林带上风一侧可达树高的 6 倍，下风一侧可达树高的 35 倍左右，在这个范围内多少都可以引起风速的减弱。但在下风一侧减速最为明显，从距树林边缘 3 ~ 5 倍树高的距离附近，观测出风速可减至原风速的 30% 左右。

防风效果大的林带横断面的形状，上风和下风林带边缘全都垂直的，要比林带边缘倾斜的有利于减少风速。另外，林带的幅度并不是越宽越好。幅度过宽时，总体来说，风速下降，小范围形成气流回旋。

海岸防风林和上述情况稍有不同。我国的海岸防风林多数设置于靠海岸前沿，由于牺牲了最前沿部分栽植的几十米树木，并且由于它们的保护作用，好容易才能保证内陆一侧林带生长到一定的高度。不只希望树林能起到减消风速的作用，而且还有捕捉过滤海风的盐分作用及防风沙、防潮等多种目的，所以需要一百米到数百米的林带，与一般的防风林不一样。

住宅区树林的防风效果、树林内部的风速，根据树冠的密度及树木密度而变化，树林越密，树林越长，减速效果越显著。风通过林内时，由于树林起阻碍作用减弱风速这是当然的道理。但即使从树冠上面刮来的风，因树冠表面不绵密、凹凸不平，也起到减速作用。所以，住宅区树林虽不如设计的防风林网，但也有各种防风效果。

8.5 居住区园林绿化

居住区内公共绿地特点：

（1）面向大众服务，不是私人住宅花园，居住区每一个居民职工都能进入园林游玩。因此它不应该是中国古代文人写意山水园林的形式，不应该布置密集的亭台楼阁，也不应该设立隔离围墙销售门票。

（2）发挥生态效应，以树林草地的绿化空间，改善居住区的整体环境。不应该建设成"商业街式的园林"。

（3）娱乐休息，以供广大群众工作之余休息娱乐。居住区内居民公共使用的绿地，这类绿地常与老人、青少年及儿童活动场地结合布置。

8.5.1 居住区内公共绿地

1. 公园绿地

（1）居住区公园：为全居住区居民就近使用。面积较大，相当于城市小型公园。绿地内的设施比较丰富，有体育活动场地，各年龄组休息、活动设施，画廊、阅览室、小卖部、茶室等，但仍以树林草地为主要绿化空间。常与居住区中心结合布置，以方便居民使用，步行到居住区公园约 10min 左右的路程，以 800m 为宜。面积 5～10hm²。

（2）居住小区中心游园：主要供居住小区内居民就近使用。设置一定的文化体育设施，游憩场地，老人、青少年活动场地。居住小区中心游园位置要适中，与居住小区中心结合布置，服务半径一般以 500m 为宜。面积必须大于 0.5hm²。

（3）居住生活单元组团绿地：是最接近居民的公共绿地，以住宅组团内居民为服务对象，特别要设置老年人和儿童休息活动场所，往往结合住宅组团布置，面积在 1000m² 左右，离住宅入口最大步行距离在 100m 左右为宜。

2．专用绿地

居民区内各类公共建筑和公用设施的环境绿地。如俱乐部、影剧院、少年宫、医院、中小学、幼儿园等用地绿化。其绿化布置要满足公共建筑和公用设施的功能要求，并考虑与周围环境的关系。

3．道路绿地

道路两侧或单侧的道路绿化用地，根据道路的分级、地形、交通情况等的不同进行布置。要做到四季有花，富有特色，易于辨认。

4．居住建筑附近的绿地

是最接近居民的绿地，以满足居民日常的休息、观赏、家庭活动和杂务等需要。

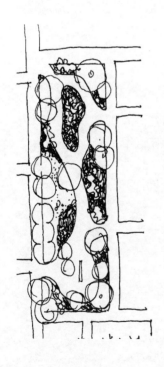
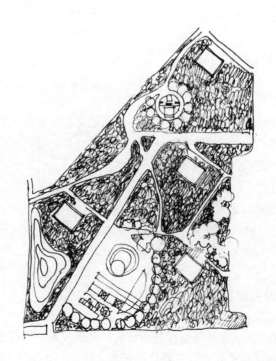

居住区绿地设计案例

8.5.2 居住区绿地的指标

我国各地居住区公共绿地的指标由于条件不同，差别较大。总的说标准比较低。自1980年以来，确定了居住区绿化的法定指标，以保证居民对公共绿地的最低需要，在居住区规划中使绿化也成为居住配套建设的重要内容。居住区绿地定额指标，是以每个居民占有的公共绿地面积来表示的。

居住区人均绿化指标为 $2m^2$，一般居住区人口为 3～5 万，居住区公园面积宜为 5～10hm²。从生态环境和游憩效果考虑，绿地面积应尽量集中，所以每个居住区最好集中设一个居住区公园。日本居住区公园标准规模为 4hm²，其小区公园的标准规模为 2hm²，最小为 1hm²。我国居住小区的游憩绿地按每个居民 $1m^2$ 计，一个小区人口约为 1 万，小区游园面积即为 1hm²。小区游园也应尽量集中，其规模不宜小于 0.5hm²。

居住区公共绿地在一定程度上反映绿化情况，但也不完全反映出居住区绿化的水平，有的居住区附近有公园，在住宅区内就不另设公共绿地，其指标即为零，然而并不等于绿化不好。因此，评价居住区绿化水平，有的学者提出用多个指标表示，根据各居住区绿化的分类，可以 3 个指标来表示：

（1）居住区内公共绿地每人平均指标：包括公共花园、儿童游戏场、道路交叉口绿地、广场花坛等以花园形式布置的绿地，按居住区内每人占的平方米来表示，反映居住区绿化的质量水平。《城市居住区规划设计规范》规定：居住区公共绿地人均大于 $1.5m^2$，居住小区公共绿地人均大于 $1m^2$，组团绿地大于 $0.5m^2$。

德国吉森 Giessen 居住区绿化

（2）一般绿地每人平均指标：即宅旁绿地、公共建筑绿地、临街绿地、结合河流山丘的成带、成片绿地，以及其他设在居住区内的苗圃、花圃、果园等。也就是除公共绿地以外，被树木花草覆盖的地面，以每人所占平方米来表示，反映居住区绿地的数量水平。

（3）覆盖率：即包括居住区用地上栽植的全部乔、灌木的垂直投影面积，以及花卉、草皮等地植物的覆盖面积。以居住区总面积的百分比表示，反映居住区绿化的环境保护效果。《城市居住区规划设计规范》规定：新区应该大于30%，旧区改造应该大于25%。

8.5.3 居住区绿地的规划布局

（1）要根据居住区的规则结构形式，采取集中与分散，以点、线、面相结合，以居住区中心游园为中心，以道路绿化为网络，以住宅绿化为基础，协同市政、商业服务、文化、环卫等建设综合治理，使居住区绿化自成系统，并与城市绿化系统相协调，成为有机的组成部分。

（2）充分利用自然地形和现状条件，尽量利用劣地、坡地、洼地及水面作为绿化用地，以节约用地，对原有树木，特别是古树名木应加以保护和利用，并组织到绿地内，早日形成绿化面貌。

加拿大温哥华居住区绿化

(3) 居住区绿化应以植物造景为主进行布局。宜选择生长健壮、管理粗放、少病虫害、有地方特色的优良树种植物，以充分发挥绿地的卫生防护功能。为了居民的休息和点景等的需要，适当布置园林建筑小品，其风格及手法应朴素、简洁、统一、大方。

(4) 居住区绿化中既要有统一的格调，又要在布局形式、树种的选择等方面做到丰富多样，可将我国传统造园手法运用于居住区绿化中，以提高居住区绿化艺术水平。居住区园林绿化与城市公园有三个类似特点：公共的、生态的、娱乐的。它绝不应该是个人清高的"写意"，也不是"楼台亭阁的建筑群"，而是大片树林花草绿地。在此特别不希望在居住区绿化内用围墙隔离。

(5) 居住区绿化的植物配置和树种选择，要考虑绿化功能的需要，以树木花草为主，提高绿化覆盖率，以期起到良好的生态环境效益。绝不可以园林建筑和水泥铺地占据绿地。

(6) 要考虑四季景观及早日普遍绿化的效果，采用常绿树与落叶树、乔木和灌木、速生树与慢长树、重点与一般相结合，不同树形、色彩变化的树种的配植。种植绿篱、花卉、草皮，使乔、灌、花、篱、草相映成景，丰富美化居住环境。

(7) 树木花草种植形式要多种多样，除道路两侧需要成行栽植树冠宽阔、遮阴效果好的树木外，可多采用丛植、群植等手法，以打破成行成列住宅群的单调和呆板感，以植物布置的多种形式，丰富空间的变化，并结合道路的走向、建筑、门洞等形成对景、框景、借景等，创造良好的景观效果。

国外某游园绿地

(8) 植物材料的种类不宜太多，又要避免单调，使统一中有变化。各组团、各类绿地在统一基调的基础上，又各有特色树种，如玉兰院、桂花院、丁香路、樱花街等。

(9) 在庭院内、专用绿地内可栽植些有经济价值而又美观的植物，如核桃、樱桃、玫瑰、葡萄、连翘、麦冬、垂盆草等。可大量种植宿根球根花卉及自播繁衍能力强的花卉，如美人蕉、蜀葵、玉簪、芍药、葱兰、波斯菊、虞美人等。种攀缘植物，以绿化建筑墙面、各种围栏、矮墙，提高居住区立体绿化效果，并用攀缘植物遮蔽丑陋之物。如地锦、五叶地锦、凌霄、常春藤、山荞麦等。

8.6　工厂区园林绿化

8.6.1　工厂区园林绿化特征

对大众服务，不是私人花园，工厂区每一个职工都能进入园林游玩。因此它不应该是中国古代文人写意山水园林的形式，在烟囱和管线密布的工厂，古代文人的孤傲情调是无论如何都体现不出来的，也不应该设立隔离围墙。

特别强调生态效应，以树林草地的绿化空间，改善工厂区的污染环境。不应该布置密集的亭台楼阁。也不应该做成大面积的水泥铺装地面。

娱乐休息，以供职工工作之余休息娱乐。在此特别希望在工厂区以绿化为主要景观，休息愉悦，不要太多游乐设施，也不要太多园林建筑小品。

8.6.2　工业防护带绿地

工厂防护绿地常采取由乔木和灌木组合而成混合布置。主要作用是隔离工厂有害气体、烟尘等污染物质的影响，降低有害物质、尘埃的噪声的传播。

工厂防护绿带应该布置在下风方向，并且有足够宽度和相应的绿化林带结构，以尽可能减少工业污染向周围城市居民区的扩散。从现实调查情况来分析，绿化林带有一定程度减弱污染的效果，但是真正解决污染问题还是工业企业本身；污染严重情况，绿化带是根本无能为力的。

工业污染水问题也是这样，笔者参观了有些以湿生植物组成的过滤沉淀池塘，处理污染水的能力是很有限的，严重污染水在湿生植物池塘内依然污染，植物净化和过滤能力非常有限。

8.6.3　工厂区内绿化设计

工业地带一般土壤贫瘠，且为低湿地，栽植植物困难。作业场地附近空地，有水管、电缆、蒸气等配管，绿化用地往往随时变更为建厂用地，绿化计划难以持久。煤烟、废弃物品、废水等均有害植物生长。

在自然界植物抵抗并且吸收有毒气体很有限，能长期抵抗有毒气体以及强酸、强碱的树种是没有的，对轻度毒害具有一定抗性的树种为数亦不多。因而使树种选择的范围极为狭小。由于工厂绿化可选树种为数不多，致使绿化栽植易于单调。

工厂绿化防护地带内常栽植枝叶大而密的树木，并可采用自由式或林荫道式的植树法，以构成街心绿地和绿岛等。厂内休息憩绿地亦可用阔叶树隔开或单独种植在草坪上，以增加装饰效果。休憩绿地宜采用自然式疏林草地的布置。

整形绿篱与观赏树木，可用来装饰厂前区，道路边缘或用以隔离各车间和建筑物。林荫道式和排列式的种植方式，主要用在绿化道路，布置在绿地的外围和厂前区等。它可以采入口处广场和其他个别地带，可种植低生绿丛，或在四周再围种乔木和灌木丛。

在高温车间，树种选择不宜栽植针叶树和其他油脂较多的松、柏植物，栽植符合防火要求、有阻燃作用的如厚皮香、珊瑚树、冬青、银杏、枸骨、海桐等，布置冠大荫浓的乔木，色彩淡雅轻松凉爽的花木，设置藤蔓攀缘的棚架，形成浓荫匝地、凉爽洁净的工间休息场所。

噪声车间周围，要选择枝叶茂密、树冠矮、分枝低的乔灌木，密集栽植形成障声带，以减低噪声的影响。如大叶黄杨、珊瑚树、石楠、椤木、小叶女贞、杨梅等。精密仪表和光学仪器工厂周围，树种选择不应该有绒毛种子空中飘散的树木。

多粉尘的车间周围，应密植带尘、抗尘力强、叶面粗糙、有黏液分泌的树木，如榉树、朴树、楝树、石楠、凤尾兰、臭椿、无花果、构树、枸骨等。

有严重污染的车间周围的绿化，臭椿生长最为健壮，榆树次之，柳树生长较差。磷肥厂的氟的污染致使车间玻璃腐蚀而成毛玻璃，但大叶黄杨依然生长健壮。树木抗污染能力也和森相组成有关，复层混交的栽植形式抗污染的能力强，单层稀疏的栽植抗污染能力弱些。

有些植物可以预测环境污染，其对于各种有害气体的敏感性比人体要强。例如二氧化硫浓度超过 1 ~ 5ppm 时人才闻到气味，浓度 10 ~ 15ppm 时人才有明显的刺激作用。紫花苜蓿在二氧化硫浓度超过 0.3ppm 时，就会出现明显的反应。唐菖蒲在氟化氢浓度仅为 0.01ppm 的大气中接触 20h 就会出现症状。在距污染源附近可种植一些敏感植物，以监测大气中污染气体的浓度。

工厂绿化总体来说，要求景观朴素自然，生态群落形式，不可太花哨，不可太繁琐，具有很明确的科学防护，净化空气功能。"假山石"、"小桥流水"等古代文人园林景观，不适宜在工厂企业大院内。

景观意境及绿地规划设计

自然界到处都存在着风景，城市郊区的河流，乡村边缘的树林，田野上的山花野草，以及天上飘浮的白云，飞翔的群鸟。而风景区是人们为了保护自然景观而划定的特别区域，自然界许多美丽的风景并没有划进风景区内，因而也没有得到法律的保护。

风景与人类文明密切联系，一万年以来山河景观形态没有改变，泰山还是泰山，黄山还是黄山，人类却发生了巨大的变化。人类的文明经历了石器时代、农业时代、工业时代和信息时代的翻天覆地发展，人类眼中的风景在变化。

风景审美原因首先来自人类文明的发展。文化的积淀，特别是绘画艺术对风景审美的探索，竟而产生了风景审美。中国与西方风景画完全不一样，所以中国对自然风景的审美也有很大的差别。

中国的名山大川审美传统的形成源于农业时代初期的自然崇拜。由于中国悠久的历史文化传统，风景区常常与历史名胜融合一起。而在美国风景区是保护自然原始风貌。

《诗经·大雅·嵩高》歌颂高山："嵩高维岳，骏极于天。维岳降神，生甫及申。维申及甫，维周之翰。四国于蕃，四方于宣。"意思是：嵩山最高大是中岳，巍峨耸立伸入云层。中岳嵩山降下了神灵，申伯甫侯二人从此诞生。就是那申伯和甫侯，作为周朝栋梁最有名，保卫四方诸侯国，宣扬教化天下安宁。

"姜，大岳之后也，山岳则配天。"（《左传·庄公二十二年》）山川以其巨大沉重的形体、恢弘的气势显示出对古人不可抗拒的力量。山是地面与天最接近的地方，所以在古人看来，山岳自然也就是天神在人间的居住处，同时也是人间与天国联系的通道。

道家思想关于整个自然界的生态观念，庄子在《逍遥游》里讲过这样一个寓言：惠子对庄子说，我有一棵很大的樗树，"其大本臃肿而不中绳墨，其小枝卷曲而不中规矩。立之涂，匠者不顾。"庄子回答道："今子有大树，患其无用，何不树之于无何者之乡，广莫之野，彷徨乎无为其侧，逍遥乎寝卧其下。"惠子用"匠者"功利的眼光评判樗树，认为它没有具体使用价值，所以无用；庄子以审美的态度评判樗树，发现了它的美学价值，而且正因为樗树"不中规矩"、"匠者不顾"，它的美学价值才能不为具体价值所累，独善其身，倾向于归隐山林，得以实现自己价值。

名山是在人祭拜自然时确定的，当时不是为了审美，而是对神的敬畏。新石器时代，在没有自然山水审美观的时候，人们以名山大川作为天地（即大自然）的代表，以敬畏与孺慕的心情进行原始宗教意识的"燔祭"活动等。到了先秦两汉帝王登山封禅，标榜自己"奉天承运"，代表上天来统治

黄山风景区的飞来石和云海

南京钟山风景区内民国
遗址景观

人间,《礼记·王制》记载:"天子祭天下名山大川,五岳视三公,四渎视诸侯。"
与此同时 "诸侯祭名山大川在其地者。"

中国最早的风景区起源主要在三个方面:帝王的封禅,民间的庙会游乐场
地和乡村风水林。

在中国古代先哲理念中:人类应该与大自然和谐相处。"天人合一"、"道
法自然"。所以在一些文化名人游历过的山水风景区内,设计有一些景点建筑,
以表示人与自然的融合。景点建筑设计要求 "相地"、"观势"、"选址"。在魏
晋南北朝时期正式形成中国式的风景名胜。

在西方的观念中,自然与人是对立的。建筑和城市都是人工的,山水风景
是大自然的,两者区别鲜明。保护也就是鲜明的。

在现代社会,由于大城市的出现,人类物质文明的巨大发展,使许多有文
化的人离开了自然环境,长期居住在大城市中,这时才意识到自然原始美。

9.1 中国古代风景游览传统

中华民族世世代代倡导与自然山水世界交往融合。古代中国人对待人和自
然的关系问题时,显示出一套独特的思想、情感和态度。其观赏自然环境思路
与现代很不一样。古人以自然主义的态度对待自然,讲求与自然界亲近融汇,
始终把人世间社会与自然看做是一个整体的若干部分,它们互相融洽,互相依
存发展。

通过数千年历史的发展演变,中国古代的山水审美意识和认识观念构成了
特有的持续传统。自然界山水融入了人文理念,成为人的精神生活中的一部分,

人们徜徉在文化认定的山水之间，给各种情怀找到寄托的地方，获得多方面的心理的润养，更有文化人逃离喧嚣城市，以静山净水为生活的归宿，同时，文人还把山水世界当做艺术表现的恒定主题，满怀深情游历其间。游历、隐逸、卧游这三种方式可以基本概括雅文化与山水交往的内容。

中国写意山水画，追寻人的内心与天道融合为一

欣赏寄情山水有雅俗之区分，俗文化的山水活动内容较少，较单调；雅文化的山水活动内容较丰富，较复杂。在古代文化人的人生过程中，仅仅游山玩水，饱饱眼福，算不上真正的热爱自然。应该有理解自然，领悟自然。古代文化人相信山水世界对于他们有更为深广的含义，更为突出的价值，古代文人对自然山水的特殊理解以及审美心理，好像很多人喝茶是为解渴提神，但茶道中人却能从中体会种种乃至无穷的滋味。古代文人雅士怀有"写意自然"的情趣，在他们的感觉世界，山水悠悠不息地散发迷人气息，对于山水体悟是生命和精神世界中不可缺少的一部分。

9.1.1 领悟哲理

在自然山水游览中，从自然界景观中吸取思想启迪，领悟哲学道理。春秋战国时代，史料记载，游山水的雅好在那个时代已然形成。孔子、老子、庄子、曾子、屈原这样对山水有感情、有悟性的文人墨客已经形成初期风尚。

孔子钟情观赏水景，"见大水必观焉"，《论语》记载，孔子与弟子们座谈志向，曾子发言说："暮春时节，春服既成，冠者五六人，童子六七人，浴乎舞雩，咏而归。"孔子喟叹曰：我与曾点心意相通。孔子通过自然山水游赏来捕捉宇宙及人生的真谛。

子在川上曰：逝者如斯夫。（《论语·子罕》）

孔子……登泰山而小天下。（《孟子·尽心》）

智者乐水，仁者乐山。(《论语·雍也》)

魏晋南北朝时期，社会动荡，战祸连绵，以道家思想为基础的玄学大发展，文人隐居逃避，寻求诗意潇洒的山川游历的活动，注重于跋山涉水时的审美感悟。

六朝的文人名士之所以如此自觉地追求对山川之美的欣赏，显然是透彻地理解了游历实践的意义。山川游历表面上是娱悦的活动，但在文人雅士那里却有着越出一般游玩的特殊意趣，游历山川也被视为一项相当高雅的、与名士气度相符的奥妙体验。在特定意义上，山水世界属于雅人文化圈，自魏晋南北朝时期开始，士大夫文化赋予山川游历活动特殊意义，成为文人墨客雅士独享的资质。

将山川游历雅化的传统在此之后继承下来，游历山水而为中上层社会所追求。而文化修养较高的知识分子始终强调雅俗文化游历活动上的差异，努力维护他们高雅生活的纯洁性，避免受到随波逐流游山玩水之俗举的污染。懂得怎样与月对话谈心的文人是真正的看月者。他们避开俗众，"小船轻晃，净几暖炉，茶铛旋煮，素瓷静递，好友佳人，邀月同坐，或匿影树下，或逃嚣里湖。"等到夜深俗众散去，天地仿佛重新恢复、正式开始，然后达到高雅境界。

9.1.2 激励志向

高山峻岭景观使得游者悟出一层人生真谛，激励志向昂扬，人生追求的目标志向变得明确坚定，信心更加充沛。置身于名山大川之间，感受山川之气象风度的熏陶，久而久之，胸怀见宽，浩荡博大。

曹操："东临碣石，以观沧海。"将大海、洪波、日月、星河与自己的雄心壮志、野心抱负结合起来，使主观精神益发气势宏大。

司马迁曾经读万卷书，行万里路，足迹曾遍及大半个中国，亲历众多名山大川和历史圣地，坚韧而有毅力，壮举激励壮志，困苦磨砺信心，成为永垂中国青史的人物。

苏轼《游兰溪》：谁道人生无再少，门前流水尚能西，休将白发唱黄鸡。

郑板桥《竹石》：咬定青山不放松，立根原在破岩中。千磨万击还坚劲，任尔东西南北风。

孔子见大水必观，人问其道理，他论证君子之所以爱水观水，是因为流水的九种优良品德：德、义、道、勇、法、正、察、善、志。

9.1.3 获取知识

自然风景游历使人探索天地、山川、虫鱼、鸟兽的知识。在现实的游览观察下，获得更多的准确感触知识。徐霞客通过实地考察，积累了丰富的第一手材料，《徐霞客游记》是70余万字的巨著，记述水文地理、历史遗迹、地方风俗、自然景物等诸方面的科学问题，具有科学价值。成为古代自然地理学的珍贵文献，流芳百世。

9.1.4 感受天道

古代哲人认定，自然界一切的存在有内在统一性，存在着宇宙的本原。这种宇宙万物之源或所有存在的整体就是"道"。道既抽象又具形，既可裂演变为纷繁无数，又可复归为一元。对于古代文化人来说，探寻宇宙社会之道进而尽可牟与之契合，这乃是人生的要务，也是辉煌的成功。心灵与宇宙的最高级存在融为一体，从而超乎一切风俗，而且超越任何辉煌，超越任何高峰体验，达到无限和永恒。

自然界中寄托着道，而契道的主要途径是静观自然。朴素地说，与之相契也就是"游乎天地一气"、"万物与我为一"，走向山川松竹之间终于达到"物化"。可以肯定，走出人间、走向自然并不等于融于自然，但至少是相契于道的开端，契道需要有形而上的精神素养——玄心，可首先需要迈向道充盈其间的自然界。

风云变态，花草精神，海之波澜，山之嶙峋，俱似大道，妙契同尘，离形得似，庶几斯人。（司空图《诗品·形容》）他的说法充满诗意，富于想象，其用意相当清楚，就是号召与天地万物融汇为一，不论物之形状如何，都蕴涵道，都是契合的对象。

宗炳说得更玄，也更能传道家对山川的看法。《画山水序》云：圣人含道应物，贤者澄怀味象。至于山水，质有而趣灵……夫圣人以神发道，而贤者通。山水以形媚道，而仁者乐。

文人学士游历山川、投身自然，可以通过哲学意识和感悟能力，品味自然山川景观而与道契合。登高眺望，才能有机会领略感悟自然道的奥妙。通过放浪山水达到超越有限的存在。

在登眺中实现与宇宙精神的契合，这种感情是心灵事业。就像王之涣登黄鹤楼写出"欲穷千里目，更上一层楼"的名句，道出心中所悟。还有一些古人对与道契合作了神游的理解，把登临感悟当做羽化成仙的仙道之心，投身自然的全部意义在于步成仙入道高人的后尘，乘鹤飞升，羽化登仙。在名山胜地找到羽化飞升的"仙境"，得到长生不老的仙丹灵药，乞得神仙、佛祖、道长的佑护，如愿以偿。"仙人洞古留丹鼎，玉女祠高护碧霞"，"三十六峰高插天，瑶台琼宇贮神仙"，"鹤归青霭合，仙去白云孤"。世人以为名山大川必为仙宅，必得仙气，必含仙道，登临之归便是贴近仙道，匀得圣餐之日。

对待契道有两种不同理解，其间存在雅俗的分野。撇开价值尺度，超越的和功利的两种态度都承认与自然相处，可望接触超验的宇宙精神或超自然的神秘力量，获得平素不能获得的非同寻常的体验。

9.1.5 净化身心

自然界的和谐恒定秩序给人心境以安详宁静感觉，面临苍茫风景，观者慑服于自然界的崇高气度，由敬重达于感情升华。"山水之间有清契"，达到"空山寂历道心生"的宁静事物。朴素洁净的大自然景观，让人保持心理上的宁静平衡，进而荡涤人心之中的虚妄、偏狭，清除心理上的阴暗。

饮其泉,能使贪者让,躁者静,静者勤道,道者坚固。境净故也。(独孤汲《慧山寺新泉记》)

宁静感和崇高感虽然风格截然不同,都属于大自然对人的心理世界进行净化的结果,是观察者的性格与客观自然的融化。在日常的现实生活中,人被种种事物和事务包围着、纠缠着,内心充斥着各种利害的考虑、情绪的纠葛、意志的消长,盘亘着各种情绪及其变形,异常复杂混乱。自然景观的纯净形态成为人心目中的理想楷模,仿佛置身于完美世界,平素的是非心、利害心、荣辱心之流的杂念暂时被冲淡,心灵暂时显得干净单纯。自然山川教人内心澄澈,游人雅士明言纵游天下名山大川,为的就是"涤其襟抱",使道德意识强化和净化。

9.1.6 欣赏美感

江山游览让人获得审美愉悦,有人乐而忘返,把山川之游看做美好人生境界之一。当游者以优雅潇洒的姿态选择并观察自然景象时,柔美倾向的风景更容易成为审美对象。

庄子感慨:"山林皋壤,从他欣欣然而乐!"郭熙《林泉高致·山种训》:"君子之所以爱山水……丘园养素,所常处也。泉石啸傲,所常乐也。渔樵隐逸,所常适也。猿鹤飞鸣,所常亲也。"由衷地期望游尽名山大川,身心升华,老死烟霞中。

白居易在《钱塘湖春行》里细致观察西湖之美,描写了自然的欣赏乐趣:

孤山寺北贾亭西,水面初平云脚低。

几处早莺争暖树,谁家新燕啄春泥。

乱花渐欲迷人眼,浅草才能没马蹄。

最爱湖东行不足,绿杨阴里白沙堤。

杜甫《江畔独步寻花》记述绮丽春光时的感受,诗曰:"桃花一簇开无主,

风景审美其中蕴含的人生境界

可爱深红爱浅红？"

杜牧：停车坐爱枫林晚，霜叶红于二月花。(《山行》)

苏舜钦：晚泊孤舟古祠下，满川风雨看潮生。(《淮中晚泊犊头》)

吴承恩：前村一片云将雨，闲倚船窗看挂龙。(《舟行》)

信步于松林、闲坐山亭之时品味优美雅致，是古代文化游览自然风景的主要审美姿势之一。以普通世俗文化的眼光看，游山玩水的意思只是娱乐效果。雅文化眼光观赏山水出于它的哲学、伦理学赋予山川游览以特殊的思想，依雅文化的价值标准，登临风景必会产生励志、净心、审美效果。

像矿藏需要发掘提炼才能有益于人类的生活一样，在自然蕴涵的有助于精神文明的景观资源也得通过人们的积极实践研究才能转化为宝贵的财富。山水作为自然客观之物，只有在人的向往、热爱的感情映照下，才会显得神采奕奕。

9.2 现代中国风景名胜区

中国的国土疆域面积是世界第三，有960万平方公里的辽阔土地，从东海之滨到青藏高原其地貌变化万千，又具有丛热带到寒带，从海洋到内陆，从沙漠到雪山的各种不同气候和不同生物群落。

中国有极其复杂而又丰富的地理景观，西部有世界上最高的山峰珠穆朗玛峰，有著名的世界屋脊青藏高原，有世界上最低的新疆吐鲁番盆地；东部有众多河流湖泊，连绵丘陵，还有辽阔的太平洋。

大森林里蕴藏着许多神秘故事

中国有极其悠久的人类史和人类文明史，西安半坡村遗址和浙江河姆渡遗址考古陶纹都发现了模仿自然界动物和植物花纹的抽象图案，江苏省连云港将军崖石刻还有山川河岳抽象图案，显示出新石器时期最早的自然崇拜审美萌芽；处处更有浩瀚的历史文明遗迹。

中国的风景保护、自然保护和风景游览，最初是与自然崇拜、神话文学和宗教信仰密切联系的。早先的自然崇拜，面对雄浑的高山和奔涌的河流，产生了极为丰富的神话故事和神话文学。在山东沿海产生了蓬莱神话系统，传说中有海中三神仙山；在青藏高原产生了昆仑神话系统，传说有西王母宴周穆王于瑶池之上。还有嫦娥奔月，夸父追日，精卫填海等美丽浪漫的神话传说。

公元前700余年成书的《山海经》，以自然崇拜的观点确定了"五岳四渎"神圣文化地位，确定它们在中原区域的景观格局要点。五岳就是东岳泰山、西岳华山、南岳衡山、北岳恒山和中岳嵩山；四渎就是江（长江）、淮（淮河）、河（黄河）、济（济水），以中原作为文化中心点，这五座山和四条河流拱卫支撑着华夏大地，哺育着社稷臣民，历代的帝皇都要以天子身份与自然山川对话，都要定期祭祀"五岳四渎"。汉代司马迁写《史记》有记述秦始皇去泰山奉祀设祭的壮观情景。

中国寺庙大多建立在山区，以宗教的神圣名义，保护了大片圣林。东汉末年，印度佛教传入中国以后，四川峨眉山、山西五台山、安徽九华山和浙江普陀山，成为四中国大佛教圣地。形成具有佛教性质的风景名胜文化区域，在二千年历史岁月里，融合并且丰富了中国文化。

编成于春秋时期的《诗经》歌咏滨河自然风景。"关关雎鸠，在河之洲。窈窕淑女,君子好逑。"意思为:雎鸠鸟阵阵鸣叫,就在河中州岛,美丽多情女子,男子爱慕要追求。

中国在很早的历史时期对于大自然的审美观念，已经从神化自然的阶段中解放出来，进入了人化自然的阶段。第二世纪东汉仲长统在《乐志论》中对自然风景，已用"游戏平林，濯清水，追凉风……"的态度来描写，第三世纪左史《咏史》中已歌颂："振衣千仞岗，濯足万里流。"到了第四第五世纪，中国的绘画、诗歌和游记文学，已经完全摆脱了自然崇拜和神化自然的意识形态，把大自然的山水花鸟，作为纯粹的审美对象加以讴歌和描绘。东晋诗人陶渊明欣赏自然风景名句："云无心以出游，鸟倦飞而知还"、"林欣欣以向荣，泉涓涓而始流"，"采菊东篱下，悠然见南山"成为千古传颂。第五世纪以前，山水画常常是宗教神话故事的背景。南朝的宗炳，已经发现了风景透视学原理，在江西庐山进行山水画写生，这是中国纯粹写景山水画的开始。

儒家把艺术看作是道德教育的工具，道家要求心灵的自由，把自然山水看作是最高理想。在中国古代绘画里，大量作品主要描绘对象就是自然山水风景，而很少有西方的人物肖像和重大历史事件绘画。在许多中国绘画里，往往有个人，悠闲地，静坐沉醉在天地的美好之中，领悟着自然与人生的妙境。

有史书记载的名人雅士周游名山大川，高山自然景观，写下永垂青史的名篇巨著。司马迁读万卷书，行万里路，著有《史记》。郦道元踏勘河流湖泊，著有《水经注》。李白游历巴蜀，周游名句："蜀道难于上青天"、"两岸猿声啼不住，轻舟已过万重山"。徐霞客30多年足迹远涉华北到云贵高原，著有《徐霞客游记》。李时珍采遍天下花草，著有《本草纲目》。

儒家、道家都提倡人与自然和谐相处，中国风景名胜区自然景观常常与人文景观互相渗透，交相辉映。名山大川，自古以来就与中国哲学思想、宗教艺术、神话文学、写景诗、山水画等文化艺术相融合。名山大川之中融入了寺庙、佛塔、雕塑、碑刻、山庄、书屋以及风景园林赏景游览建筑等。宋朝郭熙的画论中说："山得水而活，得草木而华，得烟云而秀媚……以亭榭为眉目而明快。"总是以大自然的山水自然美，作为风景的主体，人工艺术只是作为大自然山水的烘托和陪衬，使自然山水相得而益彰，使天然美与艺术美融为一体。

在中国风景的空间审美观念里，中国山水画家追求淡泊优雅而又意远深幽的风景画面，画家心灵和笔触可以达到"道法自然"的境界。画家笔下的空间那样深远，穷极宇宙，人与自然永远是浑然一体。中国山水画追求的是写意，与现实中目睹的山水有差距，绘画境界飘逸如"仙"，寻求"神游"的意境。

画面意境是以有限的画面，表达无限的空间；而不像西方把自然空间分析理解成科学的透视空间。

（北宋）郭熙《林泉高致》论述有关山水画空间里美术构图："山有三远：自山下而仰山巅，谓之高远；山前而窥山后，谓之深远；山而望远山，谓之平远。"这不单是单纯的物理空间观，而是置身于天地间的充满诗意的空间概念。

世界各地园林的许多奇花异葩，都是原产引种于中国，中国有"园林之母"的称号。花卉有云南山茶、高山杜鹃以及川、黔、滇野生的珙桐，已经是欧美城市公园主要观赏品种。树木有七叶树、悬铃木，古老植物的孑遗种银杏、水杉、银杉等，都已经成为欧美城市绿化主要树种。

在我国西部，绵延雪山化成了滚滚流水，奔腾东去撞击穿越层层山岩，形成地理上气势无比磅礴的"长江三峡奇观"大切割。这一处壮丽的大自然景象，公元前300，宋玉在他的名篇《神女赋》和《高唐赋》里，把长江三峡的峰峦云雾幻想为兴华耀目、美貌横生、迁延举步的巫山神女，使后人身临其境、触景生情，神往不已。此外，屈原、李白、杜甫、苏轼都在这里留下了风流千古的绝唱，更有许多无名作家留下大量神话和传说。这里不仅有险峰、激流，还有古栈道、石刻，三峡激浪中搏击而进的竹筏和沿岸奋力拉纤的船夫形象，历来为画家、诗人所讴歌，并寓意为中华民族不屈不挠、吃苦耐劳的勇敢精神化身。以长江三峡为主的这一地带风景，给我们祖祖辈辈以无限激情和启迪，从而培育出了巴蜀文化和楚文化，并成为整个中华文化的主流。三峡的山川地貌景观也已是中国国家象征物。

南京钟山风景区内灵谷寺无梁殿

黄山、张家界、卧龙自然保护区已经被评为世界自然遗产，庐山被评为世界文化景观地，北京周口店古猿人遗址被评为世界自然遗产地。

中国有 56 个民族，在其各自领地留下风格各异的文化遗产，形成不同特色风景名胜区。

中国风景名胜区系统可以分为下列八大类型：即：

1. 水系风景区

景观主要类型有江河、湖泊、瀑布、潭池、溪流、泉井等，例如，杭州西湖、南京玄武湖、昆明滇池、江苏太湖、大理洱海、新疆天山天池、黑龙江镜泊湖、武汉东湖、青海青海湖、台湾日月潭、贵州黄果树瀑布。

2. 山岳风景区

景观主要类型有奇峰、峡谷、溶洞、火山、地质遗址等，例如，陕西华山、四川峨眉山、江西庐山、浙江雁荡山、安徽黄山、山东泰山、贵州龙洞。

3. 生物风景区

景观主要类型有森林、草原、草地、古树名木、珍稀生物栖息地、湿地生态群落、物候季节景观等，例如，云南西双版纳、广西花溪、广东鼎湖山、浙江西天目山、陕西秦岭、四川卧龙、湖北神农架、南京梅花山。

4. 山水风景区

景观主要是山岳与河湖交融，例如桂林漓江、长江三峡、武夷山九曲溪。

5. 海滨风景区

景观主要类型有海岸、海湾、沙滩等，例如，海南天涯海角、辽宁大连、浙江普陀、福建厦门、广东汕头。

6. 休疗养避暑胜地

景观主要是有适宜气候环境避暑度假地，例如，山东青岛、河北北戴河、厦门鼓浪屿。

7. 历史名胜区

景观主要类型有宗教寺庙、石窟、摩崖题刻、历史遗迹等，例如甘肃敦煌莫高窟、甘肃麦积山、河南洛阳龙门、八达岭长城、承德避暑山庄。

8. 近现代历史纪念地

景观主要是近现代历史事件发生地，例如，南京中山陵、陕西延安、江西井冈山、贵州遵义、湖南韶山。

9.3 风景资源评价

景源评价难以有一个绝对的衡量标准和尺度。自然美的景观评价标准只能是相对的和各有特点的，风景资源评价具有一定的弹性。专家评价和公众评价是不一样的，历史各阶段对于景观的评价也不一样。

在风景资源调查的基础上，通过分析和评价，明确风景资源的质量和开发条件，为确定风景区开发规模、开发主题、开发阶段和管理提供科学依据，客观而科学地评价风景资源是风景区规划的重要环节。风景资源评价是通过风景资源类型、规模、结构、组合、功能的评价，确定风景资源的质量水平，评估各种风景资源在风景规划区所处的地位，为风景区规划、建设、景区修复和重建提供科学依据。

依据自然与人文景观分别评价其资源价值，再依开发行为种类与规模对于景观价值改变程度，评价人们可接受的影响（Impact）底线或尝试不同的开发方式，即为景观影响评价目的。

现代人类对于景观价值的偏好，基本上倾向于自然的、原始的、奇异的、老年人偏向连续的、恋旧的；心理上对于生存环境的依赖感及安全感。地球亿万年形成的地理景观，千百年孕育出来的特殊生态或是近百年形成的古迹都将产生人类经验记忆中不同的景观价值。

为避免景观影响评价因个别经验或主观价值取向的判断差异，在评价方法上应尽可能采取数据量化（Scaic）与叠层图化（Overlay）的方法，来取得多数人的价值标准共识。

风景资源评价的方法很多，根据评价内容的不同可以分为广义和狭义的风景资源评价。广义的风景资源评价涉及很多方面，主要包括风景资源本身、风景区区域条件和区位资源评价。狭义的风景资源评价是指对风景资源本身的评价，评价的标准主要有以下几方面：风景资源的观赏性、独特性、规模、人文积淀、科研价值等方面。

人类对于景观资源的需求，可能来自许多方面，或是奇异的景观形态，或是历史上著名诗句，或是著名绘画作品源地，或是对于大地域环境的生存空间感知，或是对于人生经历及童年乡村的怀念。这些景观资源需求我们可归纳为环境心理学与经验美学两个范畴。

国外有关视觉景观评价方法有：美国土地管理局的视觉资源管理方法（VRM）、美国林业局的视觉经营管理系统 VMS 与视觉品质目标系统 VQO、Litton 的景观评价方法、Zube 的视觉冲击评价 VIA，与视觉接收能力 VAC 等，各有它们的评价因子与评价分级，都具有相当价值。但是在中国景观资源的价值标准与美国的价值标准不尽相同，譬如美国国家公园主景观是自然界纯粹的原始森林，而中国却是人文古迹融和自然山水的景观，认知应有相当的差别。

关于风景区的景观资源的价值分级探讨：

A 级，特别敏感的景观资源

（1）景观资源价值稀有性、独特性，亦即特征性与焦点性。例如，黄山的奇松、云海。

（2）某些景观关联着族群的生存发展进而成为精神上的象征与记忆，例如，日本的富士山、中国的长江三峡。

（3）"奇、特、险、峻、最"的地景地貌，如大峡谷、大瀑布、断层、火山、海蚀、风化、奇峰等，或历经自然界千万年的力量形成或为悠久的古迹文明。

B级，优美或重要景观，高度敏感的景观资源

(1) 明显的地貌、突出的地形地质、动或静的水体、连续的植被、良好的生态栖息地，具高知名度、特殊性或代表性，可为环境辨识的重要指针，如高山、湖泊、海湾、海岬、岛屿、溪谷、河川等。

(2) 优美的景色，依景观构成元素：形体、空间、结构、色彩构成的视觉景色，并足以吸引游憩观赏活动，如南京钟山风景区、杭州西湖风景区等。

(3) 重要生态或植被景观，如巨树、神木、原始森林、生态栖息地、动物保护区等。

(4) 历史悠久的特殊或重要人文景观。古迹遗址地，如石头城遗址。

C级，完整及良好的景观，一般敏感的景观资源

(1) 虽然地貌不特别险峻或景色层次不特别丰富，但天性具有自然的、原始的山林、原野、海滨。

(2) 人为环境或建筑物，景观形态优美，空间舒展，可令人产生愉悦的感受，如绿荫环绕的社区、公园绿地。

(3) 城市郊区自然风景地虽然景观不特别出色，但是为人们日常近距离自然休闲活动场所。

(4) 有特色的传统产业聚落或较久远及完整的街道、老建筑物，虽未列入文物单位名录，但仍具有相当的人文代表特征。

D级，普通及常见的景观

(1) 荒芜杂乱的郊区，裸露未经整理的空地，塑料布覆盖的农田。

(2) 没有特色、缺乏美感及空间次序、缺乏绿荫的人为环境。

E级，恶劣的景观

视觉上令人联想到危机、污染、健康威胁、很杂乱的构造物，例如，水泥厂、垃圾场、污染工厂等。

9.4 风景区范围和景观调查

风景区的边界范围确定很重要，对于生态系统完整性和景观特征保存有重要科学意义。风景名胜区界线划定意义，还是实施国家风景名胜区有关法律法规的重要依据；是界定风景名胜区内现有利益主体的权属范围；是景区规划建设管理中各种面积计量的基本依据，也是风景区规划水平及其可比性的基础。

中国许多风景名胜区具有悠久历史和丰富的社会因素，时常有各种矛盾冲突，各种空间利益争执。作为规划和管理部门应维护其历史特征，保持其社会延续性，使历史社会文化遗产及其环境得以保存，并能永续利用。

在城市发展、当地居民生活等地域单元矛盾时，特别需要划定界线，强调其景观相对独立性。分析所在地的环境因素对景源保护和开发利用的影响，经

济条件和社会背景对风景区管理的要求,风景区与其社会辐射范围的供需关系,进而确定游览景区保护、利用、管理的必要范围。

风景区发展目标首先依然是自然景观品质的保护,进而目标是自然与社会经济发展和谐共生。在地区发展过程中,风景区边界和内容会遇上各种各样问题,科学地解决人与自然相互对立统一的辩证关系,使风景区规划的各项主要目标既有长远持续性,又有协调适应性,同国家与地区的社会经济技术发展水平、趋势及其步调相适应。

9.4.1 景观品质

调查风景独特稀有特征,进而评价其科学价值;风景美感度,调查风景美学艺术特征,进而评价其文化价值;风景旷奥度,调查风景实体空间和视觉空间,进而评价游人活动尺度。

9.4.2 景观地形

景观地形调查包括:典型地质构造,标准地质剖面,自然变迁遗址,生物化石地,山岳峡谷,溶岩洞穴,火山,冰川,海蚀断崖等。评价地质地貌具有的独特科学价值。

9.4.3 景观植被

景观植被调查包括:森林、灌木、草原、湿地、古树名木等分布面积,珍贵植被分布、天然林、人工林、树种密度等森林状况,调查植被品种、群落类型、群落结构层次、植被郁闭度。各种植被分布范围、面积,以及季节周期变化情况。

9.4.4 土地使用

调查景观区域内林业、工业、居住,以及还没有人为干扰的自然区域,当地人们聚落的村镇居民点,生产、商业、宗教和文化娱乐区等。各种土地占用比例,使用强度,以及自然景观面貌恢复可能性。

9.4.5 自然保护区

有些特别自然特征的地区,以法律形式限制其土地使用,不能有其他经济开发行为。在这些指定地区中,大多以保存原始景观或环境现况为目的,譬如自然环境保护法、野生动物保护法、文物资产保存法等指定的地区范围。

9.5 风景区规划内容

风景名胜区规划经过一系列审批手续后具有法律效应,是科学开发和管理为重要依据。风景名胜区规划包括总体规划和详细规划两部分。

风景名胜区总体规划的内容包括：

(1) 根据地形特征、行政区划和保护要求，划定风景名胜区规划范围，包括外围保护地带。

(2) 确定风景名胜区规划性质、发展目标、规模容量。

(3) 根据风景名胜区功能分区，确定土地利用规划，进行风景游赏组织。

(4) 确定风景名胜资源保护规划，明确保护措施与要求。

(5) 确定风景名胜区天然植被抚育和绿化规划。

(6) 确定风景名胜区旅游服务设施规划。

(7) 确定风景名胜区基础工程规划，包括道路交通、供水、排水、电力、电信、环保、环卫、能源、防灾等设施的发展要求与保障措施。

(8) 确定风景名胜区内居民社会调控规划、经济发展引导规划。

(9) 制定分期发展规划。

(10) 对风景名胜区的规划管理提出措施建议。

风景名胜区详细规划是以总体规划为依据，规定各项控制指标和规划管理要求，或直接对建设项目做出具体的安排和规划设计。主要内容：

(1) 详细确定景区内各类用地的范围界线，明确用地性质和发展方向，提出保护和控制管理要求，以及开发利用强度指标等，制定土地使用和资源保护管理规定细则。

(2) 对景区内的人工建设项目，包括景点建筑、服务建筑、管理建筑等，明确位置、体量、色彩、风格。

(3) 确定各级道路的位置、断面、控制点坐标和标高。

(4) 根据规划容量，确定工程管线的走向、管径和工程设施的用地界线。

风景名胜区的修建性详细规划主要是针对明确的建设项目，主要内容包括：建设条件分析和综合技术经济论证、建筑和绿地的空间布局、景观规划设计、道路系统规划设计、工程管线规划设计、竖向规划设计、估算工程量和总造价、分析投资效益。

目前风景名胜区总体规划的内容需要解决现实具体问题，减少那些虚幻、畅想式的东西。

9.6 风景区的分区结构

风景区规划中分区形成自身独特结构布局，以节点、廊道结构联系景观片区。要根据规划原理、涉及美学、艺术、生态、地理、经济等学科知识，研究局部、整体、外围三层次的关系处理，研究布局形态对风景区发展的影响，形成科学合理而又有自身特点的规划布局。

风景区的规划布局形态，既反映着风景区各组成要素的分区、结构、地域等整体形态规律，也影响着风景区的有序发展及其外围环境关系。

风景区规划与城市规划相比较,有其自身规律特征,风景区规划应该含有更多艺术和生态地理学因素。

风景区结构和形态布局是辩证统一关系,内容决定其形式。科学的结构布局将形成合理的科学形态,并更长远地形成与周围社会环境可持续发展和谐关系。

9.7 风景区功能区划分

风景区一般由以下几部分组成,但也随各风景区的规模与特点不同而有所变化。

景观游览区,具有较高的观赏风景价值地段,是游人主要的活动场所。这是风景区的主要组成部分。游览区又可依其风景特色不同而划分成几个景区。有以自然地貌为主要景观的,如黄山、庐山、张家界等;有以自然水面为主要景观的,如西湖、太湖、洞庭湖,以及各类溪、泉、瀑布等;有以古迹遗址为主景观的,如八达岭、避暑山庄的外八庙等;有以植物题材为主要景观的,如北京香山黄栌和长沙岳麓山的红叶枫香,杭州满觉陇的桂花等。

体育活动区,在有条件的地段可开展有益于身心健康的体育运动。辽阔的水面,可开展划船、游泳、垂钓等活动;高山可开展登山、狩猎等活动;如有大面积的草原可开展骑马、摩托车和各种球类活动等。但并不是所有风景区都必需设立单独的体育活动区,可以因地制宜地分散设立各项小型体育活动内容。不可以开展体育活动而破坏天然景观面貌。

野营区、风景区中专门开辟一些林中空地、草坪等,供家庭或集体露营。在野营区中可设置简单的水电接头,供人们随时接用。这里也可建一些小型简便的住宿设施,野营活动不可污染风景区内水体和森林,也不可因为开展活动而破坏独特天然景观和古迹遗址。

旅游村,旅游村是集中住宿场所,建筑设施多,为了不影响风景区的自然景观,应将旅游村放在风景区外。风景区中的旅游村要严格控制其建筑高度和建设风格。同时,旅游村的排污,直接影响风景区,应放在风景区水源的下游地段。旅游村要和游览区有方便的交通联系。旅游村中主要居民是旅游者,工作人员和家属的住所不应设在旅游村中,以造成旅游者自身的独立环境。

居住管理区,风景区中的工作人员和家属应有相对集中的居住场所,常常和管理机构结合在一起,为了本身的安定,不宜和旅游者混杂,以免相互干扰。

其他在风景区和自然保护区内,凡具有科研和教学考察价值的地区,可划作教学、科研考察区。

9.8 风景名胜项目分类评价

风景名胜区内规划各类型项目应该有科学评价其环境影响，从而确定其位置、规模、运行模式以及管理方式。

9.8.1 原景观资源价值评价

主要是指原生的山岳、河谷、水域、植被等自然景观原生状态时的科学价值和美学价值。

9.8.2 自然景观变化评价

风景名胜区内规划建设项目可能引起自然景观不同程度变化，应该进行分析，进而预测和评估其产生效果。

9.8.3 人文景观变化评价

风景名胜区内规划建设项目对于当地文化景观和文化资源的影响程度，所涉及地方民族类、历史类、地域类的物质和非物质文化传统影响，进行分析和评价。

9.8.4 生态景观变化评价

风景名胜区内规划建设项目对于当地自然生态系统变化程度，对于原生植被品种、林地面积、群落结构、野生动植物栖息地、古树名木保存等环境影响，进行科学预测和分析，进而有科学的评估。

9.8.5 社会效益评价

风景名胜区内规划建设项目对于当地和邻近地区居民社会生活产生的影响，由于风景区内居民点搬迁、控制规模，以及对其原有生产结构调整等影响，应该有分析、预测和评价。

9.8.6 经济效益评价

风景名胜区其景观游览、旅游设施以及自然保护等，各项经济收支和财务分析，应该有预测和评估。

9.8.7 项目风险评价

由于社会和自然不确定性潜在因素产生的风险，也应该有科学评估。

9.9 风景区各专项规划

1. 保护培育

风景名胜区的基本面貌是大面积的植被景观，植物景观始终是风景区的主要景观。保护培育是一项重要的专项规划，应包括三方面的基本内容。

(1) 首先调查植被资源，明确保育的具体对象和因素。湖区周围山体植被生长良好，生物的再生性就需要保护其对象本体及其生存条件，湖区水体的流动性和循环性就需要保护其汇水区和流域因素，进而要依据保育原则制定保育措施，并建立保育体系。保育措施的制定要因时因地因境制宜，要有针对性、有效性和可操作性，应尽可能形成保护培育体系。

(2) 依据保护对象的种类及其属性特征，并按土地利用方式来划分出相应类别的保护区；分类应包括生态保护区、风景恢复区、风景游览区和发展控制区等。其中的风景恢复区，是很有当代特征，它具有较多的修复、培育功能与特点，体现了资源的数量有限性、潜力无限性的双重特点，是协调人与自然关系的有效方法。

(3) 以保护对象的价值和级别特征为主要依据，结合土地利用方式而划分出相应级别的保护区。风景保护的分级应包括特级、一级、二级和

19世纪风景画中的俄罗斯森林景观

三级保护区。在同一级别保护区内，其保护原则和措施应基本一致。因境制宜地恢复、提高植被覆盖率，发挥植物的多种功能优势，改善风景区的生态和环境。

(4) 在植物景观规划中，要维护原生种群和区系，不应大砍大造而轻易更新改造；不应搞大范围的人工纯林；要针对规划目标，分区分级控制植物景观的分布及其相关指标。保护古树名木和现有大树，培育地带性树种和特有植物群落。保护典型而有示范性的自然综合体。

(5) 分区控制各类植物景观的植被覆盖率、林木郁闭度、植物结构、季相变化、主要树种、地被与攀缘植物、特有植物群落、特殊意义植物等。在处理各项用地指标，要分别控制其绿地率和林木覆盖率，应有大于70%比例的高绿地率控制区。在处理风景林时，要分别控制其水平郁闭度和垂直郁闭度，其中，由单层同龄林构成，其水平郁闭度在0.4～0.7之间者为水平郁闭林；由复层异龄林构成，其垂直郁闭度在0.4以上者为垂直郁闭林，常由3～6个垂直层次组成。在处理疏林草地时，要分别控制其乔木、灌木、草比例，其疏林的乔木水平郁闭度应在0.1～0.3之间；其草地的乔木水平郁闭度一般在0.1以下，即在草地上仅有少量的孤植树或树丛。

(6) 植物景观分布应同其他内容的规划分区相互协调；在旅游设施和居民

社会用地范围内，应保持一定比例的高绿地率或高覆盖率控制区。提高自然环境的复苏能力，提高氧、水、生物量的再生能力与速度，提高其生态系统或自然环境对人为负荷的稳定性或承载力。

游憩用地生态容量

用地类型	允许容人量和用地指标	
	（人 /hm²）	（m²/ 人）
针叶林地	2 ~ 3	3300 ~ 5000
阔叶林地	4 ~ 8	1250 ~ 2500
森林公园	< 15 ~ 20	> 660 ~ 5500
疏林草地	20 ~ 25	400 ~ 500
草地公园	< 70	> 140
城镇公园	30 ~ 200	50 ~ 330
专用浴场	< 500	> 20
浴场水域	1000 ~ 2000	10 ~ 20
浴场沙滩	1000 ~ 2000	5 ~ 10

注：住房和城乡建设部《风景名胜区规划设计规范》。

2. 游览设施规划

自然景观是游览主体，而旅游设施规划在风景区中属于配套系统规划，然而，其也可能喧宾夺主，进而成为破坏风景因素。旅游设施规划应该将其纳入风景区的有序发展和有效控制之中。

游人数量是各项游览设施配备的直接依据，而保护自然景观的政策是基本原则。

从游人数量分析，调查游人与设施现状，然后分析预测客源市场，确定游人发展规模，旅游设施规划确定配备相应的旅游设施与服务人口。

从保护自然景观分析，确定重要景观点和景观区，旅游设施规划避让重要敏感自然景观点。例如索道游览车必须避开景点观赏面，宾馆位置也尽量隐蔽。在风景区旅游中心各项旅游设施在分布上的相对集中，相关的基础工程配建齐全。

游览设施现状分析，主要是掌握风景区内设施规模、类别、等级等状况，特别研究现状设施对于自然环境的影响效果。游览设施规划设计最好要考虑风景区旺季和淡季的游人差异，满足游人的多层次需要，合理配备相应类型、相应级别、相应规模的游览设施。规划设施要有弹性空间或者理由系数。

游览设施规模和等级，应依据设施内容、用地条件和景观结构等条件，分别组成旅游点、旅游村、旅游镇等级别服务基地，并有相应的基础工程原则和要求。布局应采用相对集中与适当分散相结合的原则，应方便游人，便于经营管理，利于发挥设施经济效益和生态效益。

建设部关于《风景名胜区建设管理规定》，明确提出下列建设应该从严控制：

(1) 公路、索道与缆车。

(2) 大型文化、体育和游览设施。

(3) 旅馆建筑。

(4) 设置风景名胜徽标的标志建筑。

(5) 上级建设主管部门认定的其他重大建设项目。

3. 风景区道路规划

(1) 线路选择

风景区道路是景观审美中重要的构图要素，风景区道路的设计与其周围自然环境密切相关。

风景区道路的规划首要问题是"自然"，道路本身的"自然"以及与周围风景相接的"自然"。切忌形成城市道路中人工化横平竖直框架，从而失去风景区道路的特征，进而破坏了风景区的自然品质。

风景区道路规划不仅要确保道路本身的流畅自然以及路面的质量，还要注意所经过地区的视觉观赏效果，使风景特征能够沿途展现出来。游览的过程是渐进的、有序列的人们从汽车上或徒步行走时就能看到海洋、河流、山峦、草原等连绵不断的丰富景观，游客情绪也随着景观的一一展现渐变兴奋。

自然地形决定了风景区道路规划的总体结构。道路的规划选址与自然景物特征、形成、自然力相协调。风景区内路线的选择首先要充分利用道路所处位置和自然地形坡度，使游人在道路上都能看到最吸引人的景观，让游览车穿过茂密的树林、清幽的峡谷或者河滨沙滩，在山岭上眺望城市和乡村，充分享受领略大自然景观野趣。例如在有水域的地段，规划使游览汽车沿水边行驶，形成开阔的视野。

布置和设计汽车道路时，应流畅地穿越风景，而且要避开损害最美和最具有生态价值的自然特征，道路应该与自然地形和沿途自然景观具有和谐关系，保存自然弯曲的河流、隆起的岩石、茂密的丛林和乡间植被群落，以至地球造山运动形成的自然轮廓线。景观保护和开发是矛盾对立统一的辩证关系，保护天然有审美价值地貌是旅游开发和进一步旅游发展的前提，然而同时，合理科学的开发是对保护最终利用的目的实现。在保护与开发面临矛盾冲突时，保护是第一位，开发是第二位的。保护是自然风景资源可持续利用的根本基础。

风景道设置形式

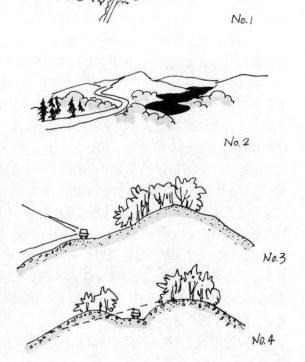

No.1

No.2

No.3

No.4

故在风景区道路规划设计中要尊重自然地形，尽量不破坏自然。南京市城西干道切割毁坏了著名的"虎踞"山体地貌景观，是非常令人遗憾的道路规划。

(2) 审美景观图像选择

熟悉摄影基本原理的人都知道：首先是对现实中自然景物观察，进一步选择景观拍摄，风景规划中形成的视觉效果也是这样，吸引人的美丽图像是被"选择出来的"，规划时利用路边的树丛、土埂、山岭甚至各种告示牌将单调或不雅的形象遮住，而让吸引人的景观显示出来。有时利用路边的树木、树冠、树丛形成自然的"框景"。进而使沿途运用一系列"框景"和"遮挡"设计手法，形成连续而又富有变化的景观序列。

有时为了在山岭上展开一个开阔的鸟瞰景观，采用"欲扬先抑"的手法，将通往这一景点地的道路两侧种植浓郁的高大乔木，形成较为遮蔽的空间，在汽车拐一个弯或翻越一座坡后，令人振奋的海洋或乡村景观顿时在眼前全景式地显示出来。游人在风景中前进，有时前景为开朗风景，有时前景又为闭锁风景，空间一开一合，也可以产生一种节奏感。

如果向外的景观不吸引人，例如垃圾堆、取土坑、棚户区等，可以将现状的地形和植被保留或加强，造成隐蔽。在需要遮蔽处，升高道路外侧的地形轮廓，形成视觉屏障；或将道路降低，或以植被分隔，使游人注意力向内集中于处理好的道路斜坡。

当游人沿着河岸，或是曲折的林荫路向前走去时，视点沿着曲折起伏的园路不断改变着，两侧的景色，一面不断地一重又一重地层层展开，一面又不断地一重又一重地消逝，这时游人见到的画面，不可能用一定的视点凝固起来，而是连续出现的，两岸的层层山、迭迭水，萦迂曲折，好像音乐中的乐章，不断地反复演奏，最后组成一个完美的乐章，这种视线与景物保持了一定的相对关系，但是又在前进中相对地沿着一定轨迹，变换着相对的位置，这种运动着的连续的风景，有开始、有高潮、有结束的多样统一的连续风景，称为连续风景序列。连续风景演进具有多样统一规律，这与音乐的多样

加拿大 Wislar 风景旅游区道路景观

统一规律有类似之处，其中的节点称为"节奏"，在风景的动态构图中也是有"节奏"的。

（3）景观节点

古代中国风景游览常常沿途设计有景观节点序列，以形成特有的寓意和象征，继而达到景观审美效果。例如被列为世界遗产的泰山，在中国古代2000多年的封建社会里，被尊敬为"神山"，曾有"五岳之尊"之称，史学家司马迁有名言"重于泰山"之比喻。泰山游览途中设有"中天门"、"十八盘"、"南天门"等景观节点；沿途还有各种石刻题字寓意登临泰山的历史含义。在山顶有很有寓意的题字：会当凌绝顶，一览众山小。面对滚滚云海，还有道劲有力的刻石大字：置身霄汉！

加拿大班夫（Banff National Park）国家公园入口标牌

沿道路定点设休息暂停场地，并有小卖部、卫生环保等简易服务设施，有条件的应结合地区特色做一个标志性设施，建筑要与环境相互掩映。在空间较郁闭地区，设休息平台，四周种植花荫树木，在空间较开阔地区，设观景眺望园地或观景平台。景区沿途形成观景眺望平台系列。

风景区入口处设计也是一个重要问题。不可以为宏大、沉重、华丽的建筑形式，风景区入口大门依然体现"自然"的品质，是示意游客已经进入风景区的标志，而绝不是北京的"天安门"式的威严、壮观。在黄山、张家界、庐山都是沉重的"大门"，以体现其"著名"。这是使风景区入口处"城市化"的设计。

日本富士山入口只是小型标志。在美国的黄石天然公园，西欧的一些郊野公园和自然公园都是朴素自然的入口标志。入口即"开门见山"地展示自然景观，而不以大门建筑形式的宏伟来显示其"著名"。

（4）道路绿化

城市道路绿化设计往往是等距离整齐排列，这对于沿途整齐的建筑，以及直线形网络的道路是适当的。风景区内道路两侧的行道树设计，不应该做成城市道路式的绿化。在风景区内的道路依山傍水而延伸，多是自然弯曲、沿途有成片自然式植被，道路沿途可以绿化的空间也比城市道路绿化岛宽敞些，行道树种植应该三五成丛自然群落式布局，与道路两侧的自然景观相衔接融合，而不是过分"人工化"的生成状态。为了使连续风景产生变化节奏，沿途树丛的排列有规律断续聚散，从而产生韵律变化。日本富士山，沿途森林植被非常茂盛，郁郁葱葱，相对而言，我们的许多风景区成片的植被生长势显得不是很良好，影响着风景区游览的整体审美效果。

曾见有些自然风景区沿途完全是以松柏或广玉兰常绿树作为行道树，且等距离种植，这是对自然风景审美的本质特点没有把握。树种的选择应该是丰富多彩的，总体上形成四季不同的色彩变幻景观，在某一条道路上大多数情况还是以一种色彩景观特点为主，例如以枫树为基调树种，适当点缀银杏，形成秋季红叶路；或者以樱桃为主，形成春天"鲜花缤纷"的樱花路。

通过绿化种植来预示道路线形的变化，以引导驾驶人员安全操作，保证快速交通时的安全。

护坡是景区沿途以防山体坍塌滑坡的设施，因此护坡往往是混凝土浇筑。应该视坡度的平陡，种植适宜的灌木或草皮，或攀藤植物以利于水土保持；不可以完全暴露大片混凝土面层。

(5) 交通系统

交通系统也是联系各景区景点的交通网络骨架。汽车道路、步行道、登山小径功能各不相同。服务对象不一样，其自身形成的审美品位也不一样，它们之间有机联系，相互补充，串联风景区内各景区与景点，形成道路系统。

风景区对外交通，客流和货流都要求快速便捷，这个原则在到达风景区入口或边界即行终止。有时从交通规划本身需要出发又可将其分为两段，即对外交通和中继交通。

风景区内部交通，虽然也要解决客货流运输任务，然而兼有客流游览的任务，游览意义一般大于货流的运输意义，因而内部交通要求方便可靠和适合风景区特点。风景区游览规划要委婉，交通网络要适应风景区整体布局的需求并与风景区特点相适应。

风景区交通规划，规定禁止大型货车穿越而过，特别是在湖滨游览区环湖路不允许大货车通行，大型车只能到达旅游接待中心。应在交通网络规划的基础上形成路网规划。并依据各种道路的使用任务和性质，选择和确定道路等级要求。进而合理利用现有地形，正确运用道路标准，进行道路路线规划设计。

在路网规划、道路等级和线路选择三个主要环节中，既要满足使用任务和性质的要求，又要合理利用地形，避免深挖高填，不得损伤地貌、景源、景物、景观，并要同当地风景环境融为一体。

依照交通功能分类：

(1) 进出风景区的主干道，一般路宽 8～20m；以游览汽车通行为主。沿途主要是动态景观，注重远眺、鸟瞰等成片大面积的景观效果。

(2) 分散游人进入各景区的次干道，一般路宽 3～7m；以小型游览车通行为主，也可以作为步行道。沿途也是以动态景观为主，注重成片的森林绿化、山脊轮廓线景观的展示。

(3) 步行游览道，表现为或林中曲径，或蹬山拾阶，或滨水小路，一般路宽 1.2m 以内；以游人徒步通行为主，不可以走汽车，道路建设采用石块等天然材料，不用钢筋混凝土制作；注重沿途景观细节设计，以及道路自身的细节品位，例如青石板路面，有意识在石缝之间镶嵌花草。

（4）汀步石路，原本为乡间跨越溪水而设置的最简朴的垫脚石，在景区内这种形式的道路设计别有艺术情趣，是返璞归真、探寻野趣最有意思的游览形式。注重道路本生行走的趣味，显然其交通的功能是很弱的。

另外还有栈道、悬索等特殊通行方式。

（5）道路的自身美学意义

自然山水的美感产生也与人以及人活动的本质有着深刻的联系。美是在人的社会实践活动中,形成的人本质力量的感情显现。美感是人的主观意识活动，但是美感产生的根源却不是主观无中生有的感觉。人类历史进化中的实践活动造就了人的美感诞生和发展。

无论是对人工建设物，还是天然地貌的审美，不可以肤浅地理解为仅仅是审美客体的外形轮廓，其更深入的美学意义在于审美人所处的社会文明状态和个人的阅历。沿山伸展的道路，林中弯曲的小径，其本身线形、质感以及周围自然环境的交融就具有美学意义，在诗歌、绘画、音乐等艺术作品中讴歌道路的品格，赋予其各种人生和社会哲理。穿越自然风景的交通道路比喻为生活的道路、人生的道路，甚至社会前进、国家民族兴衰之路。

春秋战国时代爱国诗人屈原历经人生坎坷，著有名诗：路漫漫其修远兮，吾将上下而求索。

鲁迅先生在散文《故乡》最后写道："其实地上本没有路，走的人多了，也便成了路。"鲁迅先生还说过："什么是路？就是从没路的地方践踏出来，从只有荆棘的地方开辟出来的。"

在中国，20 世纪 60 年代初期，诗人柯岩讴歌当时的一位英雄人物，开篇诗句：沿着那漫漫的小路，我寻找你的脚步……

在中国，20 世纪 70 年代末与 80 年代初期，经历动乱浩劫的中国出现"伤痕文学"，有位朦胧诗人迷茫地喃喃低语：走吧，路啊路，洒满红罂粟……。

绘画中也有许多以道路为主题的作品，林中小路，荒野小路，蹬山拾阶小路等各有不同的社会哲理含义；画面中蜿蜒伸向天际远方的小路，意韵深长。

古代中国风景游览，追求天人境界融合。在风景区内的道路也以此为指导思想。"远上寒山石径斜，白云生处有人家。"巧妙的景观道路设计体现出人与自然的和谐融洽。在华山险峻陡峭的悬壁上，建有云梯通天，体现了道家的自然哲学。

风景区道路规划是总体布局中最重要的组成部分，是组织景区景点的骨架网络，也是科学处理保护和利用这一辩证关系的体现。

4. 风景区基础工程

风景区距离城市较近时，风景区内给水、供电、邮政、广电等基础工程规划应该纳入城市地域的基础工程规划网络。在风景区距离城市较远时，可以考虑利用本地水源和能源。

风景区内基础工程规划设计应该是保护自然风景为第一位，工程设施尽量隐蔽，不可以在景观视线范围内。

国家级风景区要求配备同海外联系的现代化邮电通信设施。在人口密度较低，经济社会因素不发达，并且远离城市电力网的地区，可考虑自然能源，例如：风能、地热、沼气、水能、太阳能、潮汐能等。

5. 竖向景观地形

风景名胜区竖向立面的空间，应该有景观控制规划。形成鲜明的景观界面。

保存自然特征区域，例如，自然地质变迁遗迹、特别岩石与基岩、土层与地被。保存原有特征地貌景观点，例如，地理标志点、主峰最高点、测绘控制点。

顺应自然地形组织地理景观，不得大范围地改变地形或平整土地。游览道路开辟也应该以保护景观为第一位。

应把未利用的废弃地、洪泛地纳入治山理水范围加以规划利用；统筹安排地形利用、地被更新、工程补救、水系修复、表土恢复、景观创意等各项技术措施。竖向地形规划应为水体水系流域整治及其他基础工程专项规划结合，并相互协调。对于现有自然变化，例如，洪水潮汐淹没与浸蚀、水土流失与崩塌、滑坡与泥石流灾变等地形因素，均应有明确的分区分级控制。

对重点珍稀自然景观地段，必须实行在严格保护的原则。

6. 居民社会调控

许多风景区内含有原生居民，有的是村落，有的是乡镇规模，应编制居民点调控规划。风景区需要养护景观资源，也需要一定数量常住人口，作为维护经营管理。风景名胜内有数个村或者乡镇，必须编制居民社会系统规划。这既是风景区有序运转的需要，也是与村镇、城市、区域规划协同进行并协调发展的需要。

风景区是人与自然协调发展的典型地域单元，风景区总体规划是从资源条件出发，适应社会发展需要。风景区居民规划总体趋势是限制并减少人口规模，保证风景的自然观赏属性。风景区内城镇和村庄控制其规模，不得有污染和有碍风景的产业，最终目标是使村镇与风景区和谐可持续共融发展。

规划按照景观保护要求以及农村居民点人口变动趋势，在风景区中分别划定居民控制区、居民衰减区和无居民区。在居民控制区，要确定其范围和居民数量的控制性指标；在居民衰减区，要分阶段地逐步减少常住人口数量；在风景敏感区设定为无居民区，没有常住人口。这些分区及其具体指标，要同风景保育规划和总体容量控制指标相协调。

规划居民社会组织，需要建立适合本风景区特点的居民点系统；在产业和劳力发展规划中，需要引导和有效控制淘汰型产业的合理转向。原居民传统文化、乡土风情，以及非物质文化遗产应该得以继承保留。

7. 经济发展引导

风景区有关的活动引起的经济发展，通常是在风景保护区外围的第三产业活动。风景区经济活动具有独特性，是区域地方经济和社会发展的特殊地区，对于有些地区经济发展有重要的先导作用。

风景区经济发展目前存在两个方面主要矛盾，一是保护与开发的矛盾对立，二是地方政策引导与相关法规的矛盾。

风景区以景观永续利用和风景自然品位保存为第一，合理利用经济资源，形成独具特征的风景区经济结构。风景区经济要把生产要素分区优化组合，合理促进和有效控制各区经济的有序发展，追求经济与环境的和谐相融，逐步使得生产用地景观化，形成经济持续发展、生态产业与自然风景协调融合的总体布局。

8. 土地利用协调

风景区是有别于城市和乡村的人类第三生活游憩空间。风景区土地利用具有其自身特点，以生态环境保护和风景资源保护优先为原则，景观欣赏和休憩娱乐等为主要活动，同时具有文化、经济、社会多方面的综合考虑。

风景区土地资源现状分析评估主要是：土地资源特点、数量、质量与潜力等方面进行综合评估，土地利用现状平衡表，各类土地的利用方式及其结构的分析，土地利用变化规律及有待解决的问题。

近些年，有些风景区存在人工化、城市化、商业化等倾向，从而造成土地利用不合理的问题，甚至改变风景区的性质。使风景区各类土地科学利用和管理，特别是生态理念和景观美学的把握，才能持续发展与永续利用。

风景区土地利用规划力求在保护的前提下合理利用风景资源，根据规划的目标与任务，对各种用地进行需求预测和反复协调平衡，拟定各类用地指标，编制规划方案。

9. 分期发展

风景区分期规划是保证总体规划目标逐步实现和有序过渡，分期规划分为三期：近期、远期和远景。每个分期的年限，结合国民经济和地方社会发展计划的周期，以相互协调。

近期规划时间为 5 年，规划深度应与国民经济发展计划的要求相一致，其主要建设项目、调控重点、发展任务，以及投资匡算、效益评估及管理实施措施度应该明确。

远期规划时间为 20 年，这应该与地方经济发展规划和城市规划的期限相同。规划目标使风景区整体构架基本形成，景观保护和基础设施达到良性发展平衡。

远景规划时间是大于 20 年的规划，其规划目标应是风景区进入自我生存和有序发展阶段，具有独特的自然文化空间，而又有别于乡村空间和城市空间。

目前中国许多风景名胜区游人超规划发展膨胀，是发展进程中出现的一个重要问题。而相应设施发展步伐严重滞后，因此需要在分期规划中，发展目标和实施具体年限之间留有相应的弹性。

近期投资估算的要求详细具体，应包括景观保育、风景游赏、旅游设施和居民社会调整的内容。远期规划的投资匡算，由于居民社会和游人数量因素的可变性较大，可以相对概要一些，不作常规考虑。

远期发展规划使得风景区管理部门重要工作是自然保护保育，旅游设施由商业开发公司运行，风景区管理部门对于其进行监控。风景区管理部门成员目标是以社会文化效益为第一位，而非经济效益。

加拿大班夫国家公园
(Banff National Park)
景观辽阔壮丽

9.10 风景区人口规模和环境容量

风景区作为相对独立的区域单元，人口统计也有其相对独立性。有些依附城市的风景区，其人口规模不单独计算，可在城市总体规划中一起考虑。

风景区中人口构成比较特殊，一般可分以下 4 类:旅游人口、休疗养人口、服务人口和当地居住人口。当地居住人口基本在原有基数的情况下按自然增长率计算外，其他各项和风景区规划发展较密切，需单独计算。

风景区规划总人口（年）＝旅游和休疗养人员绝对数 /[1－（服务人员人口百分比＋当地居住人口百分比）]

风景区环境容量是指在一定空间和时间范围内所能容纳游客的数量。应综合分析该地区的生态允许标准、游览心理、功能技术标准等因素。生态允许标准是对景物及其占地而言，游览心理标准是指游人对景物的景感反应，功能技术标准是游人欣赏风景时所处的具体设施条件。在实际应用时，通常是计算理论、经济知识和专家判断力相结合，提出概略性指标和数据。

环境容量的计算方法：

面积法：风景区内"可进入的游览面积"是计算环境容量面积最适合方法，整个风景区面积计算不是太准确。因为各个风景区情况差异很大，有的风景区内含峡谷、密林或者沼泽等等，游人根本无法进入。

线路法：对于风景区地势险要山路游览情况的环境容量计算，以游览线路长度数量计算游人量。

影响游人规模因素：

1. 国家政局稳定和社会经济文化的发展。
2. 风景区周围地域人口的增长。
3. 风景区内景观资源价值以及国内外知名度。
4. 公路、铁路和航运等对外交通设施的状况。
5. 风景区的接待能力与服务质量。
6. 有关旅游政策和宣传的影响。

9.11　现代中国风景旅游开发

9.11.1　现代风景园林的本质

19世纪是世界工业迅速发展的时代，也是地球上原始风貌地域大量被开发的时代。大城市的迅速扩展使一些有识之士意识到保护大自然的重要性。美国的城市发展规模最大，楼房密度最高，美国人是世界上最早体会到必须在城市中建立公园，也是最早体会到必须建立保护原始自然风貌的区域的。世界现代风景园林的理论和实践在美国诞生了。

1858年在美国纽约市出现了世界第一个城市公园，它与历史上出现的园林有本质上的不同；在此以前的世界各国园林都是以游息娱乐为主题，然而此园林却是强调改善城市的生态环境。公园内以树林、草坪、花卉以及人工设计的湖泊水面为景观，是在建筑密集的城市内形成一个具有大自然风貌的游息散步区域。公园没有围墙，完全对所有公众开放，不售公园门票。

1872年在美国怀俄明州出现了世界第一个国家公园"黄石公园"，强调保护具有原始风貌的大自然风景。在国家公园内山川地貌、森林、草原、野生动物都依其原始状态给予国家法律的保护。现代化城市要求有宽阔的街道和摩天大楼；但现代风景园林的美学本质却是展示生机蓬勃的大自然本色，最为珍贵的是没有人为干扰的自然原始景观，绝对不是建筑景观，度假村和游乐场只是为了游览风景而建的辅助设施，其建设位置与建设规模都有严格的控制。

中国虽然早在2000多年以前就有游览自然风景的雅趣，也早有保护自然风水的习俗，但是真正开始设立"风景名胜区"，还是在现代西方自然保护的科学思想影响下出现的，其规划和管理方法完全是学习西方的模式。

风景名胜区规划与"迪士尼乐园"：

1955年，在美国洛杉矶远郊出现了世界第一座大型游乐场"迪士尼乐园"，该乐园以"白雪公主和七个小矮人"的故事为主线索，展开一系列惊心动魄的现代化娱乐活动。游乐园内有各种奇异建筑，还有现代机械、电子、激光等高科技的娱乐设施，投资巨大，收益也巨大，世界许多国家纷纷仿效建造类似的游乐园。但是，美国的城市规划师和风景园林规划师都清楚地认识到：迪士尼乐园与风景名胜完全是两种不同形式的游览！

"迪士尼乐园"其娱乐活动惊险刺激，但是这些活动的文化层次是虚幻的。"迪士尼乐园"内容是虚构的故事场景，风景区是真实的大自然变迁场景，遗址是真实的人文历史场景，它们本质区别就在于此。

流芳千古的艺术作品具有丰富而真实深刻的内涵，肤浅的创作时常哗众取宠，但这种兴趣是短暂的，很快就会云消雾散或别移他处。深圳的"锦绣中华"和无锡的"三国城"在20世纪90年代初获取高额利润后，全国各地纷纷大规模投资巨额兴建"主题公园"，今天各大城市中的"主题公园"已经深深地领教了这一原理。游人寥寥，门庭冷落，惨淡经营，赚钱的宏大愿望化为泡影。中国古代音乐艺术欣赏就有"阳春白雪"与"下里巴人"的区别，现代影视歌星犹如过眼烟云，但是贝多芬、舒伯特却是永恒的。"迪士尼游乐园"是由大量建筑和人工设施组成的，根本不是自然风景。其活动是喧闹的游乐，不是欣赏。风景名胜和古迹遗址游览的美学层次较高，游览的过程是欣赏，有时是安静的沉思；它们如果被毁坏，将不可能再生。

风景区内具有的独特地貌、森林、河流景观是大自然亿万年演变形成的，是大自然赐予人类的遗产，它所显示出的与城市景观完全不一样的大自然原始本色，应该是一个真实的、完整的大自然风貌。风景区只能是"规划"，使游人能有道路到达景点。风景区规划的核心是"保护"，使具有自然山水本色的景观存在，绝对不是"旅游开发"，也不是"景点建设"。

风景区内不应该出现城市公共绿地常有的几何造型花坛、整形绿篱、人工堆砌的假山。泰山的云海日出，华山的万丈峭壁，黄山的奇松怪石，这是大自然的奥妙创造，是任何人造花园景观无法相比的。风景区内的景观绝不可以人工"设计"。

风景区的旅游建筑是为了游人观赏自然风景时短暂居住用的，是辅助游览风景的设施。绝不可以建设宾馆而破坏自然风景，高层摩天大楼和"城市化"的建筑群是根本不允许出现的。

作为风景构图用的景观建筑只是点缀，也不可大规模出现。古代中国的自然风景区中，常常布置许多建筑，特别是宗教建筑，追求人与大自然相互融合的境界。这在中国的传统自然审美观中是非常美妙的，而且时常做得也很出色。但是在现代风景园林规划中，并不提倡这样，风景就是自然形成的，城市就是人工建设的，两者区别鲜明。不存在"人化的自然"和"自然的人化"。

至于"唐城"、"宋城"、"明清一条街"、"民俗风情园"根本与自然风景无关，因而也就根本不应该出现在风景区范围内。

风景保护的根本目的在于人类利用，只有利用和保护联合推进时，才能获得真正的进步。但是保护和利用有矛盾冲突时，保护是首要的事，只有原始风貌的景观存在，才有源远流长的利用可能。

美国大峡谷国家公园展示 20 亿年大自然运动演变的沧桑过程，日本富士山其白雪覆盖着的沉静的火山堆景观是国家标志形象，这些风景区内不允许有游览索道等破坏自然景观的建设，虽然只有少数人能够攀登上山顶，但保护自然风景的完整是第一位的。也不允许有大型旅游商业建筑，绝对不允许"迪士尼乐园"这类大型现代人工设施在自然风景区内出现。

历史古迹遗址的规划也是同样道理，规划的核心是保护"历史真迹"；游览是处于宁静、优美、追思怀古的氛围之中的。经过历史沧桑岁月而保存下来的古迹，其显示出的"遗址美"与欣赏现代化建筑景观完全不一样。埃及的金字塔周围不允许有商业建筑，也不允许有游乐场出现；在美国的国家历史古迹遗址公园内，也绝对不允许"迪士尼乐园"这类大型现代人工娱乐活动设施出现。

9.11.2 令人担忧的"旅游开发"

大部分破坏风景名胜区的建设都有自圆其说的依据，反映出规划管理出现了严重的问题。由于规划和法律法规脱节，没有管理的规划是无意义的规划。

现代中国风景名胜区内，建设项目甚多。至于风景名胜区内领导直接审批

德国南部 Boden 湖畔自然风景

为项目量身修改规划的现象更是数不胜数。某个著名石林地貌风景区建设了大片城市型的园林草坪、水幕电影、灯光夜市。

风景名胜区管理部门最基本职责是依法"保护自然",但是风景名胜区管理部门自己还负责"开发"景观资源,并且以此赚钱盈利。近些年许多事例让我们了解到,风景区真正大规模、有计划的致命破坏,其主体往往是行政主管部门,甚至风景区管理部门,而不是老百姓。有些不知环境法规的老百姓会在风景区私自搭棚、小店、砍伐数颗树木,这是小范围小规模的零星活动,而且立即会被制止并且按照规定处罚。而政府部门则是开山炸石,兴建楼堂馆所,破坏风景程度超过平民百姓百倍。

风景区主管部门千方百计地设法"建设开发",建设行为违反保育规则,游览设施一再扩大规模。有些风景区作为世界自然遗产,竟然在自然峭壁安装垂直电梯,"开发"景观。目前风景区主管部门管理风景区的角色,就像是在一场比赛中既是裁判员,又是运动员。

现代中国出现了令人忧虑的"旅游开发",凡是风景名胜区规划,一定要建设大型现代化游览设施,其理由是"仅仅看山看水,没有什么好玩的"。在这种浅薄的认识指导下,大型餐厅、宾馆和五花八门的游乐场纷纷建设在风景区里,独特的天然地貌和珍稀的历史真迹被毁坏,风景名胜区日益"商业化"、"城市化"、"娱乐化",有些著名的风景名胜区被"旅游开发"搞得面目全非。

"旅游开发"另一个重要目的是赚钱。美国、加拿大,以及欧洲各国的城市公园是没有围墙、从来不收门票的,国家公园也是不收门票或象征性地收点

德国南部 Boden 湖畔游船码头

费。这是属于社会福利事业的。在完全商品私有化的美国社会，私人可以掌握电视台、广播电台、钢铁、航空、石油、武器生产交易，但是国家公园却归国家所有，永远也不会出售成为私人属有。100多年来，美国出现几十位总统，各有迥然不同的税收政策，但"国家公园是为全体人民设立的"宗旨从来没有改变过。国家公园的建设费用来自社会捐款和政府补贴，国家公园从来也不是赚钱的场地。

缆车索道只是改善游览的交通设施，绝对不是景观。其沉重的钢架和绳索出现在风景区的峡谷之间，是破坏自然风景完整性的建设。风景区的规划是不提倡建设缆车索道的，但是为了让更多的游人登临山顶，为了风景管理区能够赢利，我们也可以理解建设个别的索道。但是这一切必须在保护重要景观的前提下进行，而且缆车索道的线路要尽量隐蔽。

度假村和游乐场只是为了游览风景而建的辅助设施，其建设位置与建设规模都有严格的控制。而不可以看做是风景区的主要景观。

有些风景名胜区建设了缆车，在旅游宣传广告中声称"建设了一个新的景观"。缆车建在重要的观赏景点面前，破坏了眺望远处风景的景观视线，竟然也宣传建设了一个新景观。

中国著名的风景名胜区入口大门都是宏伟巨大的，还有各种奇异建筑造型，国外的风景区大门都只是一个朴素而又精制的标志，绝不搞大型建筑。

中国有119个国家级风景名胜区，辽阔无际的锦绣河山，有数不清令中国骄傲的自然遗产。目前就笔者所见的绝大多数著名天然风景，只要地方财政有能力，都在进行令人忧虑的"旅游开发"，而不是自然风景的保护。在有些地方这种"开发"规模巨大，甚至令人咋舌。造成这种行为的原因，有的是地方长官意志，有的是商人庸俗品位，有的却是规划设计专业人员错误指导。如果持续按这一方向走下去，再过10年、20年，在中国普遍物质生活都很富有的时候，我们还会有真正的、完整的自然遗产展示在世界上吗？

9.11.3　南京钟山风景区分析

宁镇山脉最高峰的钟山与其西面的余脉富贵山、覆舟山、鸡笼山等连绵的山冈，延伸进入南京市内，对于南京城市景观和历史文化影响很深刻。六朝时期钟山是景观审美和文化的象征，齐朝文人孔稚珪有著名散文《北山移文》，开篇即是："钟山之英，草堂之灵，驰烟驿路，勒移山庭。"

东部的自然山脉，相对而言，目前尚有较完整的自然景观，湖光山色。1982年被列为首批国家级风景名胜区。钟山风景区包括紫金山、玄武湖、山湖交接处的白马公园，以及环湖的富贵山、九华山、小红山等若干低丘和城垣、城堡，这里集中有45处市级以上的文物保护单位。钟山风景名胜区由四个部分组成：①钟山南坡区域，有中山陵、明孝陵等一批历史名人墓地，还有紫金山天文台、天堡城遗址、中山植物园、廖仲恺墓、邓演达墓、

南京钟山风景区 1930
年代与现代比较

谭延凯墓、孙科公馆、灵谷寺、无梁殿、定林寺摩崖题刻等景点；②钟山北坡区域，有李文忠墓、徐达墓、常遇春墓；③玄武湖公园，有六朝三仙岛、垂柳长堤、郭璞墩等景点；④覆舟山，有明城墙、玄奘塔、台城、鸡鸣寺等景点。

　　钟山风景区在 2004 年成为国家级森林公园。根据调查风景区森林覆盖率70.2%，占南京市森林面积的 15.6%，是重要的城市森林绿地。钟山风景区保存有原生森林植物群落残留植株，紫霞湖附近有 50 多年生的杉木，灵谷寺有古银杏，明孝陵特有明孝榆，是珍贵的自然资源。但是多年以来，钟山风景区的风景林受到病虫害入侵、森林火灾、土地开发蚕食林地、乱建违章建筑、登山游览引发的游人践踏植被等诸多自然因素和人为因素的干扰，对风景林的可持续经营构成严重的威胁。

　　1953 年，南京林业大学进行钟山风景区的首次森林调查，当时 I 龄级林分占总面积的 62.3%，V 龄级以上占 11.9%；当时还编制了中山陵风景区风景林的第一个森林经营方案。1963 年，在对钟山风景区进行第二次复查时，增加了风景林美学评价的内容。2002 年的森林经理调查数据显示，由于松干蚧、松材线虫的严重危害和人为管理的因素，与 1953 年相比，松柏类针叶林所占林分的比例从 65% 减至 12.9%，取而代之的是杨、槐、黄连木等落叶阔叶林。与此同时，森林年龄结构也开始失衡，林分林龄严重老化；2002 年，I 龄级减至 2.8%，V 龄级以上占 80.8%。风景林树种结构和年龄结构失衡，景观效果下降。

　　此外，南京市植被遥感动态监测结果表明，从 1998 年开始，钟山风景区风景林面积一直呈缩小趋势，越来越多的建筑物逐渐侵入风景林深处，同时植被密度也在下降。风景林面积缩小和密度下降直接导致生态功能降低。虽然管理规定紫金山首要目标是保护其天然地貌和生态植被，原则上不允许新建筑侵占绿地。但是近年来各种大型建筑依然逐年在陆续增加，各种级别的道路也在增加。中山陵园管理处的建筑体量规模也在扩大，中山陵广场前的商业街和停车场更是使这一地区景观日益呈现"城市化"严重局面。甚至曾经 2001 年在

房地产开发破坏钟山连绵山脉风景   城东干道切割钟山风景区"龙脖子"自然山体

紫金山主峰建立碉堡式的观景台。钟山风景区成片大面积的幽静美学境界日趋丧失，这导致风景区景观效益严重降低。

　　明孝陵范围内建有"南京国际会议中心"和观赏海鱼的"海底世界"大型建筑，投资数亿元。著名的"石象路"已经处于建筑半包围之中。明孝陵景区美学层次较高，是国内外游人赞美的境地。应该体现出宁静、安详的环境氛围，周围是青山隐隐、枫林环抱，过去多年来一直保持着这种景观品位。

　　2004年有关部门编制的《钟山风景名胜区中山陵园风景区详细规划》和《钟山风景名胜区外围景区规划》，规划重点划定了核心景区范围，进行了景区功能调整与划分，提出了各片区规划控制要求。规划提出拆除风景区内外大量各种零散建筑，相应的区域进行整体规划设计。遗憾的是，由于规划的目标过多强调各种人工游乐园设置，对于钟山风景区景观基质、大面积森林的保育规划和研究（这个应该是风景区品质最核心问题），仍然很是不够。

　　紫金山北坡与玄武湖是相互联系的整体山水空间，这里的空间是钟山风景区的精华地。景观平缓秀丽，而又气势大度。这里的自然山水价值被各类房地产开发商察觉，尽管有各种规划管理的限制，自然空间还是被日益开发占有。最严重的是"太阳宫"娱乐城，这些庞大的圆形建筑横亘于山水之间，非常醒目刺眼。

　　白马公园原本是自然缓坡和水塘，2005年竟然大规模开挖自然地形，耗资千万建立宽大人工冲浪滑水渠道。由于运行成本昂贵，游客寥寥，现在基本没有进行娱乐活动，长期是干枯的水泥渠道，闲置于钟山脚下。

　　南京钟山风景区内的明孝陵、中山陵、灵谷寺一带，原本幽静的山林被看做是"没有什么好玩的"，现在正在迅速发展成为"城市游乐场"、"综合人造景观园"，商业街、高级宾馆、普通旅社、会议中心，各种各样游乐设施统统出现了，原先美学艺术价值极高的风景名胜整体自然环境面临严重威胁。

　　紫金山南坡丛林深处的紫霞湖，是一个极其幽静的地方。枫林环抱，水质清纯，是游人漫步品味，静静欣赏的佳地，自然景观审美价值极高。紫霞湖的价值在于安宁、幽静、自然。这几年搞的"旅游开发"，餐厅、酒店、烧烤场、不伦不类的民俗园统统建立起来了，还有一个由钢筋混凝土粗糙制成的螺旋滑水道。铁丝网封闭了整个区域，游人必须购买门票才允许进入，还有一个收费的汽车停车场。这些已经使这块美丽的自然风景"娱乐化"。

紫霞湖的风景规划首先应该是"保护"：保护水体不受污染，保护自然森林的存在，保护周围的山石地貌完整。而要做到这一点，必须严禁大兴土木的人工建设，严禁餐厅等有生活垃圾的设施出现。至于螺旋滑水道是喧闹的游戏活动，其造型根本不是可以观赏的景观，与紫霞湖的自然风景格格不入，完全不应该在此区域内出现。在保护自然景观的前提下，修建由石板或石块组成的游览道路，不要制成水泥道路；在个别地点设立造型朴素自然的观景平台。这个景观规划就基本完成了。

时常有人发问："按你的说法，风景区规划不就没有什么可以做的了？"在此完全肯定地回答："是的！"风景区的规划重点应该是"风景保护规划"，风景区内做的人工设施越少越好。仅需要做的是游览道路系统规划和少量的旅游设施控制规划。大量旅游建筑和大型游乐场的出现，哗众取宠，是错误的风景规划，是不理解风景审美的庸俗行为。

目前的风景名胜区规划，无论方法还是手段基本上都是以城市规划为蓝本。城市规划的这一特征决定了我国目前的风景区规划仍然主要是一个"建设规划"。很多风景区规划是设想在风景区内各种建设，进而达到游览目的，这就使得许多珍贵的风景名胜区在规划之后，被"开发"而丧失了原真的自然品质。

政府管理的风景名胜区主要职责是协调各方利益和保护风景名胜区的资源，开发和建设退居从属和次要的位置。现有的规划对保护和所有权的界定基本没有涉及，相反却对规划要控制的建设项目投入大量笔墨。这样的规划基本出发点就是错误的，而这样的规划很多。

9.12 主题乐园发展以及问题

随着科学技术的进步和旅游事业发展，游乐设施出现了新奇领域和手段。虽然游乐园活动惊险、刺激、新奇，但是戏剧式虚假的，没有意韵深长的文化内涵，其与自然风景观赏的真实性本质有根本区别。相比较沧桑的自然景观，其文化美学内涵是浅薄的，华丽的外表下展示的是人为造作的空虚。

9.12.1 主题游乐园演变及概念

在古希腊和古罗马时代的商贸集市中，就有杂耍、戏法、音乐、舞蹈与表演的娱乐场所。中国古代集市也有这样的杂耍表演的娱乐场所。

17世纪初，欧洲兴起了以绿地、广场、花园与设施再配以主景音乐、表演、展览活动的娱乐花园 (Pleasure Garden)。

1837年，维也纳世界博览会设置乘骑 (Rides) 娱乐机械，机械游乐园诞生。19世纪中期，机械游乐园传至美国。1893年，芝加哥纪念哥伦布博览会使用阜氏大轮 (Ferris Wheel)，首次出现主题展示形态。

1910～1930年，美国开始建设游乐园。

1955年，Walt Disney于美国洛杉矶建成迪士尼乐园，以白雪公主和七个小矮人故事为线索主题游乐园。它是一种与风景、观光产业相结合的休闲空间，是在一个特定的主题下创造出的非寻常的空间，并结合了演艺活动、购物以及休憩设施等以满足人们享乐的需求，完全是一种商业行为的活动。迪士尼乐园的成功带动了全球性主题游乐园的兴起。

主题游乐园的内容主要是：

（1）具有一定故事主题的休闲娱乐空间。例如，白雪公主与七个小矮人，西游记，三国城。

（2）具有戏剧性的舞台化娱乐空间，游人参与其中活动，而暂时摆脱现实时空。

（3）具有现代先进科技装备的，进行着激烈甚至惊险的活动。

（4）是综合多种媒体艺术的娱乐环境，需要有非常精确的游乐软体计划。

（5）完全的商业活动行为。

（6）与古迹游览和自然风景观赏，有本质区别。

9.12.2　我国主题游乐园的问题

欧洲的德、法等国仿照美国迪士尼相继建立的主题游乐园，一直严重亏损，游人寥寥无几，欧洲人对美国″新事物″没有兴趣。在巴黎郊外建立的″迪士尼乐园″，从开业至今一直不是很景气。香港″迪士尼″也一直是萧条维持营运。即将开业的上海″迪士尼″，在此对其长远发展前景拭目以待。

1989年10月,深圳″锦绣中华″建成开放,以中华5000年文化背景为蓝本,创建一个中国的自然与文化″微缩景观″博物馆。其意义除了反映人们对休憩娱乐地的需求外，还探索突破国内一直袭承园林形态的观景游园，为旅游发展探讨了另一种途径。自此，中国大陆的主题游乐园应运而生。企业界对投资开发中大型主题游乐园充满兴趣，并蜂拥介入建设的行列，目前以至形成一哄而上，泛滥成灾，如深圳中国民俗文化村、圆明园、北京游乐园、神州爱犬乐园、世界公园、福州古海公园、成都巴蜀古迹微缩苑、福建湄州岛世界妈祖庙微缩公园等。绝大多数严重亏损，难以维持。

我国主题游乐园在发展中存在着一些问题：

（1）模仿、抄袭现象严重。″锦绣中华″而引起的轰动效应和经济效益导致错误认识，各省市错误地认为在其领域内再建一个类似″人造景观″就也能获得如此高额利润。据统计全国共有1000多个″西游记″和″三国″、″红楼梦″乐园，江苏省内南京、镇江、徐州、连云港等″西游记乐园″粗制滥造，没有游客观赏，经济亏损严重。上海曾经有两个重复的"西游记乐园"也是没有游人去玩。镇江市建的"三国城"、"二十一世纪乐园"亏损严重，再建人造景观"巨蛋乐园"依然游客寥寥，以彻底失败结束。

（2）我国主题游乐园在计划之初往往缺乏对市场进行足够的分析，目标看似订得很远，动辄面向国外，而很少对国内市场进行研究分析。事实上，对国外市场也不了解。对区域发展缺乏客观分析，造成一个地区内直接竞争现象严重。连云港的"西游记乐园"要想辐射南京、上海、日本、韩国，东南亚各国，甚至美国洛杉矶。南京的"海底世界"也想辐射华东地区以至全国。这都是在"异想天开"。

（3）对规划设计缺乏创造想象力，施工粗制滥造，过分追求"投资少、见效快"，结果适得其反。

（4）缺乏主题概念往往是七拼八凑的大杂烩，尚属"盲人瞎马"阶段，尤其对主题故事情节缺乏重视。所开发主题又多是严肃主题，文化主题亦多偏于民俗、文学著作，视野不开阔。对现代科技应用不够，如表演活动多为真人、实物，而没有现代技术应用。

9.12.3　混淆游乐园与风景名胜区的概念

中国主题游乐园往往与著名历史遗址、著名地貌景观混淆放置在同一区域，这是极严重的错误，是一种"破坏"建设。风景区建立和规划的目的在于风景保护，其根本目的在于人类利用，只有利用和保护联合推进时，才能获得真正的进步。但是保护和利用有矛盾冲突时，保护是首要的事，只有原始风貌的景观存在，才有源远流长的利用可能。

美国国家公园以自然原始景观为重要价值，迪士尼乐园商业行为与自然保护是矛盾的，不允许出现在国家公园内。

什么是真正的现代自然风景区规划？风景区最为珍贵的是没有人为干扰的自然原始景观，把真正的、本色的、完整的大自然遗产展示给游人，绝不是建筑景观或游乐设施规划。自然保护是首要的事，只有原始风景的存在才有源远流长的利用可能。原始风景区域的景观游览规划，应该将保护作为规划认识的观念尺度，进行规划的手段方法以及规划目标，最终要达到历史、自然、生态、美学等综合效果。

从世界旅游组织发展的基本内容看，现代国际旅游最基本的功能：保存各国独特的文化遗产，增进相互了解，为国际谅解、和平、合作、友谊做贡献。

要实现这些功能，达到旅游目的，其真正了解欣赏历史和文化遗产。要了解人类创造的人工物，了解自有地球以来，自然与人所共创共存的历史、共创共存的文化遗产。它包括自然地质、自然生态、动物植物、文化传统、地方历史、民俗风情等许多内容。因此一个地区要发展特色的旅游业，就必须根据自己的自然条件和历史文化，按其演进历程，从中寻找其内在适合的旅游开发方向。如此方能形成其独特个性，并保持其持续生命力。来自香港、台湾的旅游人员不会去参观南京的"海底世界"，而是要参观明孝陵。来自美国的旅游人员不会去参观"苏州乐园"，而是苏州园林。主题游乐园不是"文化遗产"，因此不具备旅游的长久生命力。

南京"西游记乐园"惨淡经营三年，本地人不看，外地游客也不看，最终倒闭，当地新闻媒体广泛给予报道，留下深刻教训。

9.13 原始风景的认识

自然地理环境受人类社会作用或干扰程度不同分为原生自然环境、次生自然环境和人造环境。原生自然环境：即那些没有受人类影响或间接轻微干扰的，原有的自然面貌基本上没有发生变化的自然景观，如极地、深山、荒漠、沼泽、热带雨林。次生自然环境，即指受人类长期作用和影响之后，发生了很明显的变化，但仍保持一定的自然面貌，如牧场、农田、乡村。人造环境，即完全人工建设的环境，例如大城市。

美国阿卡迪亚海滨国家公园

这三种环境都对人类生存发展有各自不同的价值和意义。

具有原始风貌的自然景观是大自然按其规律演变形成的，其中没有遭到人类改造利用的景观。人类今天拥有的科学技术可以染指世界任何地区，所以能够存留下来的原始风景就显得极为难得。

在现代高科技时代，人迹罕至的原始自然景观并不是由于人类没有去开发，因而成为人类文明中的空白一块，而是含有巨大的科学价值和美学价值，它对于人类独特的价值正是它的"原始本色"。

人类起源以及后来几千年的进化过程都是在原始自然环境中的，现代人类社会的发展仍然需要原始自然环境作为重要资源。全面科学地认识原始自然的价值是在近百年逐渐成熟的。

历史实践以及主要事件：

人类起源以及后来几千年的进化过程都是在原始自然环境中的。19世纪工业迅速发展，也是地球上原始风貌地域大量被开发的时代。大城市的迅速扩展使一些有识之士意识到保护大自然的重要性。19世纪初叶德国自然地理学家洪堡（Alexander Von Humboldt）就提出：必须建立自然纪念物保护地，以标志自然历史演变的沧桑过程。

19 世纪中期，美国在西部开发过程中，被后人称为〝哈得逊河风景画派〞的艺术家，在落基山一带用激情的笔调表现了美国西部广袤壮丽又极其原始的风光，对印第安游牧生活进行了如诗般而又略带感伤情调的描绘。他们的绘画作品带回东部，感动了参众两院的议员。1864 年，美国第十六任总统林肯，签署了一项法令，将约瑟米提山谷及其南面的一块北美红杉林让给加利福尼亚州，保护起来，〝作为公共游乐和消遣之用，永远不得转让〞。

1872 年 3 月，美国国会通过了设立国家公园的法案，在蒙大拿州与怀俄明州交界处，建立了世界上第一个国家公园，即〝黄石国家公园〞(Yellow Stone National Park)。标志着人类对自然风景的认识进入了一个新阶段。

这种国家天然公园和以前历史上形成的，完全由人工建造起来的城市园林或城市公园、花园是完全不同的。美国国会制定有关法令：〝要把国家公园内的天然风景、自然变迁遗迹、野生动物和历史古迹，按原有环境，世世代代保护下去，不受破坏〞。National Park 准确的译名应该是〝国家天然公园〞。翻译成〝国家公园〞在中文里易与〝城市公园〞概念相混淆。国家天然公园所蕴涵的丰富思想、科学价值，以及粗犷浪漫的游览时空界限，相对于以往传统的园林建设，都是空间本质上的飞跃。这里的自然地貌、地质土壤、动植物群落都按原始状态保护下来。这里最宝贵的就是自然界亿万年演化后不曾有人干预的原始风景本色。

1964 年美国颁布了世界第一部〝原始地保护法〞(Wilderness Act)，鲜明地指出原始地对于人类生活质量有愈来愈重要的影响。美国新设的国家公园不仅是具有传统优美形式的山川，还有沙漠、沼泽、海滩、盆地等环境恶劣而有独特生态系统的地域。

美国国家公园内所保护的大自然原始景观，不同于中国的黄山、张家界等风景名胜中的自然风光。国家公园内的森林、河流、峡谷的〝原始性〞使人感到异常渺小和短暂。例如大峡谷公园 (Grand Canyon National Park)，峡谷底部激流奔腾，峡谷两侧峭壁由各种颜色代表不同地质年代的岩层叠成，显示着 20 亿年来的地层演变，还有塞廓亚公园 (Sequoia National Park)，保存着第四纪冰川灾难后遗留下来的北美红杉，树高都在百米之上，直径都在三米之上。这些苍茫的原始大森林，险恶的峡谷，以至荒凉的河滩，恐怖的沼泽，残存的土著村落，都有其保存的科学价值和艺术价值，它们是千姿百态的大自然整体中不可缺少的一景；它们一旦消失同样会使人感到大自然整体不平衡和不协调。

1972 年，联合国教科文组织在纪念黄石公园诞生 100 周年之际，制定《世界文化和自然遗产保护公约》，入选世界自然遗产的条件是：①地球进化史中主要阶段的著名代表者；②地质年代中，各阶段生物进化和人类及其自然环境相互关系的著名代表者；③某些独特稀有或绝无仅有的自然环境，具有异常自然美的地区；④濒危生物种类栖息所在地区。同年还宣布：将南极建成为国际公园（International Park），在这里不得采矿、狩猎、办工业，世界各国共同协力保护地球上最后这片没有被人改造大陆的原始风景。

中国早在 2000 多年以前就有游览自然风景的雅趣，也早有保护自然风水的习俗，但只是以"山岳崇拜"的形式，在相当长时间内这个认识保持稳定状态；真正开始以科学思想设立"风景名胜区"，还是在现代西方自然保护思想的影响下出现的。

9.13.1 原始风景的科学价值

自然历史考古价值：自然界的浩瀚土地和江河，还有千姿百态的天然风景都是地球亿万年演变的结果，然而人类社会文明有文字记载只有 5000 年。大自然所跨越的时光远比人类历史悠长，它演变过程丝毫没有文字记载。斗转星移，沧海化为桑田，史前学家、地质学家、人类学家、考古学家、生物学家，这些学者就是依靠大自然原始遗址推断出古环境变迁的过程，从而把我们的追溯带到亿万年前：猛犸象时代、恐龙时代、冰河时代等难以想象的情景。让人们知道地球起源于 46 亿年前，演变经历了太古代、元古代、古生代、中生代、新生代，这一系列艰难而又复杂的过程。断层、化石、古岩石、孑遗树种，这些散落在大地上的记录，虽然无字但却最可靠，对于研究天体、地球、各种生物进化以及人类的起源极为重要，具有全球共识的普遍科学价值，是全人类的科学档案。

掌握自然历史是推动现代人前进的背景和动力，而绝不是简单的知识和记录，原始自然风景是人类开创未来的极有价值的资源财富。历史自然演变的原始风景，含有大自然运动的真实痕迹和信息；人类将来历史发展应该与大自然保护协调进行，而这必须以自然原始风景作为认识的基础蓝本。

人类社会发展资源：原始森林生态系统没有经历人类改造和驯化，蕴藏有自然演化的生物多样性遗传特性。自然界生物多样性的持续保存具有深刻的意义，不仅在于生物进化和生物圈的生命维持系统极其重要，而且对于全球生态、物种遗传、社会文明、经济发展、文化娱乐和艺术审美都很重要，是人类的重要资源。生物多样性的保护要求，就地保护原始生态系统和自然生境，维持其物种群体生存的特定自然环境。

全球生态体系变化：现代地理学已经探明全球生态体系变化来自地球内部和表层的驱动力有 5 个方面：气候变化，生物消亡变迁，土壤侵蚀过程，海洋升降，地质岩层运动。这 5 个方面的运动演化都需要保存有相当大面积的原始风貌地域，使得全球变化保持自然协调，自然平衡。

美国是在一块新大陆上建起的国家，短暂的 200 年国家历史和广袤无垠的土地使得它有条件建立具有原始风景的国家天然公园，与美国情况类似的国家还有加拿大、澳大利亚和新西兰。这些国家天然公园已成为保护遗传资源为主要目的的多种用途地域。

然而现代人类对自然界原有体系影响极大。人类在其发展进化的进程中，已经逐步扩展用由人类所驯化的植物与动物组成的生态系统，完全由人工构建的城市景观规模也在日益扩大，使全球自然变化方向受到不良影响。因此，原始风貌地域的保存越显得珍贵。

大自然在经历了亿万年演化过程后遗留至今的自然遗址。

保护这些珍贵的自然遗产不仅是拥有这类遗产的国家的责任，也是全人类共同的责任，各缔约国共同承担保护责任。根据《公约》规定：有关国家还可以获得国际社会的物质援助和技术支持。

美国西北海岸奥林匹克国家公园（Olympic National Park）

一个民族所处的自然环境对该民族的文化特性形成有重要影响，人类创造成果影响了自然景观，而自然景观本身又是人类获得灵感和美感的源泉。保护具有特色的世界自然遗产对于保护全人类的文明有重要意义。

《世界文化和自然遗产保护公约》是一项具有司法性、技术性和实用性的国际公约，其目的是动员全世界团结一致，积极保护人类共同的遗产。遗产名录选择完全是真实可靠的，具有全球代表性价值。关于自然遗产，主要是地质、古生物、自然地理等方面特殊的遗址，而在古生物方面最为突出。

列入《世界遗产名录》的单位其名声大增，对于拥有遗产的国家来说，进一步明确本国优秀遗产的分类和整理，同时更为重要的是使其他国家的人民也得以有发现和珍惜这个遗产的机会，世界自然遗产的确定，促进了全球范围的科学旅游。

人类的文明是在征服大自然中产生的，它的发展仍然离不开大自然环境。我们仔细地研究和探寻自然历史，并不只是为了满足一种好奇心，根本的目的也不在过去，而在于未来，是为了寻得自然界事物的运行规律，最终求得人类将来改造世界的进程和方式。

9.13.2　原始风景的艺术价值

现代园林审美：农业生产时代里，人们为摆脱原始大自然的恐惧威慑，向往着建设美妙和谐的人造环境。中国文人写意山水庭园、法国皇家宫苑、英国贵族庄园、巴比伦空中花园，是人们当时向往的理想自然景观。

然而进入工业社会以来，人类对于自然界的科学认识和审美观都发生了质的变化，曾使人感到畏惧的原始大自然风景得到了极高珍视。人们在数千年以来，一直探索着在自己生活的环境里，设计建造陶冶身心、娱乐情趣的美妙花园。今天我们必须认识到地球演化运动给人类在自然界创建了最美的花园。山峦、河流、森林、草原，这一切原始的大自然风景面貌是任何人造花园无法比拟的。地壳内部岩熔运动形成了火山景观，水流冲刷运动形成了峡谷景观，自然界斗争保存下的动植物群落，万物都在极具奥妙地运动存在。

在传统的动物园，人观赏笼子里的动物，现在人被自己关在笼子里，即汽车里，观赏追逐于森林草原上的狮子和野鹿，不仅能观赏到动物园不曾见的动物活生生的野性，还能看到动物种群之间依赖、斗争而生存的相互关系。相对于以往的传统园林，国家公园在审美空间界限以及景观多样性方面都是本质的飞跃。

现代文明社会的"返璞归真"和"寻根"：现代社会文明集中在大城市，而大城市完全是人工化建设的环境，长期居住在大城市的人仅仅接触城市内的公园绿化是不够的，还必须时常有机会接触自然界的景观。美国的城市楼房密度最高，他们是世界上最早体会到必须在城市中建立公园，也是最早体会到必须建立保护原始自然风貌的区域。原始自然风貌景观的保存对于现代人类社会的文明意义重大；具有原生自然意蕴的返璞归真风格被推崇为现代艺术之顶峰。

艺术灵感的源泉：创写人类一代又一代新文明，不是从唐诗宋词和古希腊艺术中推导演绎，而是依靠生生不息的大自然和这其中不断演变的人类社会。

在远古时代，人与自然生存斗争中，面对山川河流、奇花异草，无限幻想。连云港将军崖岩画，画面有日月星辰、五谷丰登，记载新石器时期原始人的祭祀活动，以祈求风调雨顺。西方也有山洞考古发现表示力量强壮的野牛岩画。

奔腾不息东流的河水给中国古代哲学家文化启迪，孔子在大河岸畔触景生情曰：逝者如斯夫。孙子用军事斗争手法比喻自然景观："兵者，诡道也……不竭如日月，浩瀚如江河。""夫兵形象水，水行避高而走下，兵胜避其而击虚，水因地而制形，兵因敌而制胜。"

自然环境变迁，产生了远古的神话传说。"大禹治水"传说与长期的大暴雨洪水有关，"夸父追日"、"后羿射日"神话则与长期的干旱有关，"女娲补天"可能与大地震有关。

大自然的高山江河、树木花朵历来具有巨大深远的美学艺术价值，从而培养了世代精神文明，把原始风景地域设为国家天然公园，从而使得人们对自然风景认识也升华到一个新高度。美国已在全国范围内建成了54个国家天然公园，形成了国家公园系统，其出色和全面已成为全世界的楷模，国家天然公园的意义涉及地理学、生态学、考古学、人类学等越来越多学科。特别是生态学日益成为其科研主题。但创建第一个国家天然公园黄石天然公园的，不是生态学家，也不是地理学家，而是一批才华横溢的画家，建立国家天然公园之初，也只是为了人们欣赏到它的自然原始风景，从中吸取精神的艺术享受。

黄河、恒河、尼罗河、幼发拉底河和底格里斯河是举世公认的人类文明的摇篮，这些河流两岸曾产生了各自独立的文化体系。这几个文明起源地曾经如同长夜里的灯塔，文明的光芒由此地传遍四方。保护这些河流，让它们波涛永远奔涌，其意义已不只是当地生态环境保护，这是人类追忆初创原始文明的地理环境，以及将来创造更灿烂文明面"寻根"的需要。

加拿大冰川（Glacier National Park）国家公园

今天世界有识之士一再呼吁保护森林，这不仅是因为全球环境恶化，更因为现代人们感情上离不开苍茫的原始森林。人类祖先在大森林里茹毛饮血地生活了几百万年，那里是人类起源生长的故乡。

美国是由移民组成的年轻国家，其文化特色就是北美洲自然风光与欧洲传统文明结合的产物。在美国文化艺术史上具有划时代意义的马克·吐温小说和霍默风景画，都是创造性地以粗犷辽阔的北美风光为其艺术展示的场景。

另外，国家疆域内典型的自然原始地貌景观也是民族文化、国家形象的象征。

9.13.3 美国的国家公园

国家公园类型

美国把保护大自然原生态和自然欣赏旅游事业结合起来，联邦政府建立了"国家公园系统"（National Park System），这种国家公园系统是美国首创的，现在全世界已经有一百多个国家也相继建立了这种系统。

美国国家公园系统包括：国家天然公园（national park），国家历史地（national historical site），国家自然和历史纪念物（national monument），国家游乐胜地（national recreation）。每一类又可细分为若干类型，全部国家公园分为二十种类型。美国的国家公园单位共有 379 处，全部面积为 34 万余平方公里，占国土面积的 2%。

自然资源的保护区，有 54 个天然公园，多分布于西部和阿拉斯加、夏威夷；国家天然公园的面积都是很大的，最大的黄石公园近九千平方公里，约瑟米提为三千余平方公里，一般也有几百至上千平方公里。国家天然公园保存有自然湿地系统，沙漠生态系统，还有热带原始森林保护区，火山保护区，地质构造变迁遗迹保护区，冰川保护区，地下溶洞世界等。美国建国历史较短，因此大部分国家天然公园中，其历史文物有五万年前进入北美的印第安人的史迹以外，其他文物史迹就很少了。总面积约有 20 万平方公里。数量上仅占国家公园体系总数的 14%，但面积却占到总占地面积的 60%。

人文历史资源的保护区，国家历史地其内容包括以及美国建国以来的历史遗迹、城市、古建筑、文物以及五万年前印第安人进入北美以来的考古发掘的古迹，等等。早期殖民地探险、独立战争、西部开发、南北战争、经济大萧条、原子弹爆炸，到总统、作家、画家、15世纪末哥伦布发现新大陆以来的古迹，各个历史时期，各个领域都有纪念物。华盛顿附近的威廉斯堡、亚历山大里亚，都是整座城市按原样保护下来的。

加拿大温哥华郊区风景标志牌

国家娱乐资源保护区，一些山岳、海滨、湖泊、森林、河川等辟为野外自然娱乐景区，其自然景观资源的价值比不上54个国家天然公园，这些风景区可以娱乐活动：如游泳、划船、钓鱼、野营、滑雪、登山、狩猎等。野外娱乐的国家游乐胜地与国家天然公园的不同点，游乐胜地环境容量要比天然公园大得多，对于自然保护的要求也要低些，人工的建筑设施要多些。

国家公园管理系统

美国的国家公园体系是指由内政部国家公园局管理，美国国家公园体系目前包括20个分类，379个单位。包括国家公园、纪念地、历史地段、风景路、休闲地等，从陆地到水域。每年接待的游客近3亿人次，财政预算为20亿美元。

国家天然公园内的自然资源是绝对保护的。国家天然公园范围内的森林、树木、野草、都听其自生自灭，不得采伐或利用。病虫害也不加防治，认为害虫病菌也都是自然生态系的成员，对其参与自然生态系统平衡，不应采取人为的干预，所以枯树任其倒伏腐朽；草原不许放牧，一任野生动物自由生息繁育，对野生动物间相互间天敌的斗争也不进行人为干预，不许狩猎，也不得喂食；地下的矿藏也任其埋藏，不得开采；公园内的土壤、岩石、矿物和野生动植物，不经公园局特许，都不能采集并携出公园。任何外来的动物和植物，都不能引入园内。把这个地区内的自然地貌、地质土壤、动植物群落，都按原始状态保护下来，不得破坏。

美国另外还有9000万hm² 的"国家森林"，由美国林业局管理。国家森林通常分布在国家天然公园的外围作为缓冲保护地带，在国家森林内其经营管理要求与天然公园有所不同，这种国家森林，是一种水源涵养和野生动物的保护林，同时又是供群众游乐、旅游、野营的森林娱乐区，全国共有150处，占国土面积的百分之十。国家森林内的自然资源，可以有一定程度的生产经营。国家森林允许出租作为牧场，借此控制野生草本植物的过度生长而对乔木不利。美国西部的国家森林内，常年就有百万头家畜在那里放牧。

美国国土为900万km²，农田多集中于中部，其东部和西部有大片茂密的森林。美国森林面积占国土陆地面积的1/3以上。其中240万km²是商业用木材的产地，占国土面积的26.7%。联邦政府、州政府及各种工业团体，共同参与国家的大规模造林计划。虽然美国的木材消耗量很大，可是管理要求每年树木的生长量，比砍伐的多。

美国没有文物局，国家历史地属于国家公园系统，全部由内政部国家公园局经营管理。

美国的城市公园，如旧金山金门公园，面积六千余亩，纽约的中央公园面积五千余亩，其他动物园、植物园等，都不属于国家公园系统，也不归国家公园局领导。

瑞士玉女峰景观

景观规划

各公园的规划设计由国家公园局下属的丹佛规划设计中心编制。在编制过程中要征求社会各个方面的意见，最后报请国家公园局批准。国家公园内所有建设项目包括建筑或者景点都由丹佛规划中心设计和施工监理。

根据不同的天然资源，制订不同的保护规划和计划。其余公园内的广大地区，在不影响环境质量的允许范围内，定出环境游人容量。

国家天然公园内有地质学、生态学、野生动物、考古学、造园学、建筑学等各种各样的专家，专门研究有关资源保护计划，并制订有规划有控制的游览和科普活动。在一定容量范围内向群众开放，供群众野营、娱乐、登山、划船、进行科学研究并开展科普工作。国家天然公园其中也有一部分地区划为绝对保护区，只有持特别通行证的科学工作者才能进入。

国家公园也面临商业开发与自然保护的矛盾，旅游繁荣与环境污染的矛盾。国家公园范围内全部规划设计和管理计划，包括自然资源、文化资源的保护规划、土地利用、环境保护、能源、建筑、工程、交通等项目的规划设计及总体规划，都要向地区公园局、国家公园局逐级上报，再向联邦政府申请款项，并须向参议院写出报告，由参议院讨论后审批。

国家天然公园内旅游建筑，通常都是成组分散设置的。每一组有几座一至二层的小型旅馆、一个小型餐馆、一个小型商场和隐蔽的小型停车场，自然错落布置成为一个建筑组。每一个建筑组之间，都有数公里以上的距离，双方都看不见。因此能源和给水排水管道距离拉长，很不经济。但这是天然公园规划必须做到的，否则建筑密度过大，就会造成城市化而破坏自然面貌的天然风景。不许建造高层的、大体量的、金碧辉煌的豪华大型旅馆、餐馆、商店和停车场，更不能建造集中的旅游城镇。但是允许建造少量的、小型的、朴素的、分散的旅游生活服务建筑。

公园内的个体建筑，其外部造型粗犷、朴素而有野趣，色彩不尚华丽而崇素淡，形式多采用地方风格力求与当地的自然环境和当地的风俗民情相协调；不求显眼、喧哗，而求隐蔽，使建筑物与自然融为一体。

在国家公园入口处标识是简朴乡土材料制作，有镌刻地图和简要公园历史介绍，不设高大门楼。在国家公园内，从来也没有舞厅、夜总会、卡拉 OK、赌场等灯红酒绿的商业活动。

9.13.4 加拿大国家天然公园历程

加拿大的政治、经济、文化历来与美国有千丝万缕的联系，黄石天然公园的建立也影响到了加拿大。1883 年，从大西洋到太平洋横贯美洲大陆的铁路修筑到了落基山脉，两位苏格兰铁路工人，在铁路工地硫磺山脚下发现了一个天然的温泉，并在它周围搭起了一些棚屋。1885 年，争夺温泉所有权的诉讼引起了政府的注意，同年 11 月 25 日，政府宣布温泉周围 26km^2 的土地划为国家所有，设立了温泉自然保护区。这就是加拿大国家天然公园的雏形。而加拿大比起美国有更为辽阔的土地。

人们在这个自然保护区周围进一步勘察，发现环绕这块保护区的地方景色幽美而又奇特壮丽，众多飞瀑跌落为湖泊，远处是绵绵不尽的冰川雪峰，时常还有黑熊、麋鹿、雪豹和大角羚羊出没，一派生机勃勃的大自然原始景色。

1887 年 6 月，加拿大政府有关部门把温泉自然保护区又扩大到 674km^2，并定名为"落基山国家天然公园"（Rocky Mountain National Park）。1930 年由于它位于铁路线旁的班夫城郊，又改名为"班夫国家天然公园"（Banff National Park）。"班夫"是苏格兰名字，因为那时铁路董事中有很多苏格兰人，而铁路劳工中有许多中国人，今天班夫天然公园入口处还有一座山头名为"华人岭"。

在随后一些日子里，太平洋铁路沿线又设立了一批国家天然公园，它们

加拿大冰川国家公园
(Glacier National Park)
湖泊与雪山

是今天享誉世界的约荷 (Yoho)、冰川 (Glacier) 国家天然公园，这些国家天然公园都具有独特风光，在铁路修筑到那里之前都是没有人涉足的原始荒野地。太平洋铁路公司有穿越落基山区域的特许权，它与国家天然公园管理部门联合经营这里的旅游业。由铁路公司出资，在班夫天然公园里的路易斯湖 (Lake Louise) 等地修建了旅馆和相应服务设施，同时铁路公司对这里的自然风光大加宣传，为他们的铁路运输业招揽生意。20 世纪初的 10 年，这里逐渐有了旅游的人，而班夫、约荷、格拉斯等国家天然公园也都在不断地扩大其范围。曾经默默无闻的班夫城得到规划和投资建设，同时修筑了通向温泉区和其他风景区的公路，班夫城内还建成了一批旅游服务设施，一个动物园和溜马场也建起来了。从而这里以班夫矿泉为中心区，班夫城为旅游生活基地，建立了一个吸引国内外游人的疗养胜地。

建立起落基山天然公园之后，它的公园规章制度基本上仿照美国的黄石天然公园。当时仅仅是让人们游览这里的山河，对自然景物的修整主要是为了娱乐消遣，而不是像今天激发人们保护自然环境的意识。虽然有了自然保护规定，但人们对自然环境的认识不像今天那么全面而系统，那时认为只要能在班夫等国家天然公园内发展旅游业，自然环境保护是次要的事。在天然公园里，破坏原生植被和非法猎杀野生动物行为实际上没有得到控制，羚羊等野生动物曾被圈起来喂养，树木也被随意进行修剪，大自然生灵的野性受到人工抑制。班夫天然公园，从最初的 647km² 扩大到 12950km²，其范围内还包括了煤矿和伐木场等生产部门。

关于自然环境的认识思想日益在发展，国家天然公园管理改革。1908 年至第一次世界大战爆发前的 1914 年，加拿大国家天然公园建设开始制定较为周密的自然环境保护体制，并在此期间联邦政府设立了一个权力集中的"加拿大国家公园管理局"(Parks Canada)，它限制了地方政府对国家天然公园的参与决定权，精简压缩了国家天然公园管理体制，加强了统一管理，同时设立佩戴徽章、身穿制服的国家天然公园警卫人员，执行禁止狩猎和毁坏林木的规定。

1914 年，加拿大国家天然公园数目已经达到 8 个，其中 6 个集中在西南部莽莽苍苍的落基山脉一带，也就是班夫、约荷、格拉斯等国家天然公园；另一个在南部的草原上，叫"沃特顿天然公园"(Waterton National Park)；还有一个是最东边海浪环抱的圣劳伦斯群岛 (St. Lawrence Islands)。

最有成效的是 1930 年，通过了国家天然公园法，法律规定："国家天然公园是全体加拿大人民世代获得享受、接受科学教育、娱乐欣赏的场地，……

加拿大冰川国家公园内木质的旅游建筑

它应该得到精心保护和利用，并完整无损地遗留给我们的后代。"在法案设立之后，与自然环境不相协调的工厂和矿山逐渐从国家天然公园内撤出，人们开始重视保护大自然的原始本色。早期被损坏的野生动物和植物又繁荣滋生起来，虽然自然保护和旅游开发之间仍存在矛盾，但"国家天然公园法"成为工作行动的思想指南。

这一时期新建的国家天然公园主要有：北部的伍德布法罗天然公园（Wood Buffalo National Park），那里位于大草原、北方针叶林和西部山区过渡地带，景色辽阔粗犷，因 20 世纪末猎杀而几乎绝迹的野牛群在这里受到了保护，而公园西部是池潭密布的高原，河狸、水貂经常出没，公园南部为三角形沼泽地区，栖息着几万只水鸟，今天整个天然公园占地 44840km²，是世界上最大的天然公园；位于内地高原的阿尔伯特太子山（Prince Albert）和雷丁山（Riding）天然公园，它们都具有高原森林和众多湖泊；东海岸线上的爱德华太子岛（Prince Edward Island）天然公园，它有 40 多公里长浪漫的白色和红色沙滩，这里是游泳、泛舟、日光浴的天然场所；而与其靠得很近的另一个沿海国家天然公园是布列塔尼角高原（Cape Breton Highlands），它有层层叠叠的险峻山峦，悬崖边上还有古代城堡。

在 20 世纪 20～30 年代里，旅游业继续在扩大，为了给游客提供方便交通，落基山区的班夫、贾斯珀、约荷、柯坦纳等国家天然公园里都修通了公路。在太阳山、路易斯湖和诺奎山等地区出现了滑雪爱好者的帐篷，这些地方今天都是热闹非凡的滑雪娱乐场。但那时候总的来说，游览这些地方还是件不容易的事，对于绝大多数加拿大人，班夫天然公园还犹如天堂仙境，公园内旅游设施也是初级而又简陋的，有的报刊干脆称这些地方是"露天休养所"。但是这一状况很快就被后来的迅猛发展而改观了。

第二次世界大战结束后几年，美国、加拿大等国家经济出现空前繁荣景象，家庭普遍有了小汽车，人们的闲暇时间也多了。国家天然公园内旅游人数以历史上从未有的速度猛增。为了适应新的游客需要，班夫天然公园服务设施相应地进行了扩建。20 世纪 60 年代兴起滑雪热潮，于是班夫天然公园山坡下安装了便于滑雪的设施，到了 60 年代末，当地私营企业要求更大地发展这一娱乐活动业务，卡尔加利市商业界甚至提出举办国际奥林匹克冬季运动会，这件事引起加拿大国内广泛而又激烈的争论，关于国家天然公园未来发展趋向成为公众关注目标，这已成为加拿大国家天然公园建设史上的一件大事，从而掀起了一次保护大自然环境不遭破坏的浪潮。加拿大国家天然公园的景观成就给其本身

加拿大班夫国家公园
(Banff National Park)
入口景观

造成了危机。1950～1960年期间，班夫天然公园内人数翻了一番，到1967年已翻了一番，此时人数为200万，保护自然原始景观与旅游业开发之间早已存在的矛盾日益尖锐起来。

早先的国家天然公园建立缺少具体明确的原则，到了60年代末期，实行了一种选定国家天然公园的办法，它以美国传来的"自然地理区域"概念作为思想基础，把全国划为39个"自然地理区域"，每个区域选择出具有本地风光特色的地方为国家天然公园。如此看来，西部落基山区和哥伦比亚山区的国家天然公园相对密集了，而另有10多个地理区域虽然有其独特地方景观，却还没有确定一个国家天然公园，特别是在加拿大中部地区，人口较为稠密但没有天然游览地。为了完善国家天然公园系统，管理局分析了全国地理形势，规划再建20个国家天然公园，其中10个在育空地区和西北地区，另10个均匀分布于全国各个省，在2000年完成这一规划。

1968～1972年，加拿大建立了9个国家天然公园，1978～1984年又建立了4个国家天然公园，1984年建立的北育空（Northern Yukon）天然公园，它从巴贝河一直延伸到美国阿拉斯加州边境，还有一个国家北极野生动物保护区相毗邻，这里有北美洲大陆寒带奇丽风光，又是豪猪和驯鹿世代繁殖的地方。

国家公园管理局在建立新的国家天然公园过程中，面临层层障碍，它们对此依照具体问题采取不同对策。例如，在奥威塔（Auyuittuq）天然公园里，考虑当地土著爱斯基摩人传统习性和切身利益，允许他们为维持生计而进行狩猎，这里有成群的海豹、海狮，还有凶残的北极白熊。这个国家天然公园在巴芬岛上，3/4的土地在北极圈里，一片终年白雪皑皑的冰峰世界，它的对面就是格陵兰。

在加拿大南部的沙斯卡奇沃省设立的国家草原天然公园（Grasslands National Park），那是个保护濒于绝迹的北美大陆叉角羚羊的大草原，占地906km²。过去那里有一些私人的农牧草场，现在国家公园管理局要把完成分散的土地收回并集中起来，这是件花钱多又复杂的事情，经过20年的多次反复协商，终于在1981年6月正式宣布成立。

1970年国家公园管理局颁布的班夫、约荷、柯坦纳和贾斯帕4个国家天然公园的初步规划，遭到了社会广泛而又尖锐的批评，主要是由于这个规划拟定在路易斯湖畔建立休养村。终于在1972年这个规划被迫放弃了。但四年后又发生了一次类似的激烈争论，那是由于准备把太阳山高山草地区全部辟为滑雪场。这些规划都是对大自然资源盲目滥用的行为，缺少全面而又科学的思想远见。

国家公园管理局于1979年制订了"国家公园方针"，试图做到既要保护原始的自然文化资源，又要适应游人的日益增长，其中关键在于对游人和娱乐活动的正确指导。经常在全国各地举行听证讨论会，收集各地基础材料，研究各省、区必须加以保护的自然和文化资源，为国家公园系统进一步建设提出重要建议，从而也使加拿大国家公园系统成为民建、民治、民享的地方。

班夫是加拿大最早的天然公园，它从初建至今一直是最富有代表性的。它的规划将对全国国家天然公园、各省级公园、国家历史古迹地、自然保护区产生巨大影响，因此它们必须认真规划。把这块地域的原始自然状态保护起来，就是人类最充分的利用。

国家公园系统建设是永无止境的，随着时代进步和旅游业发展，"公园"概念也在扩展和深入，国家需要不断建设新的天然公园和历史文化公园。当年加拿大建立班夫天然公园的目的只是为了游览观赏，而今天则特别强调保护自然生态环境。1981年加拿大建成草原天然公园，就是让北美叉角羚羊不至于绝灭而保护一个完整的草原生态系统环境样本。同样这一概念也扩展到沙漠生态系统环境样本、海滩生态系统环境样本、沼泽地生态系统环境样本等。

今天人们都强调国家天然公园对于生态系统环境的意义，但国家天然公园给人们的仍然首先是美学艺术价值，它初创时就是这一目的。国家天然公园内壮丽的山河、辽阔的景象也是国家形象的标志。

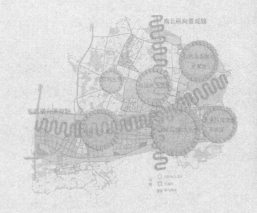

10　现代景观生态学的发展

景观生态学是研究空间格局和生态过程相互作用的学科，在欧洲土地利用规划和评价一直是其主要的研究内容。直到 20 世纪 80 年代初，景观生态学在北美才受到重视，迅速发展成为一门很有朝气的学科，引起了越来越多学者的重视与参与。景观生态学给生态学和地理学带来了新的思想和新的方法，已成为生态学和地理学的前沿学科之一。

景观生态学的发展划分为 4 个阶段：第一阶段从 19 世纪初到 20 世纪 30 年代，是学科综合思想的萌芽期。主要表现为，洪堡和帕萨格的综合景观概念与思想的形成和发展，以及海克尔的生态学和坦斯利生态系统概念与思想的形成。第二阶段由 20 世纪 30 年代后期到 60 年代中期，是学科思想的巩固阶段。主要表现为，Troll 景观生态学概念的正式提出以及苏卡乔夫的生物地理群落学说的提出。第三阶段由 20 世纪 60 年代后期到 80 年代初，是学科的初创时期。主要表现为，西欧德国、荷兰、捷克等国家结合自然和环境保护、土地利用及规划等应用实践开展景观生态学的理论与应用研究。第四阶段开始于 20 世纪 80 年代初的国际景观生态联合会成立之后，是学科的全面发展时期。景观生态学在欧洲和北美都有颇具成效的进展。

10.1　景观概念与景观生态学

景观内容包含自然界的客观现象，也含有人们主观思想感受认识。

"景观" landscape 与 "土地" land 有根本的区别。景观指土地的瞭望观赏，与土地基本属性有着外延上的从属关系；土地概念侧重于社会经济属性，土地的经济价值等，相形之下，景观概念则更强调景观供人类观赏的美学价值和作为复杂生命组织整体的生态价值。

"环境" 指的是环绕于人类周围的外部客观世界，既包括自然物质因素，也包括以观念制度等为内容的社会因素；环境是人类赖以生存和发展的基本条件综合体，为人类的社会生产和生活提供了广泛的空间、丰富的资源和必要的条件。而景观不是环境简单相加的组成，而是含有人文因素的综合作用产物。

"景观生态学" 是研究景观单元空间格局、生态学过程与尺度之间的相互作用。这门学科是德国生态地理学家 Troll 在 1939 年创建的，他在利用航片研究东非区域土地时，分析地理区域内的自然与生物综合体的相互关系。把景观看作是人类生活环境中视觉所触及的空间总体，更强调景观作为地域综合体的整体性，并将地理圈、生物圈和智慧圈看作是这个整体的有机组成部分。

景观生态思想的产生使景观的概念发生了革命性的变化。在农业土地利用中，景观作为生态系统的载体，人类通过土地利用及土地管理，可以完全或部分地控制那些关键成分。以景观生态学为桥梁，则把关于动物、植物和人类的各门具体科学有机地结合起来，实现景观利用的最优化。探讨诸如森林、草原、沼泽、廊道和村庄等生态系统的异质性组合、相互作用和变化。从荒野、乡村到城市景观，景观生态系统的分布格局，这些景观要素中的动物、植物、能量、矿质养分和水分的流动，景观镶嵌体随时间的动态变化。

比较生态学，景观是生态系统向上延伸的组织层次，是相互作用的生态系统的异质性镶嵌，是地貌、植被、土地利用和人类居住格局的组织结构；景观生态学研究人类活动与土地的区域整体系统，其中景观美学价值由文化所决定；遥感图像是现代技术手段。

生态学使用景观这个概念，将景观看作基于人类自然界活动范畴内的特定区域，景观既是生物的栖息地，更是人类的生存环境；景观的尺度是数公里到数百公里，由诸如林地、草地、农田、树篱和人类居住地等可识别的成分组成的生态系统。景观是处于生态系统之上，区域之下的中间尺度；景观具有经济、生态和文化的多重价值，表现为综合性。

10.2 景观生态学的研究对象

（1）景观结构，即景观组成单元之间的空间关系，空间异质格局形成以及生态作用过程。

（2）景观功能，即景观结构单元之间的相互作用，表现在能量、物质和生物有机体的运动过程，人类对于景观结构和功能具有相互作用关系。

（3）景观动态，即景观在结构和功能方面随时间变化，城市扩展造成景观功能变化，格局、过程、尺度在动态变化之间的相互关系。

（4）景观结构和景观功能特征的维持和管理。

10.3 景观生态学基本原理

景观生态学的基本理论包含了景观结构与功能、等级结构与尺度效应等内容。不同学者看法的差异是显著的，但核心内容却一致。

10.3.1 景观整体性

景观是由景观要素（Element）有机联系组成的复杂系统，含有等级结构，具有独立的功能特性和明显的视觉特征，是具有明确边界、可辨识的地理实体。一个健康的景观系统具有功能上的整体性和连续性。同景观系统间其他非线性系统一样，是一个开放的、远离平衡态的系统，具有自组织性、自相似性、随机性、有序性等特征。景观的形成是由于地貌过程、生态过程和文化过程。景观生态学不是去研究单一的景观组成（地貌、土壤、植物、动物），而是强调研究自然—文化综合体的景观的整体。景观生态学的研究是致力于发挥景观的综合价值，包括：经济价值、生态价值和文化价值等。

10.3.2　景观结构和功能

　　景观结构是生态客体在景观中异质性分布的结果，景观中生态客体的运动将直接导致景观结构的变化。景观结构的形成过程是景观的一种自组织过程，理论上讲，最终形成一种由持续、稳定的负熵过程形成的耗散结构，其自然趋势是一种最小熵增过程。而景观结构一旦形成，构成景观的景观要素的大小、形状、数目、类型和外貌特征对生态客体的运动的生态流特征将产生直接或间接的影响，从而影响景观的功能。生态客体的景观结构与景观功能是一种互为条件的生态过程。在自然条件下，景观能达到某种平衡。使景观达到某种非平衡稳定态。

　　景观的功能与结构相辅相成。景观的一定功能需要相应景观结构的支持，并受景观结构特征的制约。而景观结构的形成与发展又受到景观功能的影响。景观结构与景观功能间相互对应关系。应用景观结构与功能原理，对景观结构进行调整以改变或促进景观的功能，是景观管理的重要内容。

10.3.3　景观异质性

　　景观异质性是景观系统的基本特征。异质性的一般定义："由不相关或者不相似的组分构成的"系统。景观由异质要素组成，这是景观的结构特征。景观的异质性主要来源于自然干扰、人类活动和植被的内源演替，体现在景观的空间结构变化及其时间变化上，景观格局是其具体体现。景观异质性的尺度关联及实际意义：景观生态学强调空间异质性的尺度特征，即某一尺度的异质空间内部，比其小一尺度的空间单元可视为同质的。所研究的空间单元面积增大，其内部的景观异质性增加，而各个空间单元所组成的景观异质性降低。

10.3.4　景观尺度分析

　　尺度源于地球表面自然界的等级组织和复杂性，本质上是自然界所固有的特征和规律，为生物体所感知。生态学中，尺度往往以粒度和幅度来表达。空间粒度指景观中最小可辨识单元所代表的特征长度、面积或体积；时间粒度是指某一现象发生的频率或时间间隔。幅度是指研究对象在空间或时间上的持续范围或长度。空间分辨率的最小单位为粒度或像元，每一像元同质。

　　关于格局与过程的时空尺度化是当代景观生态学研究的热点之一。尺度分析和尺度效应对于景观生态研究有着特别重要的意义。尺度分析一般是将小尺度上的斑块格局经过重新组合而在较大尺度上形成空间格局的过程，此过程伴随着斑块形状由不规则趋向规则以及景观类型的减少。尺度效应表现为：随尺度的增大，景观出现不同类型的最小斑块，最小斑块面积逐步增大；而景观多样性指数随尺度的增大而减小。

10.3.5 景观结构的镶嵌性

景观空间异质性通常表现为两种形式，即梯度和镶嵌。镶嵌的特征是对象形成清楚的边界，连续空间发生中断和突变。土地镶嵌性是景观和区域生态学的基本特征。

在景观规模上，每个生态系统或景观要素，都可看做是一个具有相当宽度的斑块、狭长的廊道、背景或基质，斑块—廊道—基质（Patch—Corridor—Matrix）是景观结构的基本模式，这三种要素结合后就可以组成地球表面各式各样的土地镶嵌体。区分三者必须结合观察的尺度，以及根据研究对象和目的划分。

景观要素的联系分为两种：一是网络结构，包括由廊道相互连接而成的廊道网络，以及由同质斑块通过廊道联系形成的斑块网络；二是边界，由异质性斑块空间邻接形成。不同大小和内容的斑块、廊道、基质网络和边界共同构成了异质性景观。

10.3.6 景观格局过程关系

结构和功能，格局与过程，联系与反馈是景观生态学的基本命题。景观格局，一般是指其空间格局，即大小和形状各异的景观要素在空间上的排列和组合，包括景观组成单元的类型、数目及空间分布与配置，它是景观异质性的具体体现。而过程强调的是事件或现象发生、发展的动态特征。景观尺度上的过程含自然与人文两个方面，在形成景观结构时起着决定性的作用。与此相应，已形成的结构对过程或流具有基本的控制作用。格局—过程关系多是很复杂的，表现为非线性关系、多因素的反馈作用、时滞效应及一种格局对应于多种过程的现象等，因此从格局到过程的推演和解释绝非易事，它是景观生态学研究的难点和焦点之一。

10.3.7 景观的自然性与文化性原理

由于人类活动影响，景观本体还具有人类的文化属性，根据影响程度不同，景观划分为自然景观与文化景观。或者分为自然景观、管理景观、人工景观，但无论在哪一类景观中，人都起着相当重要的作用。事实上，人本身就是景观的一部分，只是在不同的景观类型中的作用有所不同罢了。

10.4 自然地理与景观生态研究

10.4.1 自然地理对于城市景观演变的作用

地球在数亿年的自然演化过程中，其表层自然环境处于不断的演变之中。地球变化史是岩石圈、大气圈、水圈、生物圈相互作用的过程。在自然界环境之中，从微小的沙砾到宇宙星辰，始终处于运动变化状态。斗转星移，沧海化为桑田。自然界运动变化有时短暂而猛烈，如地震、火山爆发、山洪、泥石流等，而有的运动变化是长期缓慢进行，如岩石风化、海陆变迁、山脉隆起等。时间尺度是自然环境变化研究的重要因素。世界上最强烈的地震造成的地面位移不过数米，而喜马拉雅山经历 3000 万年从海底升起，以平均每年几毫米的速度持续上升，成为现代最雄伟的山脉。河流汇入大海，在河口形成堆积沙洲，黄河、海河和淮河淤积形成现代辽阔的华北平原。7000 多年前华东广大沿海地区都还位于海水之下，今天已经是最富庶的经济区域。

1. 人类对地理的感知认识

与漫长的地球历史相比较，人类文明的产生与发展只是短暂的一瞬间。人类从采集狩猎石器时代，农业时代，工业时代，发展到今天的信息时代，人与自然景观的关系已经发生过多次重大变化。在人类出现以前，自然景观依照本身的自然节律和变化周期演变与发展。现代人类文化对于地理景观有着深刻的影响，每一种景观都有人类介入的特定烙印。人类对景观的感知、认识和判别直接作用于景观，文化习俗强烈地影响着景观的空间格局，景观外貌可反映出不同民族、地区人民的文化价值观。它既反映了一定历史时期人类所创造的经济价值，又反映了在历史过程中形成文化景观的那些精神、伦理和美学价值。

洪堡（A.V. Humboldt）认为，地理学是研究各种自然和人文现象的地域结合，而李特尔（C. Ritter）则提出，地理学的中心原理是自然的一切现象和形态对人类的关系。斯彭彻（J.E.Spencer）和托马斯（W.L.Thomas）的《Introducing Cultural Geography》以地理环境为基础来研究历史，也使地理学从时间过程中研究人地关系；T.G.Jordan 的《The Human Mosaic》以地理区域整体性研究人地关系体系，分析城镇的起源和发展，使人类与自然保持可持续发展。Sauer 的《Forword to Historical Geography》指出从人地相互关系的角度才能深刻了解一个地区的性质；地方景观结构和功能有它们的发展、变化和完善的过程，人类文化的变化引起景观序列的变化。

近代英国的哲学家培根提出"知识就是力量"，科学的真正目的就是认识自然的奥秘，鼓舞人们找到征服自然的途径。这种思想及其实践对人类社会的发展的确起了很大的推动作用，但过分强调人的主观能动性。罗尔斯顿（H.Rolston）探讨了大自然所承载的价值，如生命支撑价值、经济价值、消遣价值、科学价值、审美价值、基因多样性价值、历史价值、辩证价值、生命价值等。在生态系统中，生产者、消费者和分解者都有客观存在的价值，生物因素和非生物因素是系统中不可分割的组成部分。人们在评价大自然时应当遵循大自然重要的内在价值，维持自然系统自身的存在与发展。

地理环境对人类社会、经济、政治等有着重要支配作用，是社会发展的重要因素。在一定的地理环境下必然形成人的生理、性格和气质，影响民族生理、心理和宗教信仰演变，进而地理环境影响人类社会的发展，人和生物的生存发展和分布完全受环境的严格控制。草原地区的民族善于骑马射箭，河湖之滨的民族善于潜水驾舟。德国拉采尔（P.Ratzel, 1844～1904）的《人类地理学》系统地阐述了地理环境对人类活动的决定支配作用，总结为四方面：①直接的生理影响；②心理影响；③人类社会组织和经济发展影响；④人类迁移和分布的影响。人类同其他生物都是环境的产物，其生存发展都由地理环境决定。

但是，人与自然环境的关系存在不确定性，即环境为人类提供有限的、可供选择的可能性。自然为人类居住规定了界限，为人类发展提供了可能性，而人类在创造自己的居住地时，则是按自己的需要、愿望和能力来利用这种可能性的。自然是固定的，人文是不固定的，两者之间的关系随时代而变化。环境虽然足以影响人类的活动，但人类也有操纵与征服环境的能力，人们可以按自己愿望动力在同一自然环境内创造出不同的人生事实。环境决定论也不是"绝对的"、"决定的"、"必然的"，而是"有可能性的"。环境只提供可能，如何利用则决定于人的选择能力，强调人对外界环境的适应不是被动的，而是主动的，相同的环境可以有不同的生活方式。人类在利用自然方面具有选择力，能改变和调节自然环境，并预见人类改变自然愈甚，则两者之间的关系愈辩证密切。人类需要主动地、不断地适应环境对人类的限制，而这种适应与生物遗传上的适应不同，它是通过文化发展对自然环境和环境变化的适应。

文化是人类特有的，是对所处环境适应的一种表现。从石器和火作为工具技术开始使用时，文化就成为人类适应环境的重要手段。随着科学技术的发展，人类对自然资源的利用和开发不断扩大和加深，对环境的影响也越来越强。人对自然的影响程度取决于文化发展的程度，人类的文化可以改变自然。

2. 文化对景观的影响

文化对于景观影响程度，目前按土地覆盖类型的性质可以分为三种景观类型：

原始自然景观：指未被人类扰动、仍保持原始状态的地区。大面积未被扰动的土地仅存在于高纬度地带的针叶林和苔原地区，非洲、澳大利亚和中亚的沙漠，以及南美的亚马孙热带雨林地区。在未被扰动的土地中，包括了大面积的冰盖、沙漠等人类根本无法居住的地区。随着人口的不断增长和社会经济的高速发展，全球范围内无处不弥散着人类的足迹，在世界仅存的原始自然景观地区越来越显得珍贵。在现代高科技时代，人迹罕至的原始自然景观并不是人类文明中的空白一块，而是含有巨大的科学价值和美学价值，它对于人类独特的价值正是它的"原始本色"。

次生自然景观：指自然系统为农田、牧场等人化自然系统所替代的地区，半自然化的乡村景观意味着景观生态过程的改变，反映了人类农业时代在自然环境中的文化、审美创造，人在自然界的价值体现。中国 5000 年以来古文明经历了从游牧到农业定居的演变过程，在不同的景观地区形成了各具特色的农田景观。例如我国江南的自然河湖水系形成农田水网景观。江南水乡城镇是在相同的自然环境条件和同一的文化背景下，通过密切的经济活动所形成的一种介于乡村和城市之间的人类聚居地和经济网络空间，而其"小桥、流水、人家"的规划格局形成了独特的地域文化现象，在中国文化发展史和经济发展史上具有重要的地位和价值。反映了人类活动的影响与自然景观生态过程的相互作用结果。

人造自然景观：指由城市、地面交通网、大型水利工程等设施所占据的地区。人工建设景观完全替代农田、草场等人化自然或森林、草原等纯自然景观，是土地覆盖变化最为深刻的方式。人工景观是一种自然界原先不存在的景观，大量的人工建筑物成为基质而完全改变了原有的景观外貌。这类景观多表现为规则化的空间布局，以高度特化的功能与通过景观的高强度能流、物流为特征。在这里景观的多样性体现为景观的文化性。完全人工化的大城市景观，反映了人类在自然界异化成为对立面。

3. 景观的管理

地球上许多地区还有比较荒凉、不能作为农业、林业或村庄用地的自然景观。这些地区包括苔原、北方森林、荒漠和热带雨林。在其他一些地方，如温带落叶林区，有大量疏林草地和农田景观，这两种处境类型的景观管理是根本不同的。

自然景观的管理，若管理的目的是要保持或恢复自然景观，对景观要素的调查必须集中于这些要素对人类影响的敏感度，主要的管理保护措施与敏感度有关，即人类的活动必须是分散的、低强度的，并且与每种景观要素的敏感度成反比。

对景观要素内动物、植物、能量、水、矿质养分流的调查，应准确地划定景观内发生移动的区域。这些区域通常需要连接有廊道，需要特别进行管理，以避免廊道的断开和狭窄地带，使其保持一定宽度、结点数量和连接度。例如，对动物每年上下山或穿越某一景观的运动，需要保护山谷迁移道路的完整性。水、颗粒物质和可溶性养分的移动，要求我们特别注意山坡和河流廊道。否则特大洪水就会发生，鱼类也就消失。

对景观要素随时间变化的调查，应指出不同类型、大小和强度的自然干扰的作用和位置。原始自然状态的景观，火灾、洪水、风倒木和昆虫爆发是普遍的现象。考虑自然干扰，实施保证其发生和自然传播的管理。人为的用设备控制火灾，以水坝控制水，用农药防治虫害，这些行为应尽可能减小到最低限度或者排除。景观的异质性以及景观中所有物种的相对丰度或稀有程度，均取决于自然干扰状况。

自然遗迹区被划为保护区加以管理，但是被牧场、采伐林、耕地、城郊或城市所包围，其两个主要问题是隔离内部和来自周围基质的人为影响。因此，被隔离嵌块体的大小、形状、数量和构型是至关重要的，同样，廊道的宽度和连接度也有决定作用。被隔离的保护区嵌块体必须具有足以承载内部物种的特性。廊道和嵌块体两者应具有这样一种构型，即在某一嵌块体的内部物种局部地灭绝时，允许其迅速地重新迁入。

对物体从基质向自然保护区的流的管理是另一个主要焦点。由于基质通常受到人为的强烈影响，所以管理过程一般是要把物体流动尽量减少或者排除。某些流动因边缘特征的改变而可能受到影响，但主要的是努力控制围绕自然保护区的相邻景观要素，特别是控制那些位于山顶的、上风向的，以及建筑物方向上的景观要素。

4. 森林景观蕴含自然演化信息

森林景观具有涵养水源、保持生物多样性和阻止水土流失的多重效应。人类砍伐森林而改变其景观格局，将改变区域水文径流过程，增加区域水土流失。影响着矿质养分的流动、水质、小气候和天然林的更新。

农业时代几千年来，木材通常是家庭取暖薪柴，以及一些简单低级手工业生产的主要燃料，农田开垦和大型建筑而砍伐较大森林面积。当时森林管理主要是自然保存，人工大面积种植还很少。

现代森林景观在大量减少，日益严重影响着全球的生态平衡。人类今天拥有的科学技术可以染指世界任何地区，所以能够存留下来的原始风景就显得极为难得。原始森林生态系统没有经历人类改造和驯化，蕴藏有自然演化的生物多样性遗传特性。自然界生物多样性的持续保存具有深刻的意义，不仅在于生物进化和生物圈的生命维持系统及其重要，而且对于全球生态、物种遗传、社会文明、经济发展、文化娱乐和艺术审美都很重要，是人类重要资源。生物多样性的保护要求，就地保护森林生态系统和自然生境，维持其物种群体生存的特定自然环境。

在工业时代，有人已经意识到大城市郊区保存大面积森林景观的重要生态意义。现代信息时代，人迹罕至的原始自然森林景观含有巨大的科学价值和美学价值，它对于人类独特的价值正是它的"原始本色"。

5. 农业景观与村镇

地球上绝大部分管理景观是农业景观，世界上绝大多数人曾经生活在农业景观之中，乡村里人工建筑密度较少，乡村景观中物质和能量循环通过农田回归自然界。木棚和干草牛棚曾经是主要建筑，现在温带地区的牧场，碾磨的风车曾经出现在种植粮食的农村，在干旱景观区可见为家畜抽水的风车；在草原农场可见白色栅栏围合的牧场。

农田景观结构组成是堤埂、沟渠、篱笆、乡道以及林

江苏宝应乡村农田景观

带等。对于农民来说，这种生态网络结构界定了空间范围以及户主拥有土地，也较好促进了自然水分、养分在农田中的运动，提高了农作物生产力。

村镇景观具有大量规则的人工景观要素，有密集建筑、住宅、街道、广场等、一定规模的村镇与一定的物质和能量流相联系，由此形成了村镇聚落形态，并在一定范围内形成等级关系。现代大规模城市化发展对于农业景观传统是有害的。

10.4.2 地理要素对于人居景观的影响

1. 河流

河流是自然界的水在重力作用下，集中于地表凹槽内经常或者周期流动的水道，河流具有江、河、川、溪涧等各种形态，以及相应的称呼；多条河流形成复杂的干支流网络系统，就是水系。每条河流或者每个水系都从一定陆地面积获得水资源补给，这部分陆地面积即是河流和水系的流域，实际上也就是河流和水系的集水区；流域的形态、面积、自然生态环境直接影响着河流的水量、稳定甚至枯萎存亡。

河流是陆地水圈重要的组成部分，是海陆之间水分循环的重要纽带。流水是塑造地球表面最有效的营力，具有侵蚀、搬运和沉积三种作用。流水可以切割谷地，也可以搬运泥沙堆积成平原。河流的作用是稳定和逐渐进行的，是有规律地循环和演变的，河流的流域系统也是类似的变化。我们所见的地表特征无不与河流或者流水作用有关。

河流是自然界淡水资源更新较快的蓄水体，直接影响着人类的生存以及文明的发展。世界的四大文明古国都起源于大河之滨的平原上，由此被称为"大河文明"。埃及文明起源于尼罗河，巴比伦文明起源于底格里斯和幼发拉底河的下游，印度文明起源于印度河的中下游，中国文明起源于黄河与长江。10000年以来，河流沿岸地理环境和生态景观孕育了这四个地区远古农业文明，5000多年以前，城市文明出现于伊拉克的幼发拉底和底格里斯河之间的美索不达米亚平原，标志着文明社会的出现。至今世界一些大河冲积平原和三角洲地区仍然是人类社会经济和文化的发达地区，南京城市就是起源于秦淮河冲积平原。

在城市规划方面，河流对于城市的形成、起源、发展有重要的功能作用。城市水系规划对城市布局、分区结构、交通路线都有重要的作用。河流的变迁影响着城市生态环境，也影响着城市景观和结构布局。

人类文明诞生以来，人类通过建造各种水利工程调节地表径流，以便于利用各种水源，防御水患。历史上的水利工程，由于其数量和引水量有限，并没有干扰地表的水文循环。然而工业时代以来，人类用水量剧增，各种水利工程规模越来越大，数量越来越多，从大江到小河各级干支流都有拦蓄或引水。干旱和半干旱地区，人工引水使得江河主流流量日渐减少，甚至完全断流，造成内陆湖泊水位下降，湖面收缩，河湖分解或干枯消失。城市发展过程中对河流的整体系统和自然演进过程改变，所引起的后果是严重的。

城市水系作为城市的发展轴，决定了城市的整体形态。码头设施以及手工业、商贸等集中的区域均沿主干水系走向呈带状空间布局。当交通方式转变之后，城市形态必然由沿河流向外的线型发展转为向心横向扩张，在接近城市中心的部位向纵深发展，逐渐长满填实，形成团状形态。

我国当前许多城镇将水系作为城市的排污通道或者垃圾场，而使水系遭污染或遗弃；挖沙取石破坏河道景观，危及河道安全；城市的发展造成水系空间被道路或建筑挤占，城市河流任意切断、填埋或将明渠变为暗渠；为强调一时的行洪能力而将城市河道裁弯取直，采用水泥护堤、衬底或建造高坝来调蓄，造成水体的自净能力下降乃至消失。甚至为了河道"美化"，使得河流"几何化"、"人工化"，河滨沿岸被大量甚至完全的"景观广场"覆盖，而不是自然的绿化地，城市中已经很难找到一条自然的河流。

2. 湖泊

湖泊是自然界较大的水洼地，水流缓慢，水的交替时间长，与海洋没有直接交换，有其独特的生物化学变化过程。湖泊与其周围的水系生态环境密切相关。湖泊按其形成的分类有：侵蚀作用形成的湖泊，如冰蚀湖、溶蚀湖和风蚀湖等；沉积作用形成的湖泊，如堰塞湖等；地壳构造运动形成的湖泊，如断裂湖等；火山口形成的火山湖。

湖泊由于其水体面积大和独特的生态环境，景观相对安宁幽静，所以位于城市范围内的湖泊，对于城市生态环境和景观的影响是很大的。南京地理环境中的玄武湖、莫愁湖、燕雀湖等，杭州西湖，北京昆明湖，历史上都对城市景观影响很大。在历史上直至现代对于城市景观影响都很大。

湖泊湿地被称为"生态之肾"，具有维持地下水的补给与排泄、水质控制、沉积物的稳定、营养物的滞留、去除和转化、鱼类栖息地、野生生物栖息地等重要功能。湖泊河流的自然稳定性依赖于流域内湿地与植被的吸收与调蓄。随着洪泛滩地的建设与堤岸的建设，湖泊河流失去了其自然的湿地边界，导致众多依靠湿地为栖息地的鱼类和动物的消失。现代南京市的发展，与湖泊水体相伴的湿地系统几乎完全被城市的硬质空间所占用。

3. 山脉

山脉的形成与地球内部的物质运动、大陆漂移和板块构造等内营力有关，而气候变化产生的风化和流水侵蚀、搬运、堆积作用，形成山脉变化的外营力。山脉对于地区生物、气候有直接的深刻影响。山脉形态走向对于人类城市建设也有重要的作用：生活取水，回避气候风向，道路交通、街区场地，城墙防御等都依据自然形势布局。

掌握了现代化科学技术和生产手段的人类越来越明显地影响地貌发育，成为又一地貌营力。例如，由于资源短缺和人口剧增，人类大规模地开垦土地，砍伐森林，加速水土流失，并且影响到河流中下游的泥沙沉积和河道变化，人类甚至直接改变原有地貌形态和性质，塑造新的人工地貌，例如水库、梯田、围海造地等，甚至毁坏山体。

由于现代城市大规模和高强度的开发，目前城市中的许多小山头是孤立的，历史时期的连绵山脉系统以及自然地貌格局已经在摩天高楼群和城市道路网中消失。

10.4.3　地理学与景观规划研究

地理学的目的不能仅仅在于考察环境本身的特征与客观存在的自然现象，而要致力于人类生态的研究，研究人与其赖以生存的自然环境的相互影响，以人类经济活动为中心，以协调人口、资源、环境和社会发展为目标的科学。

一个特定的人群有它特有的文化，在其长期活动的地域内，一定会创造出一种适应环境的地表特征，这种被人为活动改造后的自然景观就是文化景观，人类是造成景观的最有效的一种力量。在这演化过程中，文化是动因，自然条件是中介，文化景观是结果，解释文化景观就是人文地理学研究的核心。文化景观论强调：人类居住的区域环境，是人类自我表现活动及其文化塑造的过程，不仅寻求功能上的效益，也体现人类审美观和赋予其文化的价值；自然环境随不同的文化景观介入而发生变化。

地理学研究主要有以下几个方面：

从区域研究，对于地理表面各种现象的分异进行记载和描述，分析自然与人文相互作用结合的过程，研究区域内的城市、经济、社会发展规律。

从景观研究，划定地理表面类型并且研究其发展演变过程，特别是从自然原始景观变成人类文化景观的过程。包括小尺度的区域到全球景观变化的大尺度，研究人类文明在地理变迁中的主要作用，景观历史的时空变化。探讨人类发展潜力以及确定人类社会与景观之间适应的优化模式。

从生态研究，研究地理环境中的人类发展与分布，探讨环境对于人类活动以演化的影响，研究人地之间的生态关系、生命网络、自然平衡以及竞争、优势和演替等问题，从人地关系出发研究人类与环境相互作用机制和全球生态效应。

从数学研究，应用数学的概念和方法，进行数理统计和分析地理中的自然和人文现象，并且建立模式理论，现代数据库与信息系统技术相结合，阐明地理与城市空间结构规律与模式。

地理学的研究思维模式是以观察材料与事实为依据，从自然界环境各个元素关系中去认识和阐述科学规律，进一步概括理论。以地理学应用于景观规划研究，有其独特的优势：

有更强的整体观念，更多地从整体系统出发，使得分析与综合、归纳与演绎相互补充，辩证统一。

综合性广泛深入，包括空间与时间、质量与数量、静态与动态、内部与外部、自然与人文，全面研究系统的结构功能及动态演变过程。

研究方法的科学性，通过自然结构分析，功能评价，过程监督与动态预测等研究方法，得到科学的结论。

土地利用分异战略结合景观规划研究，表现以下几个方面：

土地利用分类：辨识区域土地利用的主要类型，根据由生态环境集合而成的区域自然单位划分。每一个差异土地单位有其生态环境特征，由此形成该土地使用的模型。

空间格局的确定和评价：对有差异土地单位构成的景观空间格局进行评价和制图，确定每一个差异土地单位的利用效率。

敏感度分析：识别那些近似自然和半自然的地理生境，这些生境地是对城市环境影响最敏感的地区和最具有保护价值的地区。

空间联系：对每一个差异土地单位所具有的生态环境类型之间的空间关系进行分析，特别注重连接度的敏感性以及不定向或相互依存关系。

影响分析：利用以上步骤取得的信息，评价土地单元的结构影响效益，特别强调影响的敏感性和影响范围。

景观类型的管理：从自然景观到森林景观、农业景观至建筑景观的管理措施。景观生态学原理是被用于景观管理，当然，也存在这些景观类别的重叠，如当一个农业景观包括自然保护地、林地、农舍时的情形，所有这些景观的管理都必须从下列3方面的调查着手：①现有景观要素；②景观要素间的流；③景观要素随时间的变化。

我国城市地理景观按其所在的区域地形分为8种类型：

（1）滨海城市。沿海依托港湾形成城市，例如，青岛、厦门。

（2）三角洲平原城市。有辽阔平原地形、水网稠密，农产丰富。以长江三角洲和珠江三角洲的密集城市群最典型。

（3）山前洪积冲积平原城市。地形平坦、土壤肥沃，水源丰富。华北平原外侧沿着燕山南麓、太行山东麓、淮阳丘陵北麓、鲁中南丘陵山地外缘的这类城市数量最多。

（4）平原与低山丘陵相邻接的城市。这类城市位于临河平原地形之上，发展实际空间狭窄，周边临山，南京六朝古城就是这样的城市景观。

（5）丘陵河谷城市。这类城市位于河谷平原，河流穿越城市而过，发展空间局促。

（6）平原中腹的城市。这类城市位于广阔的平原面上，地势低平甚至低洼。往往可能水运发达。

（7）高平原上的城市。这类城市都分布在开阔、平坦、海拔在1000m上下

江苏扬州宝应乡村田园景观

的高原面上。

(8) 高原山间盆地和谷地的城市。这类城市位于青藏高原或云贵高原，在相对低平的山间盆地或谷地。

我国平原地区的城市多于低山丘陵地区、大平原中腹和三角洲平原，城市选择两种地形过渡或交接的部位。平原城市濒临江河湖海，丘陵、山地的城市多趋于河谷，临水也是普遍特点。

10.4.4 案例，苏州吴江区域景观规划

吴江区位于苏州南部，历史悠久、古迹甚多。地势平坦，气候温润，物产丰富，交通便利。由于有长江、太湖、阳澄湖以及富春江等密布的河湖水系，形成水网景观特色。

江南丰富的地域精神，悠长的经济状态，使其成为中国传统文化中极具特色的一支。这个区域的社会流动频繁，文化承袭广泛，从而也使它成为中国居住状态中最具明显特征的一个区域。

江南水乡文化内涵复杂却细腻，舒缓而清新，由此形成的居住格局松散蔓延，建筑形式不拘一格。这种居住蕴涵着人居环境与自然水系融合的极强特征。

1. 规划城乡主要景观轴和景观节点

1) 城乡景观轴

城乡景观轴是沿主要城乡道路形成的景观轴线，规划主要城乡道路进行统一街景规划设计以突出城乡街道形象特色。景观轴线两侧的建筑物、标志物、广场、绿化及各类设施均应按规划设计进行建设或改造。

视线景观轴线：

南北方向纵轴线：保持北面湖泊、中部农田、南部湖泊景观视线贯通，形成重要的纵向景观轴。

东西方向横轴线：保持西面、中部、南部2个湖泊景观视线贯通，形成重要的横向景观轴。

2) 标志景观节点

在景观轴线上及城乡重要开敞空间规划城乡景观节点，景观节点应突出代表城乡形象特色，应根据其所处的城乡区位，通过研究城乡的历史、自然与未来进行完整的深入设计。如路沿线的景观节点应集中体现城乡的发展繁荣和现代化建设；河网沿线的景观节点应与水乡文化紧密联系，充分反映水乡的历史与文化；而城市路的景观节点则应特别注重与城乡整体风貌的景观协调与联系。

3) 城乡景观片区

(1) 西、北、南三片田园风光景观区：

规划利用现状农田的功能特性和景观特征，形成农家风情生态景观。

现状农田是区域开敞空间体系内基本的景观背景。本区域的开敞空间从景观类型上可以分成两种：一种是生态农田景观区（主要分布在区域的西、中

部），另一种是湖塘湿地景观区（主要分布在区域的东、南、北部）。开敞空间功能区的对接不仅是居民亲近自然的通道，也是主要的旅游景观道，更是连接区域开敞空间功能分区的生态"基质"。自然的通道、旅游景观背景和生态"基质""三位"一体，要求景观基质的安排既要考虑区域城市发展的需要，也要考虑区域生态环境的需要。

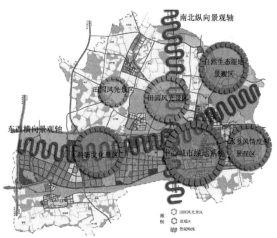

（2）四片特色景观区

①中心城市绿地系统景观区

规划城市绿化广场，结合城市商业区的地形特点，给市民提供一个具集会性、标志性、活动性、观赏性和休闲性的广场。

苏州吴江区域景观规划

南部呼应城市中心构筑以滩涂亲水平台等硬质景观为主的滨水空间，北部呼应都市农业区和观光旅游度假区，建设以滩涂绿地和道路绿化带为主的软质景观，构筑具有丰富活动内容和环境特色的滨水绿色长廊。

城乡位于水网交错地带，水作为重要的景观要素，努力将水元素引入城乡绿地系统建设之中，对水滨地区进行重点景观设计，创造城乡景观特色。网络交错的河流是与城市历史、城乡生活息息相关的河流，将主城区穿过的河流规划确定为城乡滨河景观风光带，规划沿岸游憩广场和游览小路，对其进行重点又具特色的设计。同时河网还需担负航运功能，通过疏通航道，整顿航运秩序，加强码头建设，使其成为环境优美、秩序井然的航运河道。沿河使其成为富于城乡文化内涵的、充满生机的、开放的公园带及广场群。城郊河流段则以防护绿带为主，建设水源保护区，形成城乡的一道绿色屏障。

绿地景观规划研究：以现有自然山水作为基质的绿化景观形态研究，逐渐取代目前烦琐的公园形态。整体上建立城乡各公园之间的自然与文化联系，而不是现在各自独立的普通公园。

②水乡风情度假疗养景观区

吴文化是4000年华夏文化在江南水乡孕育的独秀一枝，她筛滤了华夏文化阳刚、粗犷的因子，较多地承继、弘扬了阴柔细腻的一面。与中国其他地域的城镇相比，江南水乡城镇的形成与发展更多地受到了经济因素的作用，并在其独特的地理环境中创造了以"水"为中心的独特的生活环境和生活方式，充分体现了水乡先民勤劳智慧的美德，在中国发展史上具有重要积极的意义。

江南水乡城镇建筑布局和风格是中国传统的"天人合一"思想和经济作用的完美结合：布局随意精练，造型轻巧简洁，色彩淡雅宜人，轮廓柔和优美。在经济因素作用下，建筑尽量占据沿河沿街面，并形成了"下店上宅"、"前店后宅"、"前店后坊"的集商业、居住、生产为一体的建筑形式。但是建筑一般尺度不高，天井、长窗形成了室内室外空间相通，建筑刻意亲水，前街后河，临水构屋，有水墙门、水埠头、水廊棚、水阁、水榭楼台，甚至水巷穿宅而过，形成了人与自然和谐的居住环境。

吴文化是吴歌婉转清丽的节奏，吴语甜糯委婉的腔调；是昆剧悠扬舒缓的旋律，评弹珠落玉盘清脆流畅的曲调。吴文化是古拙清新的书法大作，淡雅秀丽的山水画卷；是空灵简洁的篆刻艺石，欢乐明快的桃花坞年画。吴文化是阴阳哲学的艺术再现，是黑白世界的对比交融。吴文化讲究自然随和的形态，曲折柔和的线条；追求淡泊深远的意蕴，含蓄隽永的美感。

江南水乡地域文化——经典是小桥、流水、人家、白墙、黑瓦——而这种江南水乡的地域文化，随着经济的发展，城市的发展，正在面临着逐渐消失，所剩下的已经不多。

按照以人为本和亲和社区的居住理念，以传统的中国江南水乡式的建筑布局、朝向为特色，结合水系格局排布房屋建筑，使之获得良好的景观与风水。设计中的水道穿过每一幢建筑，所有的建筑串生于河道两岸，形成前路后河的格局。粉墙画影，小桥流水，小尺度的别墅群建筑与河流，再现了传统中国江南水巷邻里风貌。

规划一片优雅、低密度的滨湖住宅区，延续苏州古民居枕河而居的布局形式，这种景水文化主题住宅有以轻松、和谐为核心的人文价值感与亲水社区的归属感，以及倡导快乐、健康、温馨的生活方式。

规划设计以塑造浓浓的生活气息为目标，将水巷邻里景区分为3个景观段：A.以体现旧村落的生活气息为主题的景观段。该景观段的设计融入了古朴的闸门、农家的渔网、盛酒的缸等要素，力求营造质朴而有情趣的氛围。B.以体现依依亲情为主题的景观段。该景观段的规划以"关心人、满足人的需要"为理念，力求实现"老有所乐、中有所适、少有所娱"的目标，体现浓浓的生活气息和人间的依依亲情。C.以体现新居住区公共空间为主题的景观段。景观设计依据水网分布，设计清新自然、尺度宜人的滨水景观空间，为社区提供休闲、娱乐、健身的开敞空间。

③生态湿地自然景观区

原生态的地貌、水系以及植被地保护。A.对于大面积背景的保存，原生态基质的识别和保存，江南水乡的基质认识：河网水系、水稻农田、芦苇浅谈，滨河的带状村庄，沿乡村道路的树林和灌木丛。B.对于斑块和廊道体系的规划，河流、道路以及两侧绿化，公园绿化、旅游胜地规划。C.对于小尺度的节点，实现景点系统网络化，形成对景、借景以及视景走廊体系。

玲珑湾：规划充分考虑其农田基地现状及生态环境良好、范围较大的有利条件，将其定位为以自然生态为主的休闲观光旅游度假区。依据周边环境及地形地势特点，规划将其分成以下6个主题区，将自然态的河、溪、湖、泽、花、草、林以最美的外貌表现出来：

A."菊鱼琴湖"区。该区规划以鱼、水为主题，在湖区临水的驳岸大面积种植水生花卉，另将落羽杉、水杉等耐水湿的树丛植于湖边或向湖中延伸，以丰富湖边景观，取得柔和的岸线效果。规划还相应设置水中木屋、观鱼台等景观小品。

B."苇荡迷津"区。通过对原有自然环境的踏勘，以及对甲方、周边居民对现状景观环境期望的调查，项目组发现原有的芦苇丛和"溪边弱柳千重翠"的植物景观得到人们的普遍认可，因此将该区规划的主题定为"青青芦草，夹岸缤纷，清溪绵延，天高云低，茫茫一片"，还在此基础上适当增设放飞台、观鸟塔、野鸭洲、雁奴滩等，丰富景观层次。

C."竹筏泛歌"区。以竹筏为主的水上活动项目，并设"临湖揽月"等景点，把竹舟、孤岛、水榭、游人、湖光统一起来，勾画一幅湖光山色、烟雨朦胧的水墨画。

D.百竹园。规划利用小型坡地土壤深厚、肥沃、排水性好的特性，种植各类竹子，形成竹类观赏园，同时在园内广植桃花，设竹门、竹庐等竹文化景观小品，丰富百竹园的景观。

E.野营休息区。规划在拟建的居住区与现有的湿地之间设置一条绿化隔离带，作为野营休息区。规划在景区中央设置一片大型疏林，点缀若干常见的城市绿化树种，为游人提供野炊、休息的空间。

F.水中洲地。广袤的田野、芦苇、沙洲等优美的田园风光及自然景观资源。规划以水中洲地绿色开敞空间为主体，以休闲农业、特色旅游为主要职能，塑造具有田园特色的生态景观绿带。按照水岸植物分布的序列依次种植桩水植物、浮水植物、沉水植物，并设木栈道、静心亭、绿杉木屋等景点。人们可以在木栈桥上、柳树林下、芦苇丛中、稻花香里漫步、赏景。

以上的6个景区中都有与景观主题相应的休闲设施，中小型的广场，运动区及游步道等，是市民工作之余，休闲度假、放松身心的去处。

④科研文化景观区

科研文化区的研发教育中心，与西侧城市广场共轴线且相呼应，拟布置成整个园区的文化、科研、教育中心。景观设计应当将当地传统历史文化和园区创新文化进行结合，依据自然地形将研发中心沿河布置，建筑依河而建，尺度宜人。四周环绕着绿地及开放空间，提供人群活动和观景的空间。公共空间设计应当以展现园区创业精神为主，可沿河建设雕塑走廊以凸现水廊"文化"韵味。

2.吴江植被分区规划

根据吴江的自然气候特点、当地居民的种植习惯以及景观效果，确定本区域种植的骨干树种为水杉和刺槐。具体的布局形式主要有以下三种：

第一种形式：零星分布在公园、广场等绿地中的点状布局形式。

第二种形式：沿着河流和道路呈现带状布局形式，可主要采用水杉来进行布局。

第三种形式：在山区以及水源涵养地的片状布局形式。

10.5 景观生态规划

10.5.1 景观生态规划

景观生态规划 (Landscape Ecological Planning) 是指运用景观生态学原理，以区域景观生态系统整体优化为基本目标，在景观生态分析、综合和评价的基础上，建立区域景观生态系统优化利用的空间结构和模式。景观生态规划强调景观空间格局对过程的控制和影响，并试图通过格局的改变来维持景观功能流的健康和安全，尤其强调景观格局与水平运动和流的关系。景观生态规划也被认为是修复退化景观在土地利用改变之后调整景观的一种行为。

城市景观生态规划就是根据景观生态学的原理和方法，合理地规划景观空间结构，使廊道、斑块及基质等景观要素的数量及其空间分布合理，使景观符合生态良性循环、与外部空间有机联系、内部布局合理，而且具有一定的美学价值，而适于人聚居。从规划对象来看，城市景观生态规划主要包括三个方面：一是环境敏感区的保护规划，二是生态绿地空间规划，三是城市外貌与建筑景观规划。

10.5.2 景观指数分析方法

1. 景观指数概述

研究景观的结构是研究景观功能和动态的基础。这就必须要研究景观单元特征及其空间格局，将景观格局进行数量化，使景观格局的表示更加客观、直观。要做到这点，可通过 3 条途径：①通过文字描述；②通过图、表描述；③通过运用景观指数。通过景观指数描述景观格局具有使数据获得一定统计性质和比较、分析不同尺度上的格局等优点，长期以来一直备受景观生态学关注。

景观指数是指能够高度浓缩景观格局信息，反映其结构组成和空间配置某些方面特征的简单定量指标。景观格局特征可以在 3 个层次上分析：①单个斑块；②由若干单个斑块组成的斑块类型；③包括若干斑块类型的整个景观镶嵌体。因此，景观格局指数亦可相应地分为斑块水平指数、斑块类型水平指数以及景观水平指数。

2. 景观生态学中常用的景观指数

在对景观进行空间分析，建立格局与过程相互联系的过程中及其他理论如岛屿生物地理学理论、渗透理论等向景观生态学渗透的过程中，形成了许多描述景观格局及其变化的景观指数。由于景观指数数量多，且由于新理论在景观生态学中的应用不断推陈出新，目前，对景观指数的分类还未形成统一标准。

一类是确定景观空间格局及动态的主要方面，然后对现有的景观指数进行功能分析以确定归属。Forman 曾把描述斑块的景观指数分为两大类，即描述斑块形状的景观指数，如形状指数等，描述斑块镶嵌的景观指数，如相对丰度、优势度和分维数等。Hulshoff 认为景观指数可划分为景观格局指数和变化指数，前者如斑块类型、数量及形状指数；后者如斑块数目变化率等。Turner 等认为，景观指数可以分为斑块数目与大小、斑块分维数、景观要素之间的边缘数和多样性、优势度与蔓延度。

另一种分类则从现有景观指数整体出发，先不考虑景观功能，应用统计学方法如相关分析、因子分析等将景观指数分成不同的类，然后对各类指数进行描述功能分析、定类。如 Riitters 等对 85 幅土地利用图的 55 个景观指数进行了计算，并用因子分析法对 55 个景观指数进行了维数压缩。经综合分析，最后将 55 个景观指数分成 5 组：①描述斑块平均压缩度的指数；②描述景观总体质地的指数；③描述斑块形状的指数；④斑块周长、面积比例指数；与斑块类型指数。

3. 景观指数分析软件

基于地理信息系统特色的景观指数软件包。Fragstats 是由美国俄勒冈州立大学开发的，软件最新版本共能计算景观指数 66 个，是最为常用的景观指数软件包。

Fragstats 在 3 个层次上计算一系列景观格局指数：斑块水平指数、斑块类型水平指数和景观水平指数。包括斑块数、斑块密度、多样性指数、聚集度、核心区总面积等景观指数。在使用 Fragstats 时，用于分析的景观是由使用者来定义的，它可以代表任何空间现象。定量化景观中斑块的面积大小和空间分布特征。使用者必须根据景观数据的特征和所研究的生态学问题，合理地选择所分析景观的幅度和粒度，并进行适当的斑块分类及其边界的确定。

10.5.3 景观生态规划的步骤

1. 确定规划范围与规划目标

规划范围最好确定为相对完整统一的生态环境。规划目标有三类：①以保护为目的规划，目的是保护生物多样性如自然保护区、城市绿地系统、区域绿地格局；②资源利用开发规划，如风景名胜区、旅游规划等；③调整当前不合理的土地利用景观格局。

2. 景观生态调查

调查规划区域的景观结构、自然生态过程、生态潜力和社会文化状况等，对区域景观生态系统进行全面了解，为景观生态分类和生态适宜性分析打好基础。收集资料包括下面几个方面：①自然地因素：地质、水文、气候、生物；②地形地貌：土地构造、自然特征、人为特征；③文化因素：社会影响、政治和法律因素、经济因素。

3. 景观空间格局与生态过程分析

景观格局与过程分析对于规划区空间和时间有深度理解。通过组合或引入新的景观要素而调整或构建新的景观结构，以增加景观异质性和稳定性。

4．景观生态分类和制图

根据景观生态分类的结果，客观而概括地绘制规划区景观生态类型的空间分布模式和面积比例关系，成为景观生态图。可作为景观生态规划的基础图件。

5．景观生态适宜性分析

景观生态适宜性分析是景观生态规划的核心，其目标以景观生态类型为评价单元，根据区域景观资源与环境特征、发展需求与资源利用要求，选择有代表性的生态特性，从景观的独特性、景观的多样性、景观的功效性、景观的宜人性或景观的美学价值入手，分析某一景观类型内在的资源质量以及与相邻景观类型的关系，确定景观类型对某一用途的适宜性和限制性，划分景观类型的适宜性等级。适宜性分析的方法有整体法、McHarg 因子叠合法、数学组合法、因子分析法和逻辑组合法五类。

6．景观生态规划与设计

根据景观生态适宜性的分析结果，以景观生态系统的环境服务、生物生产及文化支持三大基础功能为目的，依据景观生态规划的自然优先原则、持续性等原则构建合理的景观格局结构。

7．景观生态规划实施和调整

根据规划的景观空间结构，确定科学有序的实行步骤，对于出现的各种新情况问题，适当调整。达到景观资源的最优管理和景观资源的可持续利用。

10.6　城市绿地系统

随着景观生态学的产生与发展，景观生态学原理与方法也开始应用于城市绿地系统研究。K.Lynch 在 1960 年便分析了道路（Path）、边界（Edge）、区域（District）、节点（Node）、地标（Landmark）五个要素与绿地的关系，认为城市绿地在提高城市印象具有重要作用；Forman（1995）提出了作为任何景观生态规划的基础格局的"不可替代格局模式"以及"集聚间有离析"的"最优景观格局模式"，这两种格局模式都对城市绿地系统规划具有重要的指导作用。

20 世纪 80 年代后期，基于景观生态学理论的绿道（Greenway）运动和绿道规划开始在美国广为传播和发展。绿道是能够改善环境质量和提供户外娱乐的线状廊道。绿道对于城市绿地系统规划提供了基本造构框架，其中主要内容有：①沿着河流，山脊等自然景观形成的线型廊道；②沿城市道路、郊区道路形成的绿化带；③线状或带状的公园。

绿地系统作为城市景观的一个元素，是城市中唯一接近于自然的生态系统，它对于改善城市区域的生态质量，保障一个可持续发展的城市环境，塑造城市形象、城市景观等方面有着不可替代的巨大作用。与以往的其他的绿地系统规划理论相比较，从景观生态学的角度对绿地系统进行研究，更能够保证从整个区域景观整体出发，探索其景观和生态之间的关系，兼顾到绿地系统的景观和生态两方面的功能，从而对做出客观、科学的评价，并进而对绿地系统的科学规划布局提供理论指导。

1944年艾伯克隆比（P.Abercrcombie）在伦敦外围规划设计宽达10～15km的绿带，该绿带内包括森林、公园、农业用地等绿地类型。在绿带内采取限制开发行为的管理方式，达到建设和保护绿地的目的，同时，通过公园路等绿道连接绿带和伦敦市区内的公园绿地，将市区内的公园绿地斑块和外围的大型绿地斑块连接成一个有机的整体，形成一个区域性的绿地系统。

10.6.1 基于景观生态的城市绿地系统

1. 区域尺度内的城市绿地景观体系

景观生态学把城市本身可以看作区域的一个景观单元，城市周围区域广大的农田、生态林地、河流等共同构成了城市的生态背景，形成大面积的绿地基质景观。城市内部绿地系统是由不同规模性质的斑块、廊道、基质景观要素构成的。廊道系统镶嵌于城市基质之中，并且沟通联系与外部区域绿色基质，进而形成相互交织的绿色廊道网络系统，与外部的绿色基质共同组成有机整体。

2. 城市绿地斑块

城市绿地斑块是指遥感图像里点圆形状的城市绿地，主要是公共绿地、生产绿地、居住区绿地、专用绿地等，分布于以城市街道和街区为基质的景观片区中，并以较清晰的边缘与保卫它的异质性景观相区别。

3. 城市绿道、绿带和文化遗产廊道

绿道（Green Way）是自然廊道，以河流、山脉、原生植被带等自然景观为主，包括河道、河漫滩、河岸和山脊高地等区域。滨河廊道对于河岸线构成自然优美的景观，以及控制水土流失、保护分水地域、为居民提供游憩休闲场所有重要意义。以恢复和保护生物多样性为主要目的，规划设计以建立稳定的生物群落，提高生物多样性为基本原则。

绿带（Green Belt）是人工廊道，以交通干线绿化带、绕城人工绿化带为主，其位置多处于城市边缘，或城市各城区之间。它的直接功能大多是隔离作用，控制城市形态，提高城市抵御自然灾害的能力，规划形成较为自然、稳定的植物群落。也有满足城市居民休闲游憩目的，规划设计以形成优美的植物景观为出发点。城市中廊道大多兼有生态环保、游憩观赏、文化教育的功能，其中生态游览放在首位。

文化遗产廊道（Heritage Corridor）是顺延河流或者山脉分布有历史古迹遗址的带状区域，蕴涵有区域历史文化和自然景观资源的廊道。例如，大运河，长城，南京秦淮河等等都是遗产廊道。遗产廊道意味着保存地方历史传统，意味着与其相关联的生态区域一起被通过连续的廊道连接和保护起来，本来呈破碎状态的湿地、河流和其他生态重要的区域同乡土文化景观进行整体性的规划，意味着游憩、生态和文化保护等多目标的结合。

德国莱茵河沿岸村镇
景观鸟瞰

4．绿地网络体系

由绿道绿带作为城市绿地系统的重要构成元素，纵横交错形成绿地网络体系。网络体系内绿道绿带可以将城市中的古迹遗址、娱乐广场等文化资源连接成一个整体系统，不仅提高了它的景观游嬉可达性，还深刻地影响景观的自然和空间结构特征，而且其价值得到了更大程度的发挥。绿地网络体系还可以减弱城市景观破碎化所带来的负面影响；而绿地连接度的提高使得异质性景观的孤立程度减少，使得生物多样性和可持续景观的维持运行。

10.6.2　城市绿地景观生态规划

西方城市景观规划学者探讨了一系列城市绿地景观模式。凯文·林奇K.Lynch 把城市景观印象要素归结为 5 点：道路（Path）、边界（Edge）、区域（District）、节点（Node）、地标（Landmark）。麦克哈格（McHarg）在《设计结合自然》提出了生态规划（Ecological planning）的思想，研究人为空间与自然环境相互分层叠加结合。拉尔鲁（Lyle）在《人类生态系统设计》提出了以景观生态保护为目的的绿地空间系统的 4 种配置类型：分散型、群落型、廊道结合型、群落廊道结合型。特纳（Tuener）在提出 6 种城市绿地斑块的配置形态，即可容纳多种休闲活动的集中性配置、相同服务半径的均等型配置、与其他公共设施的配置相结合的混合型配置、沿建筑物边缘配置的边缘结合型、保护水环境和生物水系活用型和蛛网系统型。

这里汇总以下几点原则：

（1）生态原则：绿地景观体系的规划首先必须在自然地理环境的基础上进

行，以城市山脉和水系作为基本网络骨架，遵循城市自然属性是生态性原则的重要体现。

（2）文化历史原则：城市文脉最初起源于自然地理环境之中，是自然要素和历史文化要素相互融合的结果。城市绿地景观体系应该成为构筑历史文化氛围的桥梁和展示城市文脉的风景线，对于保护城市历史景观地带、构造城市景观特色、营建纪念性场所有着极为重要的作用。

（3）环境保护原则：由于大型城市污染较严重，环境质量较差，城市绿地景观体系的规划必须与控制和治理环境污染相结合，发挥廊道的生态防护功能。

（4）游憩观赏原则：多层次多空间地方便城市居民游憩观赏，接触自然，并且形成城市优美的景观面貌。

（5）整体原则：从城市的整体出发，通过绿色廊道的设置将建成区、郊区和农村有机地联系在一起，将城乡自然景观融为一体。

（6）乡土绿化原则：绿地廊道和斑块内的植被配置最好由本地乡土植物为主，在其内部要建立起绿色容积率高的以乔木为主的植物群落，以地带性植被类型为设计依据，配置生态性强、群落稳定、景色优美的植被。城市绿地景观大面积成片的绿化是最重要的问题，无论是道路绿带还是河岸植被带，植物群落的配置方式和类型都要把生态环境保护放在首要位置，园林景观小品只是点缀功能。在污染区域，针对污染源的类别，配置相应的抗性强、具有净化功能的植物。

10.6.3　区域绿地景观生态规划

区域规划是大尺度范围的经济发展、土地利用、自然保护以及村镇整合的规划，区域景观是以地理山川河流为骨架，具有很强的地域系统性。

1. 区域生态绿地环状模式

区域生态绿地基质呈环状围绕城市核心区布局，周边卫星城镇与核心城市保持一定的距离。这种模式可以有效地限制城市的无序蔓延，使城市保持合理的规模、宜人的环境。中心城区的扩展受到环城绿地的限制，在绿带以外形成了功能相对独立、完善的卫星城镇。设置环城绿带成为控制中心城区、发展分散新城的规划模式。

2. 区域生态绿地指状嵌合模式

霍华德"花园城市"理论提出以100m宽的绿带环绕城镇，顺延城市内外山脉河流布局绿地，郊区大型绿地指状渗透嵌合进入城区。城市绿地系统由外围大型绿色植被斑块通过绿色廊道与城市绿地斑块相互交叉，形成楔形的绿地系统的空间格局。

3. 区域生态绿地核心网络

城市中心是绿地，城市各建设区围绕大面积的绿色植被斑块发展，核心之间以绿色缓冲带相隔。在实践上，荷兰的兰斯塔德地区是典型的城市群体围绕大型绿色植被斑块发展的方式。兰斯塔德的中心不是密集的城市群，而是由大面积的农业景观构成生态绿地斑块。大城市的多种职能，不是集中在一个单一的城市中，而是分散在几个相对较小的城市中。兰斯塔德的建成区与中心的生态绿地斑块之间设置绿色缓冲带。

4.区域生态绿地带形模式

这种模式以宽大绿色廊道为主，彼此之间通过某种方式相互联系，使城市群体保持侧向的开敞。这种绿地系统具有发挥较大的效能并具有良好的可达性。

城镇边缘地带是生态和景观界面，融合自然、农田和城镇景观，绿地廊道是最佳布局联系形式。

10.6.4 城市绿地系统的景观生态分类与评价

从景观生态学角度看一个城市本身可以看做一个景观单元，它是由内部不同规模性质的基质 (Matrix)、斑块 (Patch)、廊道 (Corridor) 三种景观要素构成的。其中城市绿地系统是城市的一部分，城市绿地系统由公园绿地斑块与道路绿化廊道结构组成。

城市基质：城市用地大面积构成建筑群和道路网，由此形成城市基质。

绿地斑块：可以将城市地区的绿地斑块分为农业绿地斑块、林业绿地斑块、游憩绿地斑块、防护绿地斑块和水域斑块，它们主要分布于以街道和街区为本底的城市景观以及城市边缘的各个部分中，并以较清晰的边缘与包围它的异质性景观相区别。

绿色廊道：主要是以交通为目的的公路、街道、铁路旁的绿化形成的绿色廊道以及沿着水系、高压走廊进行绿化形成的自然廊道。

城市绿地系统整体上可以看做是一个景观单元，对其进行评价主要采用景观生态学中建立景观指数的方法进行分析和评价。在对城市绿地分类的基础上，构建城市绿地系统评价的景观指数，主要在绿地斑块水平和景观水平上构建景观指标。初步构想在斑块水平上选取如下几个指标：斑块个数、破碎化指数、散布与并列指数、最大斑块指数、聚集度等指数；在景观水平上选取最大斑块所占景观面积比例、边缘密度、蔓延度指数、散布与并列指数、香农均匀度指数等指数。利用遥感影像以及土地利用现状图等资料，结合 Arcinfo、Fragstats 等软件分别计算以上绿地景观指数，从而对现状绿地进行分析和评价，为绿地系统规划布局提供依据。

10.7 区域城镇景观体系

自然界地理区域的山脉、河流是连续的，而行政区划是人为设定的。中国辽阔土地上的长江、黄河横贯东西部，跨越 12 省份，注入大海。秦岭山脉横贯东西，横断山纵贯南北。景观规划必须是区域的，建立在山脉河流地理格局之上的，而不是孤立在城市，甚至孤立在一个公园广场绿化场地。景观规划必须首先考虑区域地理的规划。

10.7.1　城镇景观体系的概念

在一定地域范围内，以中心城市为核心，由一系列不同等级规模、不同职能分工、相互密切联系的城镇组成的有机整体，其区域景观结构形成特有的景观风貌。这个概念有以下几层含义：

(1) 城镇景观体系是以一个相对完整区域内的城镇群体，而不是把一座城市当做一个区域系统来研究。

(2) 城镇景观体系的核心是中心城市。

(3) 城镇景观体系是由一定数量的城镇组成的。城镇之间存在着性质、规模和功能方面的差别，依据各城镇的区域发展条件，通过客观的和人为的作用形成区域分工特色。

(4) 城镇景观体系最本质的特点是相互联系，通过不同区位、等级、规模、职能，城镇之间形成纵向和横向的各种联系，从而构成一个有机整体。

10.7.2　城镇景观体系的基本特征

1. 整体性。城镇体系由相同地理系统景观为背景，城镇以及交通联系区域等要素按一定规律组合而成有机整体。如果交通干线或者重大工程出现，会影响城镇地域景观体系。

2. 等级层次性。景观系统由于地域尺度而可以分成若干等级。

3. 动态性。由于城镇化进程、人口变化以及经济发展，城镇景观体系是变化状态。

4. 自然系统属性。地域的地理景观属性，是城镇景观体系的基础。受到自然条件变化和资源开发的影响，沙漠化、地震、海平面升高等也会影响城镇景观格局。

5. 社会系统属性。城镇体系受到来自外部的社会变化影响，如人口流动、巨大项目投资、政策变化及旅游资源的开发利用等等，会使系统景观格局变化。

10.7.3　城镇景观体系的发育阶段

城镇景观体系是区域城镇群体在一定地理地域范围内发展形成的。

农业社会阶段，以城镇规模小、职能单一、孤立分散的低水平均衡分布为特征，自然景观状态良好。自然单元之间能量流联系密切。

工业化阶段，以中心城市极核发展、经济集聚为表征的高水平不均衡分布为特征；大片自然景观因为城市化发展而丧失。自然单元之间能量流被切断分隔。

工业化后期至信息社会，以中心城市扩散，各种类型城市区域，包括城市连绵区、城市群、城市带、城市综合体等的形成，各类城镇普遍发展，区域趋向于整体性城市化的高水平均衡分布。开始重视人工景观设计，例如城市公园、绿化带等建设。人工绿化景观设计从个别逐渐走向区域整体，以及在城市近郊和远郊设立大面积自然保护区。

10.7.4　城镇景观体系研究

城镇景观体系的研究兴起于工业革命后期，研究揭示地域景观与城镇发展规律，协调城市与郊区之间环境发展不平衡导致种种矛盾。为区域可持续发展，合理城镇布局，实现区域社会经济发展和自然保护均衡化而制定区域发展战略提供依据。

1898 年，英国霍华德 (E.Howard) 强调把城市和区域作为整体研究的思想，在《明日的花园城市》书中提出：建立卫星城，保护田园风光，以解决大城市矛盾和城郊关系布局模式。提出理想城镇景观模式是：3 万人口，镇区与农田比例为 1∶5，中心区是花园，再环绕 2 道同心圆绿化带，最外围是森林和农田。

1915 年，英国生态学家格迪斯 (P.Geddes) 发表的《进化中的城市》，使城市研究由各自分散和互不关联走向综合。强调将自然区域作为规划的基本构架，以区域规划综合研究的方法，提出了城市连绵形成新的城市群体形态，分析区域的生态潜力和容量。

1933 年，德国地理学家克里斯塔勒 (W.Christaller) 提出著名的中心地理论。他提出了城镇体系的组织结构模式，对城镇体系作了严谨的论述与数理模拟，第一次把区域内的城市系统化。

第二次世界大战以后，城镇景观体系研究的发展在各国得到重视。密集形式城镇为特征的区域不均衡状况的加剧，进一步对城镇景观体系提出了理论和实践上的要求，城市化是地域性质和景观转化的过程。区域大尺度景观生态保护必须结合区域规划、国土规划，城市规划。继而出现分散城市化、郊区化、逆城市化的现象。

Sauer 的《Forword to Historical Geography》指出从人地相互关系的角度才能深刻了解一个地区的性质；地方景观结构和功能有它们的发展、变化和完善的过程，人类文化的变化引起景观序列的变化。F.Steiner 著作《An Ecological Approach to Landscape Planning》以地理环境为基础来研究人地关系，分析城镇的起源和发展，探究使人类与自然保持可持续发展。R.T.Forman 著作《Land Mosaics》中提出为了实现地理生态区域内人类社会的可持续发展，地理景观系统的总体规划是极其重要的。对原有景观要素的优化组合并且构建新的格局，形成人文建设与自然和谐统一的环境景观。

城镇快速城市化是中国 21 世纪重大事件。这些地域景观的变化包括城市建成区扩展，新的城镇景观涌现和城镇基础设施改善；同时伴随着传统城镇景观的消失。保护城镇景观是国家社会健康、和谐、稳定发展的必要条件。

在中国最近 20 年以来，城市化建设以历史上从没有的大规模和高强度发展。重大工程项目，例如国道、省道、铁路、港口、新工业开发园区迅速建立以及大城市扩展，直接正在极大地影响着地域内城镇景观格局。

应用生态学观点进行环境设计，合理有效地使用资源。以景观生态学的"格局－结构－过程－机理"研究城镇区域内城市化空间格局演化过程，研究区域城市化背景下的景观空间分异与空间关联整合，空间结构和时间演化的转换，格局与过程耦合。

在城市区域景观规划中，不仅要知道村镇的位置，而且要理解其自然形态和特征，用生态学理论研究城镇生态系统和有关区域土地的自然状况，从而确定土地最佳利用方式。

明确景观优化和社会经济发展的具体要求，将自然平衡和社会发展要求安排在景观空间格局配置的中，形成保持整体环境的景观网络。把风景和绿化景观的概念扩大到更广阔的领域，使得风景的概念不仅仅在于独特山脉河流等风景区，而是渗透在于城镇、乡村以至农田等更广阔的领域。

主要参考文献

[1]（明）计成. 园冶. 北京：中国建筑工业出版社，1981.

[2]（明）文震亨. 长物志.

[3]（清）李渔. 闲情偶记.

[4]（先秦）考工记.

[5] 蒋孔阳. 德国古典美学. 北京：商务印书馆，1997.

[6] 范文澜. 中国通史简编. 北京：人民出版社，1964.

[7] 谭其骧等. 中国自然地理·历史自然地理. 北京：科学出版社，1982.

[8] 魏士衡. 中国自然美学思想探源. 北京：中国城市出版社，1991.

[9] 李泽厚. 中国古代思想史纲. 北京：人民出版社，1986.

[10] 李泽厚. 中国近代思想史纲. 北京：人民出版社，1986.

[11] 李泽厚. 美的历程. 北京：文物出版社，1980.

[12] 同济大学. 城市园林绿地规划. 北京：中国建筑工业出版社，1993.

[13]（日）冈大路. 中国古代宫苑园林史考. 常瀛生译. 北京：中国农业出版社，1988.

[14] 周维权. 中国古典园林史. 北京：清华大学出版社，1990.

[15] 江苏省建设委员会. 江苏风景名胜. 南京：江苏科学技术出版社，1982.

[16] 孙筱祥. 中国风景名胜区. 北京：北京林学院学报，1982（2）.

[17] 孙筱祥. 美国国家公园. 北京：北京林业学院学报，1983（2）.

[18] 姚亦锋. 自然风景的美学价值及其规划. 地理学与国土研究，1992（4）.

[19] 姚亦锋. 现代中国风景园林规划与旅游开发. 地理学与国土研究，1999（1）.

[20] 姚亦锋. 加拿大国家天然公园的历程. 北京林业大学学报，1991（1）.

[21] 迟轲. 西方美术史话. 北京：中国青年出版社，1983.

[22] 陈植. 中国历代造园文选. 合肥：黄山书社，1992.

[23] 陈从周. 园林谈丛. 上海：上海科学技术出版社，1981.

[24] 刘先觉，潘谷西，江南园林图录，南京：东南大学出版社，2007.

[25] 童寯. 江南园林志. 北京：中国建筑工业出版社，1984.

[26] 童寯. 童寯文集. 北京：中国建筑工业出版社，2000.

[27] 宗白华等. 中国园林艺术概论. 南京：江苏人民出版社，1987.

[28] 汪菊渊. 中国古代园林史纲要. 教学讲义，1980.

[29] 基口淮. 秦汉园林概说. 中国园林，1992（2）：2-10.

[30] 王如松. 3000 年来的中国人类生态观 // 青年生态学者论丛. 北京：中国科学技术出版社，1991.

[31] Freeman Tilden. National Parks. Knopf Inc.，1985.

[32] L.McHarg. Design With Nature. Natural History Press Company，1971.

[33] J.O.Simonds. Landscape Architecture. New York: McGraw-Hill Book Company，1983.

[34] L.F.Mclelland. Building the National Parks. Baltimore The Johns Hopkins University Press,1998.

[35] Wilson,E.H.China. Mother of Gardens. Boston: The Stratford Co..

[36] J.O.Simonds. Earthscape. New York: McGraw-Hill Book Company，1978.

[37] Forman R.T.T.，Gordron. M.Landscape Ecology. New York:John Wiley，1986.

[38] G.P.Marsh. Man and Nature. Cambridge: The Belknap Press of Harvard University Press，1965.

[39] L.Nystrom. City and Culture-Cultural Processes and Urban Sustainability. The Swedish Environment Council，1999.

[40] 陈俊愉.关于城市树种的调查与规划.园艺学报，1979.6（1）.

[41] 陈秀中，陈俊愉.中华民族传统赏花趣味初探.中国园林，1999（4）.

[42] 童强.空间哲学.北京：北京大学出版社，2012.

[43] 戴嘉枋等.雅文化.郑州：中州古籍出版社，1998.

[44] 车生泉.城市绿色廊道研究.城市规划，2001（11）.

[45] 邬建国.景观生态学.北京：高等教育出版社，2001.

[46] CARL STANIZ.景观设计思想发展史（上、下）.中国园林.2001（5）、（6）.

[47] Geoffrey，Susan Jellicie. The Landscape of Man. London: Thomas and Hudson Ltd.，1995.

[48] Katherine Vanovitch. Germany's finest stately gardens and castles. Verlag Schnell & Steiner,2001.

[49] Richard T.T.Forman. Land Mosaics. Cambrideg: Cambridge University Press，2001.

[50] 姚亦锋.南京自然地形与古都风貌保护规划.长江资源与流域，2002(2).

[51] 彭一刚.中国古典园林分析.北京：中国建筑工业出版社，1986.

[52] Steiner,F.. An Ecological Approach to Landscape Planning. New York: McGraw-Hill Companies,2000:68-126.

[53] Dramstad,W.E.. Landscape Ecology Principles in Landscape Architecture and Land-Use Planning. Washing D.C.: Island Press,1996:8-45.

[54] J.E.Spencer,W.L.Thomas.Introducing cultural geography. New York: John Wiley & Sons,1978.

[55] Tom Turner. Greenways. blueway，skyway and Other ways to a better London. Landscape and Urban Planning，1995，33.

[56] J.O.Simonds. Garden Cities 21，creating a liviable urban environment. New York: McGraw-Hill Book Company，1996.

[57] Charles E.Beveridge and Paul Rocheleau，Frederick Law Olmsted，Rizzoli International Publication，Inc.

[58] T.G.Jordan. The Human Mosaic. Harper & Row Publishers Inc.,1990.

[59] Robert H S, Brian W B, David J W. Human Geography. Englewood Cliffs:prentice-Hall,1989.

[60] Michael Hough. City Form and Natural Process. Van Nostrand Reihold Company，1984.

[61] J.L.Gaddis. Landscape of history. Oxford: Oxford University Press, Inc.，2002.

[62] Little. C．E. Greenways for America. Baltimore: The Johns Hopkins University Press. 1990: 237.

[63] 程兆熊.中华园艺史.台北：台湾商务印书馆，1985.

[64] Jack Ahern. Greenways as a planning strategy. Landscape and Urban Planning，1995(33).

[65] （美国）凯文·林奇.城市意象.北京：华夏出版社，2001.

[66] （英）霍华德.明日田园城市.北京：商务印书馆，2000.

[67] 黄秉维等.现代自然地理.北京：科学出版社，2000.

[68] Annalliese Bischoff. Green ways as vehicles for expression．Landscape and Urban Planning，1995（33）.

[69] 黄润华译.美国国家研究院地学委员会编写.重新认识地理学.北京：学苑出版社，2002.

[70] 宗跃光.城市景观生态规划中的廊道效应研究——以北京市区为例.生态学报.1999(2).

[71] Zonneveld I.S. 地生态学.李秀珍译.北京：科学出版社，2003.

[72] 肖笃宁编著.景观生态学.北京：科学出版社，2003.

[73] 李迈和等.生态干扰：一种评价植被天然性程度的方法.地理科学进展，2002, 21（5）.

[74] 黑川纪章.城市设计的思想与手法.北京：中国建筑工业出版社，2004.

[75] 许浩.国外城市绿地系统规划.北京：中国建筑工业出版社，2003.

[76] 王志芳等.遗产廊道：一种新的遗产保护方法.中国园林.2001（5）.

[77] 吴志强.城市规划原理（第四版）.北京：中国建筑工业出版社，2010.

[78] 黄光宇.生态城市理论与规划设计方法.北京：科学出版社，2003.

[79] 米歇尔，陈望衡.城市与园林.武汉：武汉大学出版社，2006.

[80] 王云才.景观生态规划原理.北京：中国建筑工业出版社，2007.

[81] 王世学.地面绿化手册.北京：中国建筑工业出版社，2003.

[82] 汪德华.中国山水文化与城市规划.南京：东南大学出版社，2002.

[83] 艾伦·泰特.周玉鹏译.城市公园设计.北京：中国建筑工业出版社，2005.

[84] 龙光夫，刘云俊.建筑与绿化.北京：中国建筑工业出版社，2003.

[85] J.O.Simonds,陈逸杰译.21世纪的花园城市.台北：六合出版社，2000.

[86] 陈秀中.中华民族传统赏花趣味初探.中国园林，1994（4）.

[87] 孟兆祯.园衍.北京：中国建筑工业出版社，2012.

[88] 傅伯杰.地理学综合研究的途径与方法：格局与过程耦合.地理学报，2014，69（8）.

[89] 樊杰.人地系统可持续过程，格局的前沿探索.地理学报，2014，69（8）.